平法钢筋识图算量基础教程

(第二版)

(全面适应最新 11G101 平法图集)

彭 波 李文渊 王 丽 编著

中国建筑工业出版社

图书在版编目（CIP）数据

平法钢筋识图算量基础教程/彭波等编著. —2版. —北京：中国建筑工业出版社，2012.9
ISBN 978-7-112-14678-9

Ⅰ.①平… Ⅱ.①彭… Ⅲ.①钢筋混凝土结构-结构计算-教材 Ⅳ.①TU375.01

中国版本图书馆CIP数据核字（2012）第218270号

本书是根据11G101系列平法标准图集和新的结构规范在第一版的基础上修订的，是作者100余场平法算量专业讲座课程的精华，是作者从事平法识图和钢筋算量学习和实践的经验总结。全书分为三篇，共九章，包括：钢筋算量基本知识，平法基本知识，独立基础、条形基础、筏形基础等基础构件的平法识图与钢筋算量，梁、柱、板、墙等主体构件的平法识图与钢筋算量，还用大量实例对每种构件的钢筋算量方法与过程进行详细介绍，方便读者理解掌握。本书内容系统，方法先进，实用性强，可作为工程造价人员的培训教材，也可供大中专院校工程管理、工程造价、土木工程等相关专业的老师和学生学习参考。

* * *

责任编辑：刘 江 范业庶
责任设计：董建平
责任校对：张 颖 赵 颖

平法钢筋识图算量基础教程
（第二版）
（全面适应最新11G101平法图集）

彭 波 李文渊 王 丽 编著

*

中国建筑工业出版社出版、发行（北京西郊百万庄）
各地新华书店、建筑书店经销
北京红光制版公司制版
北京画中画印刷有限公司印刷

*

开本：787×1092毫米 1/16 印张：20¾ 字数：515千字
2013年1月第二版 2013年8月第七次印刷
定价：69.00元
ISBN 978-7-112-14678-9
（22717）

版权所有 翻印必究
如有印装质量问题，可寄本社退换
（邮政编码 100037）

第二版前言

本书自 2009 年 9 月第一版第一次印刷以来,连续加印 5 次,以其独创的"三位一体"的独特教学方法,以及国内独创的三维钢筋模拟效果图,成为中国建筑高校平法钢筋教学的首选教材。

1. 全面适应最新 11G101 系列平法图集

11G101 系列平法图集于 2011 年 9 月 1 日起正式实施,彭波也应邀在全国各地主讲"11G101 新平法实战应用讲座",本书已全面适应最新 11G101 平法图集。

2. 高校公益讲座持续开讲

为普及 G101 钢筋平法知识，彭波设计了"全国百校钢筋平法知识普及大型公益讲座"，持续在全国各地建筑高校开讲，深受好评。本书也充分体现了彭波独特的教学方法。

3. 本书获奖，得到充分肯定，第二版再接再厉

本书荣获成都大学"2008—2010 年优秀教材奖"，以及获得"四川省首批十二五本科规划教材"的认定。

我校的六部教材入选四川省首批"十二五"本科规划教材

来源：教务处　发布日期:2012-02-14 16:04:52　查看字体:[大 中 小]　点击次数:492

本网消息（教务处 供稿）2011年12月初，四川省教育厅组织开展了首次四川省"十二五"普通高等教育本科规划教材遴选工作。经各院校推荐申报、评审委员会评审，四川省教育厅从343部教材中择优推荐出了288部为四川省"十二五"普通高等教育本科规划教材，择优遴选了71部教材推荐申报"十二五"普通高等教育本科国家级规划教材。

我校在各学院申报和专家评审基础上，推荐了9部教材参加四川省"十二五"普通高等教育本科规划教材评选，有6部教材入选第一批四川省"十二五"普通高等教育本科规划教材。

六部入选教材分别是：　　　　　　　　　　　　　　　　　　　　　　　　　　　　　　　　　　李文渊 彭波主编《平法钢筋识图算量基础教程》(中国建筑工业出版社2009年10月出版)。

4. 独创的钢筋识图与构造索引表，系统的 G101 平法图集学习方法

结合作者多年培训和编著图书的经验，以及全国近两百场 G101 平法讲座的经验，创建了 G101 平法识图与构造索引表，对照这套索引表，就对 G101 系列平法图集有了整体的把握。

例1：框架柱钢筋构造索引表

钢筋种类	构造情况		相关图集 页码
纵筋	基础内柱插筋		《11G101-3》第59页
	梁上柱、墙上柱插筋		《11G101-1》第61页
	嵌固部位钢筋构造		《11G101-1》第 57、58页
	中间层	无截面变化	《11G101-1》第 57、58页
		变截面	《11G101-1》第60页
		变钢筋	《11G101-1》第57页
	顶层	边柱、角柱	《11G101-1》第59页
		中柱	《11G101-1》第60页
箍筋	箍筋		《11G101-1》第61、62页
			《11G101-3》第59页

例2：剪力墙墙身钢筋构造索引表

钢筋种类	钢筋构造情况		相关图集页码
墙身钢筋	墙身水平筋长度	端部锚固（暗柱、端柱）	《11G101-1》第68、69页
		转角处构造	
	墙身水平筋根数	基础内根数	《11G101-3》第58页
		楼层中根数	《11G101-1》第70页
	墙身竖向筋长度	基础内插筋	《11G101-3》第58页
		中间层	《11G101-1》第70页
		顶层	《11G101-1》第70页
	墙身竖向筋根数		《06G901-1》第 3-2、3-3页
	拉筋		《06G901-1》第3-22页

在本书的编写过程中，感谢以下朋友提供的帮助，他们是：李娴、彭霞琴、蒋秀娥、李楚堂、彭贤坤、李远秀、李晟、黄大伟、吴毅、蔡丹。由于篇幅所限，还有一些为本书提供帮助的朋友未一一列出，一并表示感谢。

授之与鱼，不如授之与渔，本书的精髓在于系统的教学方法和学习方法，望广大读者能从中领会到系统思考的价值。

本书是根据本人对平法图集的理解以及自己的经验编写，学历所限，疏漏之处，请批评指正。

虽然我们已经多次校对，书中仍然有可能出现错误，希望大家谅解。

作者联系邮箱：706717402@qq.com

作者网站：http://www.peng-bo.com

彭　波
2012 年 7 月

第 一 版 前 言

一、为什么编著这本书？

1. 作者在全国大量的讲座中深切体会到高校建筑类专业平法钢筋识图算量课程的薄弱

过去的几年，作者在全国几十个城市举办了近两百场平法钢筋专题讲座，培训在职造价人员数万人，系统地总结和传递了平法钢筋算量知识。

2008年以来，作者开始走进高校，为高校工程管理、工程造价、土木工程等相关专业的学生举办平法钢筋识图算量专业讲座。

在与高校老师和学生的交流中，深切体会到目前我国高校建筑类专业在平法钢筋识图算量课程上的薄弱。表现在：

一是许多高校的建筑类专业没有专门的平法钢筋识图算量课程。一般是在造价、识图或建筑构造相关课程中穿插进行一些平法钢筋识图与算量的课程，但课时数量有限。

二是缺少系统的平法钢筋识图算量专业教材。面对系列平法图集，没有系统的学习方法，学生难以系统掌握，自学也无从下手。

三是缺少系统的平法钢筋识图算量的教学课件。平法钢筋识图与算量，要求学生具有较强的空间理解力，由于没有系统的教学课件，许多学生对钢筋骨架、构件与构件之间钢筋的构造难以理解和掌握。

2. 许多自学者抱怨平法图集太多，记不住、掌握不了，缺乏系统的学习方法

许多自学者在学习平法图集时，投入了很多精力，一页一页地看，自以为已经很下工夫了，可到头来还是记不住、也不得要领。这是因为没有掌握系统的学习、整理方法。

比如框架柱构件的钢筋构造，就要对照多本图集，将框架柱构件的有关构造系统地进行梳理，就容易记忆了。

钢筋种类	构造情况		相关图集页码
纵筋	基础内柱插筋		《06G101-6》第 66、67 页
			《04G101-3》第 32、45 页
	梁上柱、墙上柱插筋		《03G101-1》第 39 页
	地下室框架柱		《08G101-5》第 53、54 页
	中间层	无截面变化	《03G101-1》第 36 页
		变截面	《06G901-1》第 2-18、2-19 页
			《03G101-1》第 38 页
		变钢筋	《03G101-1》第 38 页
	顶层	边柱、角柱	《03G101-1》第 37 页
		中柱	《03G101-1》第 38 页
箍筋	箍筋		《03G101-1》第 40、41、46 页
			《06G101-6》第 66、67 页
			《04G101-3》第 32、45 页
			《06G901-1》第 2-12 页

本书系统地整理了平法图集的钢筋构造，带给读者一幅平法钢筋识图算量的大蓝图，使平法钢筋识图不再枯燥，而是非常容易记忆。同时，这种系统整理的方法也将带给广大读者关于学习方法的启示。

3. 初学者缺乏钢筋空间构造的理解力，学习困难

许多初学者看到平法图集，只是死记硬背，没有从图集上读出其真正表达的钢筋构造的内在含义。

比如，《03G101-1》第 38 页，框架柱纵筋在屋面框架梁处的构造：

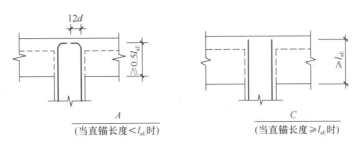

初学者在看平法图集时，缺乏空间理解力，容易按图集字面意思简单理解，比如当直锚长度小于l_{aE}时，KZ伸入WKL内的长度错误地计算为$0.5l_{aE}+12d$。

因此，学习平法钢筋算量，结合相关图集资料，要建立起工程的各构件的钢筋构造的空间概念。

本书将带领读者透过平法图集，来整理钢筋构造，从而系统掌握平法钢筋识图与算量。

二、本书特点

1. 涵盖最新的平法钢筋算量相关图集和资料

本书讲解到的钢筋算量相关图集及资料，见下表：

特别是涵盖了《08G101-5》、《06G901-1》两册最新图集资料。

2. 创新的钢筋识图与构造索引表，系统梳理平法图集的识图与算量

结合作者多年培训和编著图书的经验，以及全国近两百场平法讲座的经验，创建了平法识图与构造索引表，对照索引表，能对系列平法图集有整体的把握。

钢筋种类	钢筋构造情况		相关图集页码
墙身钢筋	墙身水平筋长度	端部锚固	《03G101-1》第 47 页
		转角处构造	《06G901-1》第 3-8 页
	墙身水平筋根数	基础内根数	《04G101-3》第 32、45 页
		楼层中根数	《03G101-1》第 48、51 页 《06G901-1》第 3-9、3-12 页
	墙身竖向筋长度	基础内插筋	《04G101-3》第 32、45 页
		中间层	《03G101-1》第 48 页
		顶层	《03G101-1》第 48 页 《06G901-1》第 3-9 页
	墙身竖向筋根数		《06G901-1》第 3-2、3-3 页
	拉筋		《06G901-1》第 3-22 页

3. 创新的"平法施工图"、"构造要点解析"、"钢筋绑扎模拟效果图"三位一体教学法

单独看平法图集，难以和施工图对应，不知道实际工程中什么情况应用平法图集上的什么构造。本书通过"平法施工图"、"构造要点解析"、"钢筋绑扎模拟效果图"三位一体，建立起从施工图对应平法图集，再到绑扎效果图的系统方法。

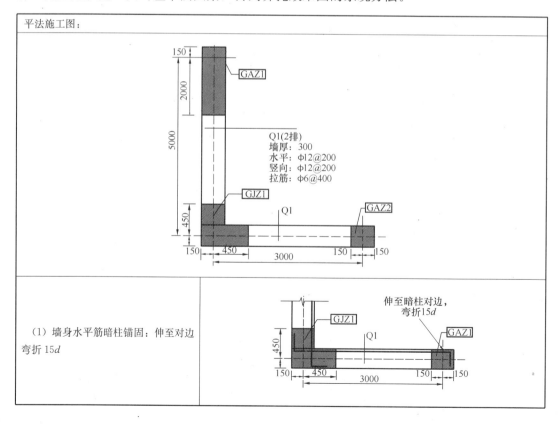

续表

钢筋构造要点（以内侧钢筋为例）：	
（2）当暗柱截面尺寸较大（$\geqslant l_{aE}/l_a$），墙身水平筋在暗柱内锚固：伸至对边弯折15d （注：暗柱是对墙身的加强，墙身钢筋在暗柱内无直锚构造）	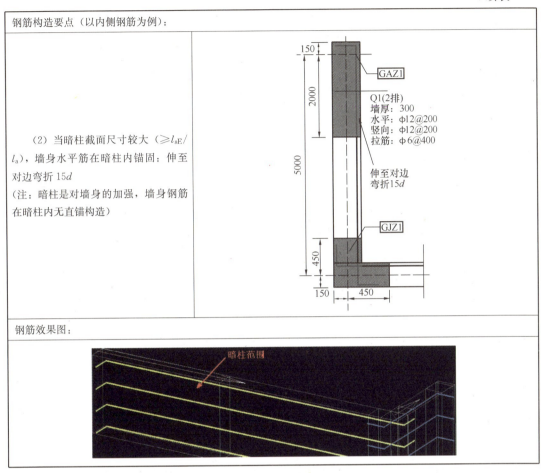
钢筋效果图：	

钢筋绑扎模拟效果图示例：

三、重要说明

授之以鱼，不如授之以渔，本书的精髓在于系统的学习方法，望广大读者能从中领会到系统思考的价值。

本书是根据作者对平法图集的理解以及自己的经验编写的，学识所限，疏漏之处，请批评指正。

虽然我们已经多次校对，书中仍然有可能出现错误，希望大家批评指正，共同提高。
作者联系邮箱：penb7880@sina.com

李文渊　彭　波

2009 年 9 月

目　　录

第一篇　钢筋算量基础知识

第一章　钢筋算量基本知识 ··· 1
　　第一节　钢筋基本知识 ··· 1
　　第二节　钢筋算量基本知识 ··· 3
　　第三节　钢筋算量基本内容及总体思路 ··· 7
第二章　平法基本知识 ··· 11
　　第一节　G101平法概述 ··· 11
　　第二节　G101平法图集学习方法 ·· 13

第二篇　基础构件（11G101-3）

第三章　独立基础 ··· 15
　　第一节　独立基础平法识图 ··· 15
　　第二节　独立基础钢筋构造 ··· 24
　　第三节　独立基础钢筋实例计算 ·· 31
第四章　条形基础 ··· 41
　　第一节　条形基础平法识图 ··· 41
　　第二节　条形基础钢筋构造 ··· 56
　　第三节　条形基础钢筋实例计算 ·· 80
第五章　筏形基础 ·· 102
　　第一节　筏形基础平法识图 ·· 102
　　第二节　筏形基础钢筋构造 ·· 121
　　第三节　筏形基础钢筋实例计算 ··· 145

第三篇　主体构件（11G101-1）

第六章　梁构件 ·· 152
　　第一节　梁构件平法识图 ··· 152
　　第二节　梁构件钢筋构造 ··· 165
　　第三节　梁构件钢筋实例计算 ·· 190

第七章 柱构件	200
第一节　柱构件平法识图	200
第二节　框架柱构件钢筋构造	205
第三节　框架柱构件钢筋实例计算	226

第八章 板构件	231
第一节　板构件平法识图	231
第二节　现浇板（楼板/屋面板）钢筋构造	238
第三节　板构件钢筋实例计算	251

第九章 剪力墙构件	259
第一节　剪力墙构件平法识图	259
第二节　剪力墙构件钢筋构造	268
第三节　剪力墙构件钢筋实例计算	287

附录　关于11G101新平法图集的相关变化 ········ 306

第一篇　钢筋算量基础知识

第一章　钢筋算量基本知识

第一节　钢筋基本知识

一、钢材的分类

1. 钢材分类方式

钢材的分类方式，见图 1-1-1。

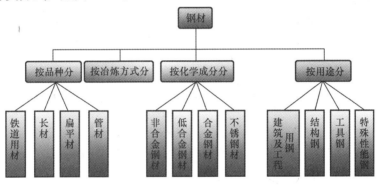

图 1-1-1　钢材分类方式

2. 钢材的品种

钢材按品种划分，见表 1-1-1，建筑工程结构中，主要使用"钢筋"和"线材"两种钢材。

钢材品种划分　　　　　　　　　　　　表 1-1-1

钢材品种	描　述
型材	型材是指断面形状如字母 H、I、U、L、Z、T 等较复杂形状的钢材。按断面高度分为大型型钢、中小型型钢。型材广泛应用于国民经济各部门，如工字钢主要用于建筑构件、桥梁制造、船舶制造；槽钢主要用于建筑结构、车辆制造；窗框钢主要用于工业和民用建筑等
棒材	棒材是指断面形状为圆形、方形、矩形（包括扁形）、六角形、八角形等简单断面，并通常以直条交货的钢材，不包括混凝土钢筋
钢筋	钢筋是指钢筋混凝土和预应力混凝土用钢材。其横截面为圆形，有时为带有圆角的方形。通常以直条交货，但不包括线材轧机生产的钢材。按加工工艺分为：热轧钢筋、冷轧（拔）钢筋和其他钢筋；按品种分为：光圆钢筋、带肋钢筋和扭转钢筋。按强度分为：一级（300MPa 以上）、二级（335MPa 以上）、三级（400MPa 以上）、四级（500MPa 以上）钢筋

续表

钢材品种	描述
线材（盘条）	线材是指经线材轧机热轧后卷成盘状交货的钢材，又称盘条。含碳量0.6%以上的线材俗称硬线，一般用作钢帘线、钢纤维和钢绞线等制品原料；含碳量0.6%以下的线材俗称软线。线材主要用于建筑和拉制钢丝及其制品。热轧线材直接使用时多用于建筑业，作为光圆钢筋
钢板	钢板是一种宽厚比和表面积都很大的扁平钢材。按厚度不同分薄板（厚度小于4mm）、中板（厚度为4～25mm）和厚板（厚度大于25mm）三种
钢管	钢管是一种中空截面的长条钢材。按其截面形状不同可分圆管、方形管、六角形管和各种异形截面钢管。按加工工艺不同又可分无缝钢管和焊管钢管两大类

建筑工程中钢筋施工，见图1-1-2。

二、钢筋的性能和用途

热轧带肋钢筋（又叫螺纹钢筋），通常带有两道纵肋和沿长度方向均匀分布的横肋。横肋的外形分螺旋形、人字形、月牙形三种。牌号由HRB和牌号的屈服点最小值构成。H、R、B分别为热轧（Hotrolled）、带肋（Ribbed）、钢筋（Bars）三个词的英文首字母。热轧带肋钢筋分为HRB335（老牌号为20MnSi）、HRB400（老牌号为20MnSiV、20MnSiNb、20MnTi）、HRB500三个牌号。建筑常用的钢筋直径为8、10、12、16、20、25、32、40mm。主要用途：钢筋混凝土用钢筋主要用于配筋，它在混凝土中主要承受拉应力。带肋钢筋由于表面肋的作用，和混凝土有较大的粘结能力，能更好地承受外力的作用。广泛用于各种建筑结构，特别是大型、重型、轻型薄壁和高层建筑结构，是不可缺少的建筑材料。

图1-1-2 建筑工程钢筋施工

1. 钢筋基本分类

（1）普通钢筋

普通钢筋指用于钢筋混凝土结构中的钢筋和预应力混凝土结构中的非预应力钢筋。用于钢筋混凝土结构的热轧钢筋分为HPB300、HRB335、HRB400和HRB500四个级别。《混凝土结构设计规范》GB 50010—2010规定，普通钢筋宜采用HRB400级和HRB335级钢筋。

HPB300级钢筋：光圆钢筋，公称直径范围为8～20mm，推荐直径为8、10、12、16、20mm。实际工程中只用作板、基础和荷载不大的梁、柱的受力主筋、箍筋以及其他构造钢筋。

HRB335级钢筋：月牙纹钢筋，公称直径范围为6～50mm，推荐直径为6、8、10、12、16、20、25、32、40和50mm，是混凝土结构的辅助钢筋，实际工程中也主要用作结构构件中的受力主筋。

HRB500级钢筋：月牙纹钢筋，公称直径范围和推荐直径同HRB335钢筋。是混凝土结构的主要钢筋，实际工程中主要用作结构构件中的受力主筋。

HRB500级钢筋：月牙纹钢筋，公称直径范围为8~40mm，推荐直径为8、10、12、16、20、25、32和40mm。强度虽高，但疲劳性能、冷弯性能以及可焊性均较差，其应用受到一定限制。

月牙纹钢筋形状，见图1-1-3。

（2）预应力钢筋

预应力钢筋应优先采用钢绞线和钢丝，也可采用热处理钢筋。

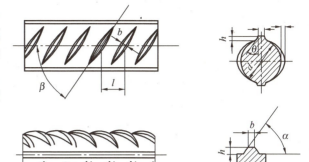

图1-1-3 月牙纹钢筋形状

钢绞线：由多根高强钢丝绞织在一起而形成的，有3股和7股两种，多用于后张预应力大型构件。

预应力钢丝：主要是消除应力钢丝，其外形有光面、螺旋肋、三面刻痕三种。

热处理钢筋：包括40Si2Mn、48Si2Mn及45Si2Cr几种牌号，它们都以盘条形式供应，无需焊接、冷拉，施工方便。

2. 钢筋的等级与区分

一般将屈服强度在300MPa以上的钢筋称为二级钢筋，屈服强度在400MPa以上的钢筋称为三级钢筋，屈服强度在500MPa以上的钢筋称为四级钢筋，屈服强度在600MPa以上的钢筋称为五级钢筋。

在建筑行业中，Ⅱ级钢筋和Ⅲ级钢筋是过去（旧标准）的叫法，新标准（《混凝土结构设计规范》GB 50010—2010）中Ⅱ级钢筋改称HRB335级钢筋，Ⅲ级钢筋改称HRB400级钢筋。简单地说，这两种钢筋的相同点是：都属于普通低合金热轧钢筋；都属于带肋钢筋（即通常说的螺纹钢筋）；都可以用于普通钢筋混凝土结构工程中。

不同点主要是：（1）钢种不同（化学成分不同），HRB335级钢筋是20MnSi（20锰硅）；HRB400级钢筋是20MnSiV或20MnSiNb或20MnTi等；（2）强度不同，HRB335级钢筋的抗拉、抗压设计强度是300MPa，HRB400级钢筋的抗拉、抗压设计强度是360MPa；（3）由于钢筋的化学成分和极限强度的不同，因此在韧性、冷弯、抗疲劳等性能方面也有所不同。两种钢筋的理论重量，在公称直径和长度都相等的情况下是一样的。

两种钢筋在混凝土中对锚固长度的要求是不一样的。钢筋的锚固长度与钢筋的抗拉强度、混凝土的抗拉强度及钢筋的外形有关。

第二节 钢筋算量基本知识

一、钢筋算量业务分类

1. 钢筋算量业务分类

建筑工程从设计到竣工的阶段，可以分为：设计、招投标、施工、竣工结算四个阶段，见图1-2-1。

设计 ➡ 招投标 ➡ 施工 ➡ 竣工结算

图 1-2-1 建筑工程建设阶段

在建筑工程建设的各个阶段,都要进行造价的确定,其各阶段的相关内容,见表 1-2-1。

钢筋算量业务　　　　表 1-2-1

阶段	工程造价内容	说　明
设计	设计概算	在设计过程中,编制设计概算以对工程的经济性进行评估,比如计算出工程的钢筋用量,可以评估构件的含钢量
招投标	招标方:标底、招标控制价	招标方和投标方编制招投标需要的工程造价文件,需要先计算出工程中人、材、机的用量,然后乘以单价,再结合规费和税金,以确定工程造价;
	投标方:投标报价	在这个过程中,需要计算工程的钢筋用量
施工	材料备料	在施工过程中,需要进行钢筋采购、加工等,需要编制材料计划、钢筋配料单等
竣工结算	结算造价	竣工结算过程中,确定工程造价,也同样需要计算工程量钢筋用量

从表 1-2-1 中可以看出,钢筋算量是贯穿工程建设过程中确定钢筋用量及造价的重要环节。将表 1-2-1 中钢筋计算的业务进行归类,可以分为两类,见表 1-2-2。

钢筋算量的业务划分　　　　表 1-2-2

钢筋算量业务划分	计算依据和方法	目的	关注点
钢筋翻样	按照相关规范及设计图纸,以"实际长度"进行计算	指导实际施工	既符合相关规范和设计要求,还要满足方便施工、降低成本等施工需求
钢筋算量	按照相关规范及设计图纸,以及工程量清单和定额的要求,以"设计长度"进行计算	确定工程造价	以快速计算工程的钢筋总用量,用于确定工程造价
说明	"实际长度"是指要考虑钢筋加工变形、钢筋的位置关系等实际情况,"设计长度"是按设计图计算,并未考虑太多钢筋加工及施工过程中的实际情况		

本书面向在职的工程造价相关人员,讲解围绕确定工程造价的钢筋算量,而不是钢筋翻样;面向在校的工程相关专业高校学生,使其掌握钢筋算量基本技能。

2. 设计长度与实际长度

确定工程造价的钢筋算量,按设计长度计算,见图 1-2-2。

指导施工的钢筋翻样,按实际长度计算,见图 1-2-3,实际长度就要考虑钢筋加工变形。

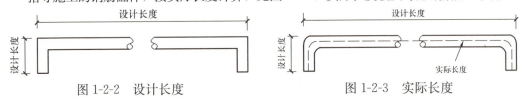

图 1-2-2 设计长度　　　　图 1-2-3 实际长度

二、钢筋算量基本知识

本书所讲的"钢筋算量"是面向确定工程造价的钢筋算量业务。

1. 钢筋算量基本方法

既然是面向确定工程造价的钢筋算量,就首先以确定工程造价的指导规范——《建设工程工程量清单计价规范》GB 50500—2008 描述的钢筋计算规则进行计算,见图 1-2-4。

表A.4.16 钢筋工程(编码:010416)

项目编码	项目名称	项目特征	计量单位	工程量计算规则	工程内容
010416001	现浇混凝土钢筋	钢筋种类、规格		按设计图示钢筋(网)长度(面积)乘以单位理论质量计算	1.钢筋(网、笼)制作、运输 2.钢筋(网、笼)安装
010416002	预制构件钢筋				
010416003	钢筋网片				
010416004	钢筋笼				

图 1-2-4 钢筋算量方法(GB 50500—2008 第 65 页)

2. 钢筋算量具体方法

(1)钢筋算量基本方法

钢筋算量的基本方法是按设计长度乘以理论重量,以质量(重量)进行统计,现举例说明,见图 1-2-5。

图 1-2-5 为某一独立基础的钢筋配置示意图,Y 向底部受力筋的设计长度 $=3500-2c$ $=3500-2\times40=3420$。其中,"c"表示混凝土保护层,也就是构件中钢筋距离构件边缘的距离。钢筋是一种会锈蚀的材料,不能裸露在空气中,因此,构件中的钢筋距离构件边缘必须有一定的距离。

(2)构件之间的关系

图 1-2-5 中所列举的独立基础,相对比较独立,其中的钢筋也比较独立,不会在工程中与其他钢筋发生关系。而在工程中还有更多构件,不是孤立存在的,是相互连接的,钢筋也相互关联,共同构成一个整体,比如框架梁构件和框架柱构件的相交关系,见图 1-2-6。

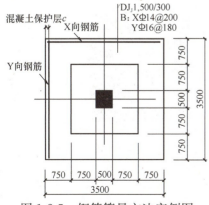

图 1-2-5 钢筋算量方法实例图

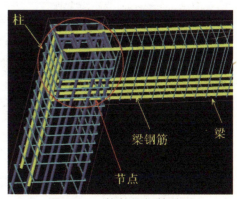

图 1-2-6 构件间钢筋关系

从图1-2-6中可以看出，工程中构件不是孤立存在的，构件与构件之间相互关联，以形成一幢完整的建筑物。这样，构件中的钢筋也相应的相互关联，以共同承受荷载。

构件与构件相交位置，称为"节点"，构件在"节点"处关联，其中一个构件称为"节点本体"，另一个构件称为"节点关联"，节点本体必然是某构件的一个部分，该构件即为节点本体构件。节点本体是节点关系的"支座"。

比如梁柱相交节点，柱是节点本体，梁是节点关联（柱是梁的支座）；柱与基础相交节点，基础构件是节点本体，柱构件是节点关联（基础构件是柱的支座）。

（3）"设计长度"的分解

前面讲解钢筋算量的基本方法是按设计长度乘以理论重量进行统计，而工程中的构件是相互关联的，因此，将构件中钢筋的"设计长度"根据构件之间的关联特性进行分解，见图1-2-7。

图1-2-7 钢筋"设计长度"分解

以图1-2-7中的基础梁、框架柱、框架梁为例，说明钢筋"设计长度"的分解，见表1-2-3。

钢筋"设计长度"分解　　　　　　表1-2-3

构件	节点性质	钢筋"设计长度"分解
基础梁	与框架柱相交，为节点本体	基础梁纵筋及箍筋连续穿过节点位置 基础梁纵筋在端部收头，不存在锚固
柱构件	与基础梁相交，为节点关联	框架柱纵筋在基础梁进行锚固
	与楼层框架梁相交，为节点本体	框架柱纵筋和箍筋连续穿过梁柱节点
	与屋面框架梁相交，为节点本体	框架柱纵筋在屋顶位置收头，不是锚固
梁构件	与框架柱相交，为节点关联	框架梁钢筋伸入框架柱内锚固

理解了构件间的节点关联关系，现在可以对钢筋基本计算方法"设计长度"进一步分解为具体的计算方法：钢筋设计长度＝构件内净长＋支座内锚固长度（或端部收头），见图1-2-8。

3. 钢筋算量实例说明

现举例说明钢筋算量的具体方法，见图 1-2-9。

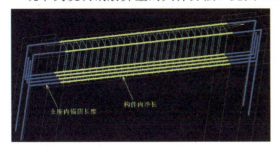

图 1-2-8　钢筋"设计长度"具体计算方法

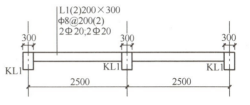

图 1-2-9　钢筋算量基本方法实例

以 L1 上部钢筋为例，计算过程见表 1-2-4。

钢筋算量实例　　　　　　　　表 1-2-4

钢筋	计　算　过　程	说　明
上部钢筋 2Φ20	第一步： 计算两端支座内的锚固长度 ＝300－20+15×20 ＝580 第二步： 计算上部钢筋长度 ＝2500×2－300+2×（300－20+15×20） ＝5860	梁构件的具体计算，详见本书第六章梁构件相关内容

第三节　钢筋算量基本内容及总体思路

一、钢筋算量的基本内容

1. 钢筋算量的基本内容

前面一节，讲解了钢筋算量的基本方法，是"按设计长度乘以理论重量计算"，这里再从另一角度对钢筋算量的基本方法进行讲解，具体计算的基本内容如下：

钢筋算量最终需要的结果：钢筋重量。

钢筋重量＝钢筋设计长度×钢筋根数×钢筋理论重量（密度）

钢筋设计长度＝构件内净长＋支座内锚固长度（或端部收头）

钢筋设计长度超过钢筋出厂长度时，需要连接。

见图 1-3-1。

2. 钢筋算量的三项核心内容

将图1-3-1的钢筋算量基本内容进行整理,可以发现,"钢筋密度"不用专门计算,在相关资料中查表即可;"构件内净长"也很简单,直接计算即可。而另外有几项内容则是钢筋算量关注的核心内容,即"锚固(或收头)"、"连接"、"根数",见图1-3-2。

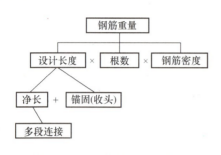

图1-3-1 钢筋算量基本内容

图1-3-2 钢筋算量的三项核心内容

这三项核心内容,也是实际钢筋算量业务中,甲方与乙方在结算对量过程中常常争执的内容,现举例说明,见表1-3-1。

以KL1上部通长筋为例(采用焊接,不计算搭接长度):

两端锚固长度=600－20+15×25=955mm

上部通长筋长度=7000+5000－600+2×955=13310mm

钢筋算量内容举例　　　　　　　　　　表1-3-1

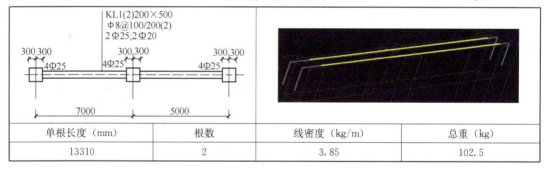

单根长度(mm)	根数	线密度(kg/m)	总重(kg)
13310	2	3.85	102.5

在表1-3-1中可以看出,计算的核心内容为在两端支座内的锚固(因为采用焊接,不计算搭接长度,根数不用计算直接就能看出来)。同时,甲、乙双方若对钢筋量有不同意见,往往也就出现在"锚固"、"连接"、"根数"三项核心内容上,见表1-3-2。

钢筋算量争议点举例　　　　　　　　　　表1-3-2

项　目	甲　方	乙　方
KL1上部通长筋端支座锚固长度(mm)	0.4×34×25+15×25	600－20+15×25

所以,钢筋算量,要把握住其核心内容。那么,怎么样把握这些核心内容呢?请看下面讲解的钢筋算量总体思路。

二、钢筋算量总体思路

钢筋算量的总体思路,主要是针对钢筋算量的三项核心内容:"锚固"、"连接"、"根数",总体上需要把握的注意事项,见表1-3-3。

钢筋算量总体思路　　　　　　　　　　　　　　　　　　　　　　　　　表 1-3-3

钢筋算量核心内容	注意事项	说　　明
锚固（或"收头"）	（1）基本锚固方式 各类构件中各类钢筋，都有基本的锚固或收头的方式，比如 KL 纵筋在支座的基本锚固方式为：弯锚/直锚；再比如 WKL 纵筋在支座内的基本方式为：梁纵筋与端柱竖筋弯折搭接/梁纵筋与端柱竖筋竖向搭接	通过整理这些锚固方式，方便从总体上把握钢筋的总量，方便对量时审查对方的钢筋工程量。比如通过整理 KL 和 WKL 纵筋锚固方式，就知道了 WKL 在支座内没有直锚构件（不管柱截面尺寸多大）
	（2）锚固长度 具体的锚固长度值，详见本书后续各章节相关内容，这里是讲锚固长度除了正常计算，在某些情况下还有最小锚固长度的要求	比如《11G101-1》第 53 页描述了 l_a 不应小于 200mm
	（3）混凝土强度和保护层的取值 锚固长度 l_{aE} 的取值需要用到"混凝土强度"，钢筋在构件边缘有保护层厚度。 在计算某构件的钢筋锚固时，混凝土强度和保护层要取其支座的混凝土强度和保护层	梁混凝土:C30 柱混凝土:C35
	（4）抗震构件和不抗震构件 工程有抗震和不抗震，抗震时有抗震等级，但即使在一级抗震的工程中，有的构件也是不起抗震作用的。 抗震构件：剪力墙、框架柱、框架梁、桩基础； 不抗震构件：板、楼梯、独立基础、条形基础、筏基、非框架梁	不抗震构件，其锚固长度用 l_a 而不是 l_{aE}
连接	（1）连接方式 钢筋连接方式有绑扎搭接、焊接和机械连接三种。 注意搭接有两种： 一是受力搭接，取 l_{lE}/l_l； 二是构造搭接，一般可取 150mm	钢筋采用绑扎搭接时，要注意是受力搭接还是构造搭接
	（2）连接位置 确定工程造价的钢筋算量，往往没有考虑钢筋的具体连接位置，而是按照定尺长度（钢筋出厂长度）计算接头，但要注意某些特殊的连接	比如，框架柱竖向纵筋不是按定尺长度计算接头，而是按楼层进行连接

9

续表

钢筋算量核心内容	注 意 事 项	说 明
根数	（1）小数值 钢筋根数计算后是小数值，要注意取整方式	
	（2）加密区范围 特别是针对箍筋，在有加密要求的构件中要注意加密区的范围	比如框架柱箍筋加密区，就要考虑柱根位置、短柱等这些情况
	（3）弧形构件根数 弧形构件的外边线、中心线和内边线长度不同，要注意计算钢筋根数时的取值	比如弧形板的放射状钢筋，弧形梁的箍筋等
	（4）构件相交 构件垂直相交和平行重叠，都要注意钢筋根数的关系	比如筏板基础底部钢筋与基础梁纵筋的根数关系，再比如次梁垂直相交位置的箍筋根数计算等

三、钢筋算量用到的相关资料及其关系

钢筋算量要用到图集、规范等资料，在进行钢筋算量时，其关系见表1-3-4。

钢筋算量相关资料及应用关系　　　　　　表1-3-4

第二章 平法基本知识

第一节 G101 平法概述

一、G101 平法图集发行状况

G101 平法图集发行状况，见表 2-1-1。截至 2011 年 9 月，最新的 G101 平法图集是：《11G101-1》、《11G101-2》、《11G101-3》。

G101 平法图集发行状况　　　　　　　表 2-1-1

年份	大事记	说明
1995 年 7 月	平法通过了建设部科技成果鉴定	
1996 年 6 月	平法列为建设部一九九六年科技成果重点推广项目	
1996 年 9 月	平法被批准为《国家级科技成果重点推广计划》	
1996 年 11 月	《96G101》发行	
2000 年 7 月	《96G101》修订为《00G101》	《96G101》、《00G101》、《03G101-1》讲述的均是梁、柱、墙构件
2003 年 1 月	《00G101》依据国家 2000 系列混凝土结构新规范修订为《03G101-1》	
2003 年 7 月	《03G101-2》发行	板式楼梯平法图集
2004 年 2 月	《04G101-3》发行	筏形基础平法图集
2004 年 11 月	《04G101-4》发行	楼面板及屋面板平法图集
2006 年 9 月	《06G101-6》发行	独立基础、条形基础、桩基承台平法图集
2008 年 12 月	《08G101-5》发行	箱形基础及地下室平法图集
2011 年 9 月	《11G101-1》发行	替代《03G101-1》、《04G101-4》
2011 年 9 月	《11G101-2》发行	替代《03G101-2》
2011 年 9 月	《11G101-3》发行	替代《04G101-3》、《08G101-5》、《06G101-6》

二、认识"平法"

1. 如何认识平法？

今天，当我们面对平法这种结构设计方法，面对由平法这种结构设计所设计的建筑结构施工图，我们该如何认识和了解平法呢？

本书通过三个层次来认识平法，见表 2-1-2。

如何认识平法　　　　　　　表 2-1-2

层次	内容	说明
第一个层次	认识平法设计方法产生的结果：平法设计的建筑结构施工图	平法是一种结构设计方法，其结果是平法设计的结构施工图，要认识平法施工图构件、如何识图，以及和传统结构施工图区别
第二个层次	认识了平法设计产生的结果之后，就要根据自己的角色，认识自己应该把握的工作内容	不同角色，在平法设计方法下完成本职工作，比如结构工程师，按平法制图规则绘制平法施工图；造价工程师按平法标注及构造详图进行钢筋算量；施工人员按平法标注及构造详图进行钢筋施工

续表

层次	内容	说明
第三个层次	从平法这种结构设计方法产生的结果,以及针对该结果要做的工作,这样层层往后追溯,逐渐理解平法设计方法背后蕴含的平法理论,站在一个更高的高度来认识由结构设计方法演变带来的整个行业演变	不同角色,在平法设计方法下有新的定位,比如结构工程师应该重点着力于结构分析,而非重复性的劳动;比如造价工程师,着力研究平法施工图下的钢筋快速算量;施工、监理人员着力研究平法构造,在实践中继续发展结构构造

2. 第一层次:认识平法产生的结果——建筑结构施工图

"平法"是"建筑结构平面整体设计方法"的简称。

应用平法设计方法,就对结构设计的结果——"建筑结构施工图"的结果表现有了重大的变革。

钢筋混凝土结构中,结构施工图表达钢筋和混凝土两种材料的具体配置。设计文件主要由两部分组成,一是设计图样,二是文字说明。

从传统结构设计方法的设计图样,到平法设计方法的设计图样,其演进情况,见图2-1-1,传统结构施工图中的平面图及断面图上的构件平面位置、截面尺寸及配筋信息,演变为平法施工图的平面图;传统结构施工图中剖面上的钢筋构造,演变为国家标准构造,即G101平法图集。

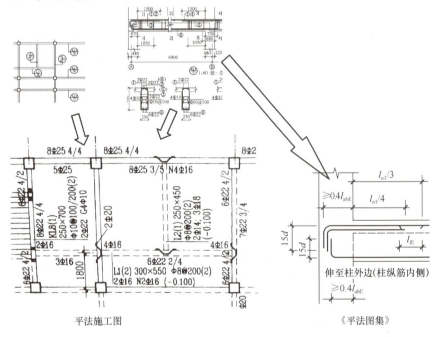

图 2-1-1 结构施工图设计图样的演进

应用平法设计方法,就取消传统设计方法中的"钢筋构造标注",将钢筋构造标准化,形成《G101》系列国家标准构造图集。

3. 第二层次:平法设计方式下钢筋算量学习内容

平法设计方式下,设计、造价、施工等工程相关人员有相应的学习及工作内容,本书讲解工程造价人员在钢筋算量过程中，对平法设计方式下的结构施工图设计文件要学习的内容，见表 2-1-3。

平法学习内容　　　　　表 2-1-3

内　容	目　的	方　法
(1) 学习识图	能看懂平法施工图	学习《G101》系列平法图集的"制图规则"
(2) 理解标准构造	理解平法设计和各构件的各钢筋的锚固、连接、根数的构造	学习《G101》系列平法图集的"构造详图"
(3) 整理出钢筋算量的具体计算公式	在理解平法设计的钢筋构造基础上，整理出具体的计算公式，比如 KL 上部通长筋端支座弯锚长度 $=h_c-c+15d$	对《G101》系列平法图集按照系统思考的方法进行整理

4. 第三层次：理解平法设计方法带来的行业演变

通过前面两个次层，已经能够在平法设计方式下完成各自的工作了，在此基础上，追溯到平法设计方法产生的根源，逐渐理解平法设计方法带来的行业演变。

平法是一种结构设计方法，它最先影响的是设计系统，然后平法设计的应用，影响到下游的造价、施工等环节。

平法设计方法对结构设计的影响：

(1) 浅层次的影响，平法设计将大量传统设计的重复性劳动变成标准图集，推动结构工程师更多地做其应该做的创新性劳动。

(2) 更深层次，是对整个设计系统的变革。

由于本书重在讲解造价中的钢筋算量，对结构设计方面的内容不作过多阐述。如果读者有兴趣，可以循着以上讲解的认识平法的三个层次逐渐深入地去学习研究。

第二节　G101 平法图集学习方法

一、G101 平法图集的构成

每册 G101 平法图集由"制图规则"和"构造详图"两部分组成，见表 2-2-1。

G101 平法图集的构成　　　　　表 2-2-1

G101 平法图集的构件	
制图规则	设计人员：绘制平法施工图的制图规则 使用平法施工图的人员：阅读平法施工图的语言
构造详图	标准构造做法，钢筋算量的计算规则

二、G101 平法图集的学习方法

本书将平法图集中的学习方法总结为：系统梳理和前后对照，见表 2-2-2。

G101平法图集学习方法　　　　　表 2-2-2

学习方法	内容	举例说明			
系统梳理	以单根钢筋为基础，围绕钢筋计算的三项核心内容（锚固、连接、根数），对各构件的各钢筋进行梳理	抗震楼层框架梁上部通长筋的锚固与连接			
				情况	
		端支座	直锚		$\max(0.5h_c+5d, l_{aE})$
			弯锚		$h_c-c+15d$
		中间支座变截面	梁顶有高差且 $c/h_c>1/6$	高标高钢筋弯锚	$h_c-c+15d$
				低标高钢筋直锚	l_{aE}
			梁顶有高差且 $c/h_c \geq 1/6$	上部通长筋斜弯通过，不断开	
			梁宽度不同	宽出的不断直通的钢筋弯锚	$h_c-c+15d$
	对同一构件，分布在不同图集中的内容进行整理	比如框架柱构件： 基础内插筋：《11G101-3》 地下室框架柱：《11G101-3》 地上楼层框架柱：《11G101-1》			
前后对照	（1）同类构件中：楼层与屋面、地下与地上等的对照理解				
	比如，楼层框架梁和屋面框架梁在梁顶有高差时的构造，就有差别，通过这种差别可以帮助我们对照理解不同构件的钢筋构造				
	（2）不同类构件，但同类钢筋的对照理解	比如条形基础底板受力筋的分布筋，与现浇楼板屋面板的支座负筋分布筋可以对照理解			

第二篇 基础构件（11G101-3）

第三章 独立基础

第一节 独立基础平法识图

一、G101 平法识图学习方法

1. G101 平法识图学习方法

G101 平法图集由"制图规则"和"构造详图"两部分组成，通过学习制图规则来识图，通过学习构造详图来了解钢筋的构造及计算。制图规则的学习，可以总结为以下三方面的内容，见图 3-1-1。一是该构件按平法制图有几种表达方式，二是该构件有哪些数据项，三是这些数据项具体如何标注。

图 3-1-1 G101 平法识图学习方法

2.《11G101-3》独立基础平法识图知识体系

《11G101-3》第 6~20 页讲述的是独立基础构件的制图规则，知识体系如表 3-1-1 所示。

《11G101-3》独立基础　　　　　　　　　　　　　表 3-1-1

独立基础识图知识体系		《11G101-3》页码
平法表达方式	平面注写方式	第 7~18 页
	截面注写方式	第 19 页
数据项	编号	第 7~20 页
	截面尺寸	
	配筋	
	标高差（选注）	
	必要的文字注解（选注）	

续表

独立基础识图知识体系		《11G101-3》页码
数据注写方式（平面表达方式）	集中标注	编号
		截面竖向尺寸
		配筋
		标高差（选注）
		必要的文字注解（选注）
	原位标注	截面平面尺寸
		多柱独立基础的基础梁钢筋

（右侧列合并为：集中标注对应 第7～12页；原位标注对应 第12～18页）

二、《11G101-3》独立基础平法识图

（一）认识独立基础的平面注写方式

独立基础的平法制图，工程中主要采用平面注写方式，故本书也主要讲解平面注写方式。独立基础的平面注写方式是指直接在独立基础平面布置图上进行数据项的标注，标注时，分集中标注和原位标注。如图 3-1-2 所示。

集中标注是在基础平面布置图上集中引注：基础编号、截面竖向尺寸、配筋三项必注内容，以及当基础底面标高、基础底面基准标高不同时的标高高差和必要的文字注解两项选注内容。

原位标注是在基础平面布置图上标注独立基础的平面尺寸。

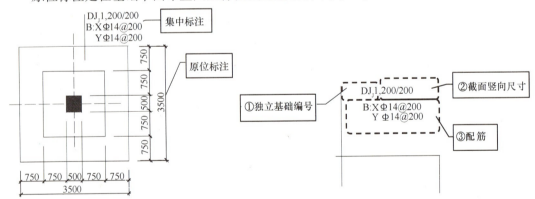

图 3-1-2 独立基础平面注写方式　　图 3-1-3 独立基础集中标注

（二）集中标注

1. 独立基础集中标注示意图

独立基础集中标注包括编号、截面竖向尺寸、配筋三项必注内容，见图 3-1-3。

2. 独立基础编号

（1）独立基础编号（《11G101-3 第 7 页》）

独立基础集中标注的第一项必注内容是基础编号，基础编号表示了独立基础的类型，见表 3-1-2。

独立基础编号识图   表 3-1-2

类型	基础底板截面形式	代号	序号	说　明
普通独立基础	阶形	DJ$_J$	××	(1) 下标 J 表示阶形，下标 P 表示坡形； (2) 单阶截面即为平板独立基础； (3) 坡形截面基础底板可为四坡、三坡、双坡及单坡
	坡形	DJ$_P$	××	
杯口独立基础	阶形	BJ$_J$	××	
	坡形	BJ$_P$	××	

例如：DJ$_J$2，表示阶形普通独立基础，序号为 2；BJ$_P$3，表示杯口坡形独立基础，序号为 3。

(2) 独立基础类型示意图

独立基础的类型包括普通和杯口两类，各又分为阶形和坡形，见表 3-1-3。杯口独立基础一般用于工业厂房，民用建筑一般采用普通独立基础。

独立基础类型   表 3-1-3

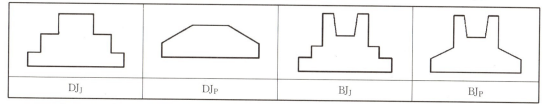

| DJ$_J$ | DJ$_P$ | BJ$_J$ | BJ$_P$ |

3. 独立基础截面竖向尺寸（《11G101-3》第 8、9 页）

独立基础集中标注的第二项必注内容是截面竖向尺寸由一组或两组用"/"隔开的数字表示，比如 $h_1/h_2/h_n\cdots$，见表 3-1-4。

独立基础截面竖向尺寸   表 3-1-4

示　意　图	说　明
（阶形示意图，标注 h_1、h_2、h_3）	普通独立基础的截面竖向尺寸由一组用"/"隔开的数字表示（"$h_1/h_2/h_3$"），分别表示自下而上各阶的高度。 例：DJ$_J$1，200/200/200，表示阶形普通独立基础，自下而上各阶的高度为 200
（杯口示意图，标注 a_0、a_1、h_1、h_2、h_3）	杯形独立基础的截面竖向尺寸由两组数据表示，前一组表示杯口内（"a_0/a_1"），后一组表示杯口外（"$h_1/h_2/h_3$"）。杯口外竖向尺寸自下而上标注，杯口内竖向尺寸自上而下标注。 例：BJ$_J$2，200/500，200/200/300，表示阶形杯口独立基础，杯口内自上而下的高度为 200/500，杯口外自下而上各阶的高度为 200/200/300

4. 独立基础编号及截面尺寸识图实例

通过学习了独立基础的编号及截面尺寸，看到独立基础的平法施工图，就要能够想象出该基础的剖面形状尺寸，这就是识图，下面举例说明。

如图 3-1-4，是一个独立基础的平法施工图，通过阅读可以得到这些信息：BJ$_J$ 表示阶形杯口基础，1200/300 表示杯口内自上而下的尺寸，800/700 表示杯口外自下而上的尺寸。再结合原位标注的平面尺寸，就可以想象出该独立基础的剖面形状尺寸，见图 3-1-5。

17

图 3-1-5 不是平法施工图上绘制的，是识图得到的。G101 平法是指结构施工图的平面整体表示方法，所以独立基础的平面注写方式只绘制基础平面图，这就要求识图时根据制图规则来形成该构件的全貌。

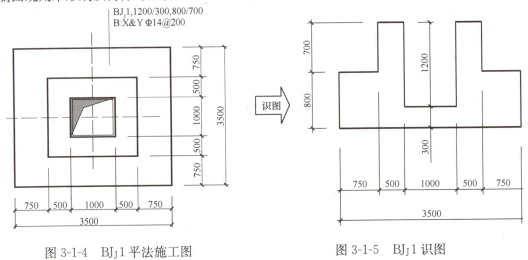

图 3-1-4　BJ_J1 平法施工图　　　　　图 3-1-5　BJ_J1 识图

5. 独立基础配筋（《11G101-3》第 9~12 页）

独立基础集中标注的第三项必注内容是配筋，如图 3-1-6 所示。独立基础的配筋有四种情况，见表 3-1-5。这四种情况在实际施工图中，有哪种就注写哪种。

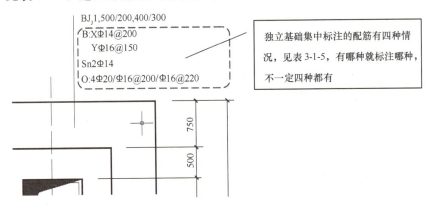

图 3-1-6　独立基础配筋注写方式

独立基础配筋情况　　　　　　　　　　表 3-1-5

独立基础配筋 （独立基础集中 标注第三项）	独立基础底板底部配筋
	杯口独立基础顶部焊接钢筋网
	高杯口独立基础侧壁外侧和短柱配筋
	多柱独立基础底板顶部配筋

（1）独立基础底板底部配筋（《11G101-3》第 9 页）

1）独立基础底板底部配筋表示方法

独立基础集中标注的配筋信息的四种情况之一是独立基础底板底部配筋，其表示方式在

《11G101-3》第 9 页进行描述，11G101-3 取消了圆形独基及短向采用两种配筋的表达方式，本书暂保留。本书整理为五种情况，这也是 G101 平法图集的学习方法，就是对图集上的内容进行系统梳理，形成条理就便于理解和记忆。这五种情况如表 3-1-6 所示。

各种独立基础的底部配筋以"B"打头，"B"是英文单词"Bottom"的第一个字母。

独立基础底板底部配筋   表 3-1-6

配筋部位	情　况	示　例
独立基础底板底部配筋（以 B 代表各种独立基础底板底部配筋）	①两向配筋不同：X 向配筋以 X 打头，Y 向配筋以 Y 打头（11G101-3 第 9 页）	B：X　Φ16@150 　　Y　Φ18@200
	②两向配筋相同：以 X&Y 打头注写（11G101-3 第 9 页）	B：X&Y　Φ16@200
	③圆形独立基础采用双向正交配筋：以 X&Y 打头注写（06G101-6 第 9 页）	B：X&Y　Φ16@200
	④圆形独立基础采用放射状配筋：以 Rs 打头，先注写径向受力筋，并在"/"后注写环向配筋（06G101-6 第 9 页）	B：Rs　Φ16@150/18@200 （注：Φ16@150 为径向配筋，Φ18@200 为环向配筋，注意径向配筋的间距是指从径向排列钢筋的最外端度量）
	⑤短向钢筋采用两种配筋：先注写较大配筋，在"/"后再注写较小配筋（06G101-6 第 10 页）	B：X　Φ16@150/16@200 　　Y　Φ18@200 （注：表示 X 为短向，采用两种配筋，Φ16@150 设置在长边中部，配置范围为基础短向尺寸，Φ16@200 设置在长边两端，各端配置范围均为基础长边与短边长度差的 1/2）

2）独立基础底板底部配筋识图实例

①两向配筋不同，见图 3-1-7，X 表示横向钢筋，Y 表示纵向钢筋。

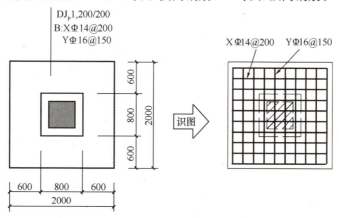

图 3-1-7　两向配筋不同的识图

②两向配筋相同，见图 3-1-8，X 表示横向钢筋，Y 表示纵向钢筋。

③圆形独立基础正交配筋，见图 3-1-9，X 表示横向钢筋，Y 表示纵向钢筋。

④圆形独立基础放射状配筋，见图 3-1-10，R_S 之后先注写径向钢筋，其间距是指径向钢筋最外端度量的间距，再在"/"后再注写环向钢筋。

⑤短向钢筋采用两种配筋，见图 3-1-11，先注写较大配筋，在"/"后注写较小配筋，较大配筋设置在长边中部，布置范围在下一节独立基础钢筋构造中讲解。

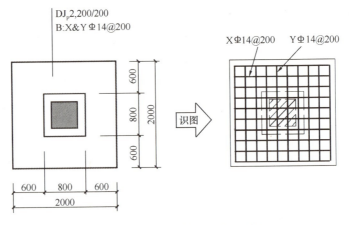

图 3-1-8　两向配筋相同的识图

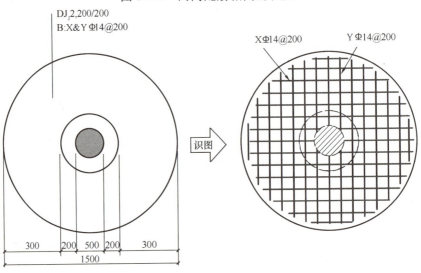

图 3-1-9　圆形独立基础正交配筋识图

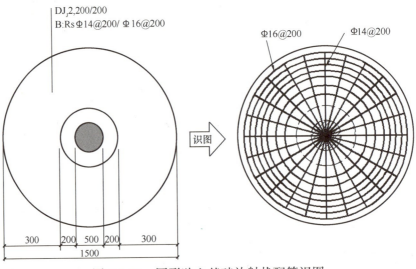

图 3-1-10　圆形独立基础放射状配筋识图

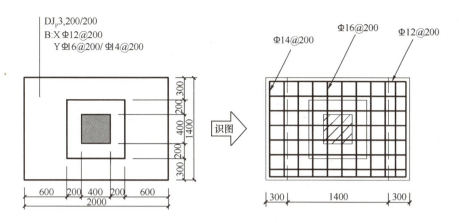

图 3-1-11 短向钢筋采用两种配筋识图

（2）杯口独立基础顶部焊接钢筋网

独立基础集中标注中的配筋信息的第二种情况，是以 Sn 打头的配筋信息，指杯口独立基础顶部焊接钢筋网。见图 3-1-12，表示杯口顶部每边配置 2 根 $\Phi 14$ 的焊接钢筋网。

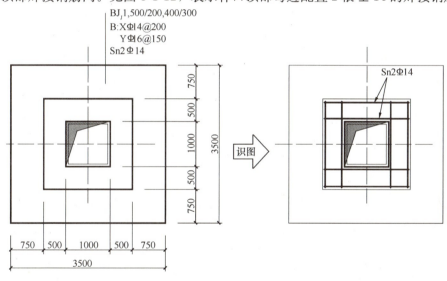

图 3-1-12 杯口独立基础顶部焊接钢筋网识图

双杯口独立基础顶部焊接钢筋网，见图 3-1-13，表示杯口每边及中间杯壁均配置 2 根 $\Phi 14$ 的焊接钢筋网。

（3）高杯口独立基础侧壁外侧和短柱配筋

独立基础集中标注的配筋信息的第三种情况，是以 O 打头的配筋，是指高杯口独立基础侧壁外侧和短柱配筋，先注写杯壁外侧及短柱纵筋，再注写横向箍筋。

杯壁外侧及短柱纵筋注写格式为："角筋/长边中部筋/短边中部筋"，见图 3-1-14。

横向箍筋注写时，先注写杯口范围内箍筋间距，再注写短柱范围箍筋间距，见图 3-1-15。

（4）多柱独立基础底板顶部配筋

独立基础通常为单柱独立基础，也可为多柱独立基础，多柱独立基础底板顶部一般要配置顶部钢筋，同时根据情况可能还会在柱间设置基础梁，基础梁的平法识图及钢筋构造

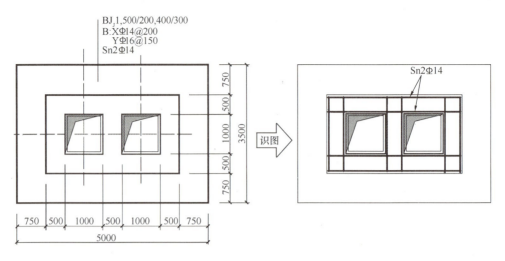

图 3-1-13　双杯口独立基础顶部焊接钢筋网识图

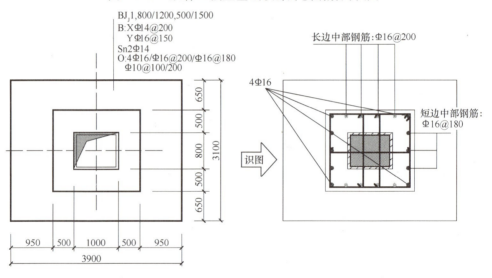

图 3-1-14　高杯口独立基础侧壁外侧及短柱配筋识图（一）

等内容在本书第五章筏形基础中进行讲解，本章不讲解。多柱独立基础底板顶部配筋情况，见表 3-1-7。

多柱独立基础顶部配筋情况　　　　　　　　　　表 3-1-7

多柱独立基础底板顶部配筋情况	（1）双柱独立基础距离较大时：两柱间配置基础顶部钢筋或配置基础梁
	（2）四柱独立基础：通常设置两道平行的基础梁，并在两道基础梁之间配置基础顶部钢筋

独立基础集中标注的配筋信息的第四种情况，是以"T"打头的配筋，就是指多柱独立基础的底板顶部配筋。"T"是英语单词"Top"的第一个字母。

1）双柱独立基础柱间配置顶部钢筋

见图 3-1-16，先注写受力筋，再注写分布筋，8Φ14@100 表示 8 根间距 100mm 的受力筋。

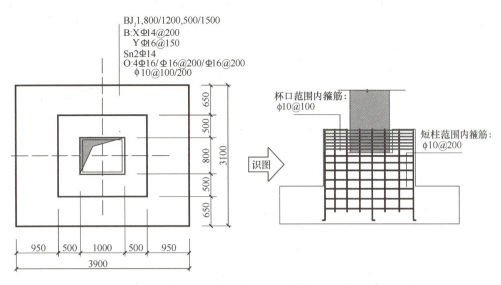

图 3-1-15　高杯口独立基础侧壁外侧及短柱配筋识图（二）

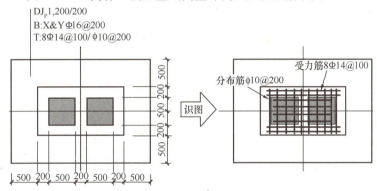

图 3-1-16　双柱独立基础柱间顶部钢筋

2）四柱独立基础底板顶部基础梁间配筋

见图 3-1-17，先注写受力筋，再注写分布筋。

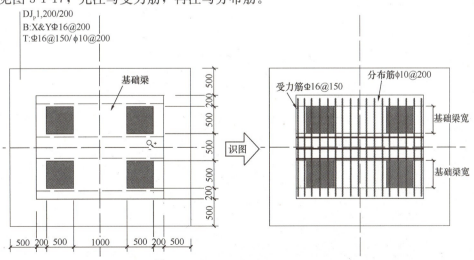

图 3-1-17　四柱独立基础底板顶部基础梁间配筋

23

思 考 与 练 习

1. 绘制图 3-1-18 的 BJ$_J$1 在 X 或 Y 方向的剖面图,并标注各部位形状尺寸。
2. 在图 3-1-19 中填写集中标注空格内的数据。

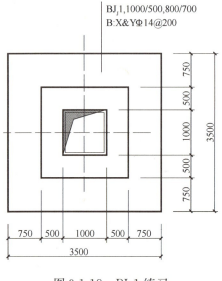

图 3-1-18　BJ$_J$1 练习

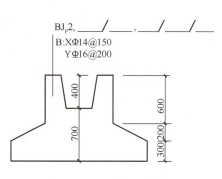

图 3-1-19　DJ$_P$2 练习

第二节　独立基础钢筋构造

第一节讲解了独立基础的平法识图,就是如何阅读独立基础平法施工图。本节讲解独立基础的钢筋构造,是指独立基础的各种钢筋在实际工程中可能出现的各种构造情况,位于《11G101-3》第 60~68 页。

一、独立基础的钢筋种类

独立基础的钢筋种类,根据独立基础的构造类型,一共有四种情况,见表 3-2-1。并不是每个独立基础都有这四种钢筋,而是各种独立基础可能出现的钢筋为这四种情况,实际工程中,根据平法施工图标注,有哪种就计算哪种。杯口独立基础一般用于工业厂房,民用建筑一般采用普通独立基础,本节就主要讲解普通独立基础的钢筋构造。

独立基础钢筋种类　　　　　　　　　　　表 3-2-1

独立基础的钢筋种类	①独立基础底板底部钢筋
	②杯口独立基础顶部焊接钢筋网
	③高杯口独立基础侧壁外侧和短柱配筋
	④多柱独立基础底板顶部钢筋

二、独立基础底板底部钢筋构造

(一) 独立基础底板底部钢筋构造情况

本书中将独立基础底板底部配筋总结为三种情况,见表 3-2-2。

独立基础底板底部钢筋构造情况　　　　　　　　表 3-2-2

独立基础底板底部钢筋构造情况		《11G101-3》页码
一般情况	独立基础底板底部配筋一般情况	第 60 页
长度减短 10% 构造	对称独立基础	第 63 页
	不对称独立基础	

（二）一般情况

1. 矩形独立基础

（1）钢筋构造要点

矩形独立基础底板底部钢筋的一般构造如图 3-2-1 所示，钢筋的计算包括长度和根数，其构造要点分别为：

①长度构造要点：

"c"是钢筋端部保护层，取值参见《11G101-3》第 55 页。

②根数计算要点：

"s'"是钢筋间距，第一根钢筋布置的位置距构件边缘的距离是"起步距离"，独立基础底部钢筋的起步距离不大于 75mm 且不大于 $s'/2$，数学公式可以表示为 $\min(75, s'/2)$。

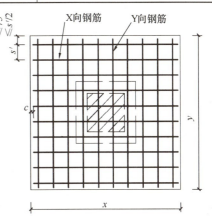

图 3-2-1　矩形独立基础底筋一般情况

（2）钢筋计算公式（以 X 向钢筋为例）

钢筋长度 $= x - 2c$

钢筋根数 $= [y - 2 \times \min(75, s'/2)]/s' + 1$

2. 圆形独立基础（11G101-3 取消了圆形独基的钢筋构造，本书暂保留）

（1）钢筋构造要点

圆形独立基础底板底部钢筋的一般构造如图 3-2-2 所示，其构造要点与矩形独立基础底板底部钢筋的一般构造基本相同，分别是钢筋间距"s'"、端部保护层 c、钢筋起步距离 $\min(75, s'/2)$"。

对于放射状配筋，要注意其径向钢筋的间距度量的位置是其最外端。

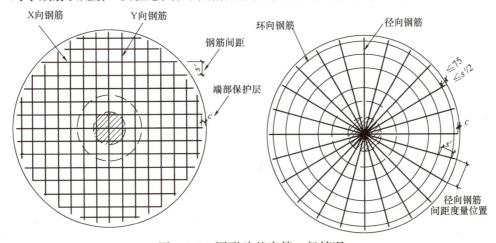

图 3-2-2　圆形独基底筋一般情况

(2) 钢筋计算公式

1) 双向正交配筋的计算公式,以 X 向最下一根钢筋为例,见图 3-2-3。

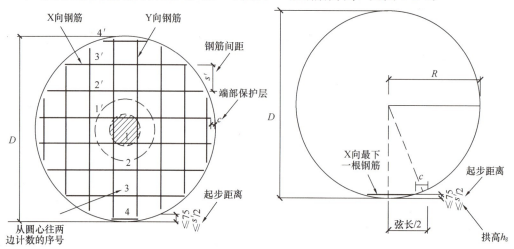

图 3-2-3　正交配筋计算

X 向最下一根钢筋所在位置的弦长 $=2\times\sqrt{R^2-(R-h_g)^2}$

因此,X 向最下一根钢筋长度 = 其弦长 − 两端保护层 $=2\times\sqrt{R^2-(R-h_g)^2}-2c$

2) 放射状配筋的计算公式,见图 3-2-4。

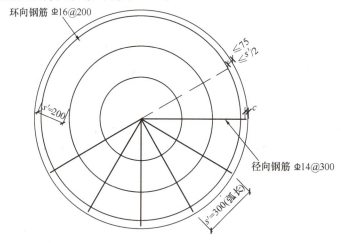

图 3-2-4　放射状配筋计算

① 径向钢筋长度 = 圆形独立基础直径 − 两端保护层 $=D-2c$

② 径向钢筋根数:

径向钢筋的根数按半圆周长计算即可,另半周长的钢筋是由这些钢筋延伸过去的。首先计算半圆周长 $=\pi(R-c)$,然后计算径向钢筋根数 $=\pi(R-c)/s'$。(注:径向钢筋的间距度量位置在径向钢筋远端,所以要减去一个保护层 c)。

③ 环向钢筋长度 = 环向钢筋所在位置的圆周长。

④ 环向钢筋根数 $=[R-\min(75,s'/2)]/s'$(因为圆心位置没有钢筋,因此计算根数时

不加一根）。

3. 钢筋效果图

独立基础底板底部钢筋一般构造的施工效果图见图3-2-5。

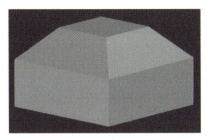
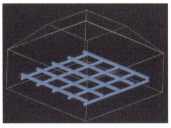

图 3-2-5　独立基础底板底部钢筋效果图

（三）短向采用两种配筋（11G101-3 **取消了短向两种配筋的构造，本书暂保留**）

独立基础底板底部钢筋构造的第二种情况是：短向钢筋采用两种配筋，一种配置较大，一种配置较小。其构造要点见图3-2-6。

配置较大的短向钢筋布置在长边中部，布置范围=短边尺寸

配置较小的短向钢筋布置在长边两端，布置范围=（长边尺寸-短边尺寸）/2

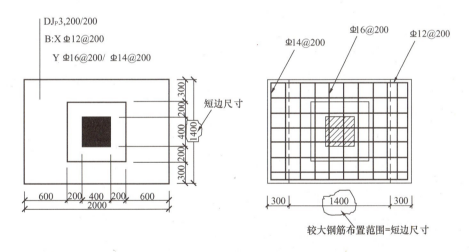

图 3-2-6　短向采用两种配筋

（四）长度缩减10%的构造（11G101-3 第63页）

独立基础底板底部钢筋构造的第三种情况是：当底板长度不小于2500mm时，长度缩减10%，分为对称、不对称两种情况。

1. 对称独立基础

对称独立基础底板底部钢筋长度缩减10%的构造见图3-2-7，其构造要点为：

（1）各边最外侧钢筋不缩减；

（2）除最外侧钢筋外，两向其他钢筋缩减10%。

外侧和中部钢筋长度计算公式见表3-2-3。

27

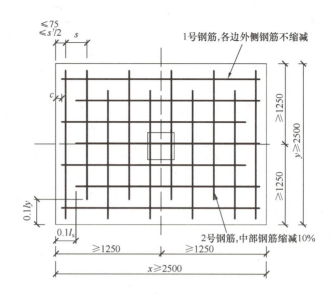

图 3-2-7 对称独基底筋缩减 10％构造

对称独基底筋缩减 10％计算公式   表 3-2-3

各边外侧钢筋不缩减（以 X 向钢筋为例）	1 号钢筋长度＝$x-2c$
两向（X，Y）其他钢筋	2 号钢筋长度＝$0.9x$

2. 非对称独立基础

非对称独立基础底板底部钢筋缩减 10％的构造，见图 3-2-8，其构造要点为：

（1）各边最外侧钢筋不缩减；

（2）对称方向（如图 3-2-8 中的 Y 向）中部钢筋长度缩减 10％；

（3）非对称方向：

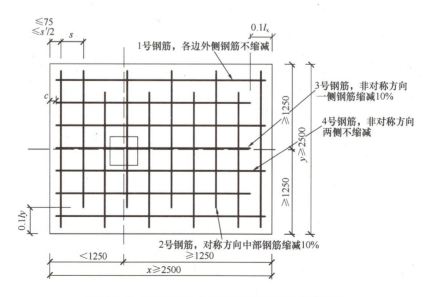

图 3-2-8 非对称独立基础底筋缩减 10％构造

①从柱中心至基础底板边缘的距离小于 1250mm 时，该侧钢筋不缩减；
②从柱中心至基础底板边缘的距离不小于 1250mm 时，该侧钢筋隔一根缩减一根。
非对称独立基础底筋缩减 10% 计算公式见表 3-2-4。

非对称独立基础底筋缩减 10% 计算公式　　　　表 3-2-4

各边外侧钢筋不缩减（以 X 向钢筋为例）	1 号钢筋长度 $=x-2c$	
对称方向中部钢筋缩减 10%	2 号钢筋长度 $=y-c-0.1l_y$	
非对称方向（一侧不缩减，另一侧间隔一根错开缩减）	3 号钢筋	长度 $=0.9x$
	4 号钢筋	长度 $=x-2c$

三、多柱独立基础底板顶部钢筋

（一）双柱独立基础底板顶部钢筋（11G101-3 第 61 页）

双柱独立基础底板顶部钢筋，由纵向受力筋和横向分布筋组成，见图 3-2-9。

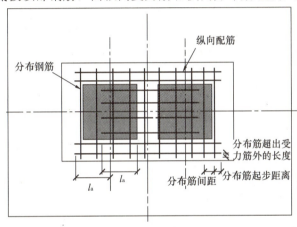

图 3-2-9　普通双柱独立基础顶部配筋

对照图 3-2-9，钢筋构造要点为：
（1）纵向受力筋：
长度为：柱内侧边起算＋两端锚固长度 l_a。
根数由设计标注。
（2）横向分布筋：
横向分布筋长度＝纵向受力筋布置范围长度＋两端超出受力筋外的长度（本书此值取构造长度 150mm）
横向分布筋根数在纵向受力筋的长度范围布置，起步距离本书按"分布筋间距/2"考虑。

（二）四柱独立基础顶部钢筋（11G101-3 第 17 页）

四柱独立基础底板顶部钢筋，由纵向受力筋和横向分布筋组成，见图 3-2-10。
对照图 3-2-10，钢筋构造要点为：
（1）纵向受力筋：

长度＝基础顶部纵向宽度 y_u －两端保护层 $2c$

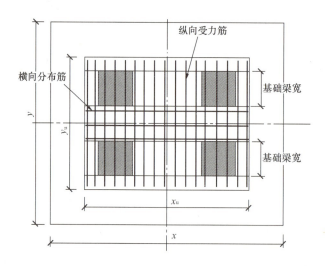

图 3-2-10 四柱独立基础顶部钢筋构造

根数＝(基础顶部横向宽度 x_u －起步距离)/间距＋1

(2) 横向分布筋：

长度＝基础顶部横向宽度 x_u －两端保护层 $2c$

根数在两根基础梁之间布置。

四、独立基础钢筋构造总结表

本节讲解的内容是《11G101-3》独立基础的钢筋构造，独立基础共有四类钢筋，分别是"底板底部钢筋"、"杯口独基顶部焊接钢筋网"、"高杯口独基侧壁外侧及短柱钢筋"、"多柱独立基础顶部钢筋"，现将各种情况总结如下，这也是本书的精髓，将 G101 平法图集上的内容进行系统的整理，见表 3-2-5。

独立基础钢筋构造情况总结　　表 3-2-5

钢筋种类	钢筋构造情况			《11G101-3》页码
底板底部钢筋	一般情况	(1) 矩形独立基础		第 60 页
		圆形独立基础	(2) 正交配筋	本书图 3-2-3、图 3-2-4
			(3) 放射配筋	
	长度缩减 10%	(4) 对称独立基础		第 63 页
		(5) 非对称独立基础		
杯口独基顶部焊接钢筋网	(6) 杯口独基			第 64 页
高杯口独基侧壁外侧及短柱钢筋	(7) 单高杯口独基			第 65 页
	(8) 双高杯口独基			第 66 页
多柱独立基础顶部钢筋	(9) 双柱独立基础			第 61 页
	(10) 四柱独立基础			第 17 页
基础短柱	(11) 普通独立深基础短柱			第 67 页

思 考 与 练 习

1. 独立基础底部钢筋的起步距离是_____。
2. 当独立基础底板长度_____时,除外侧钢筋外,底板配筋长度可缩减10%。
3. 计算图3-2-11所示 DJ_J1 的 X 向钢筋的长度和根数(列出计算公式)。

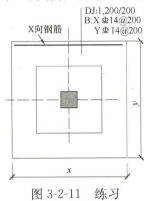

图 3-2-11 练习

第三节 独立基础钢筋实例计算

第二节讲解了独立基础的平法钢筋构造,一共有4种钢筋类型,11种构造情况,本节就这些钢筋构造情况举例计算(本书主要讲解普通独立基础,杯口独立基础一般用于工业厂房,本书暂不讲解)。

一、独立基础底板底部钢筋

(一)矩形独立基础

1. 平法施工图

(1) DJ_J1 平法施工图,见图3-3-1。

(2) 平法识图

这是一个普通阶形独立基础,两阶高度为500/300mm,其剖面示意图见图3-3-2。

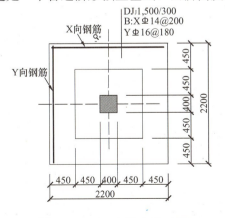

图 3-3-1 DJ_J1 平法施工图

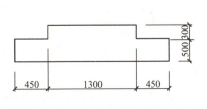

图 3-3-2 剖面示意图

2. 钢筋计算

（1）X 向钢筋

1）长度，X 向钢筋长度计算，见表 3-3-1。

DJ$_J$1 X 向钢筋长度计算　　　　　　　　　　　表 3-3-1

计算公式	$x-2c$		
计算过程	参　数	取值（mm）	出　处
	端部保护层 c	30	《11G101-3》第 55 页，并参照《06G101-6》第 39 页
	基础 X 方向宽度	2200	图 3-3-2
	计算结果：		
	2200－2×30＝2140mm		

2）根数，X 向钢筋根数计算，见表 3-3-2。

DJ$_J$1 X 向钢筋根数计算过程　　　　　　　　　表 3-3-2

计算公式	$[y-2\times\min(75,s'/2)]/s'+1$		
计算过程	参　数	取值（mm）	出　处
	起步距离 $\min(75,s'/2)$	75	《11G101-3》第 60 页
	基础 Y 方向宽度	2200	图 3-3-2
	钢筋间距 s'	200	
	计算结果：		
	(2200－2×75)/200＋1＝12 根		

（2）Y 向钢筋

1）长度，Y 向钢筋长度计算，见表 3-3-3。

DJ$_J$1 Y 向钢筋长度计算过程　　　　　　　　　表 3-3-3

计算公式	$y-2c$		
计算过程	参　数	取值（mm）	出　处
	端部保护层 c	30	《11G101-3》第 55 页，《12G901-3》第 1-1 页
	基础 Y 方向宽度	2200	图 3-3-2
	计算结果：		
	2200－2×30＝2140mm		

2）根数，Y 向钢筋根数计算，见表 3-3-4。

DJ$_J$1 Y 向钢筋根数计算过程　　　　　　　　　表 3-3-4

计算公式	$[x-2\times\min(75,s'/2)]/s'+1$		
计算过程	参　数	取值（mm）	出　处
	起步距离 $\min(75,s'/2)$	75	《11G101-3》第 60 页
	基础 X 方向宽度	2200	图 3-3-2
	钢筋间距 s'	180	
	计算结果：		
	(2200－2×75)/180＋1＝13 根		

(二)圆形独立基础

1. 正交配筋

(1) 平法施工图

DJ$_J$2 平法施工图见图 3-3-3。

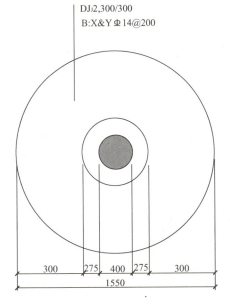

图 3-3-3 DJ$_J$2 平法施工图

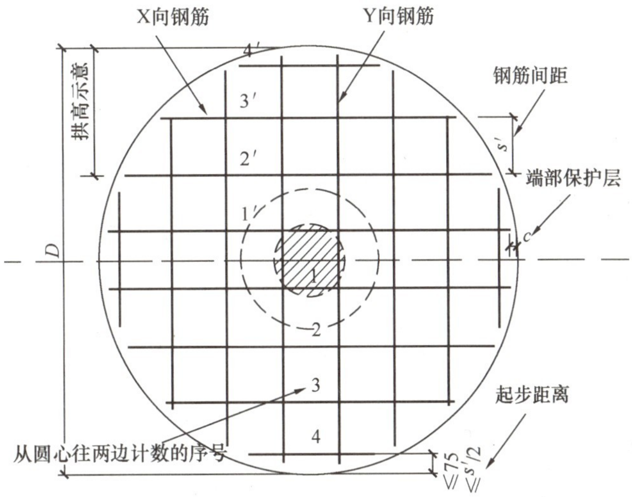

图 3-3-4 DJ$_J$2 计算示意图

(2) 钢筋计算

本例正交钢筋,X 向和 Y 向钢筋长度及根数均相同,此处以 X 向为例计算,见表 3-3-5。

DJ$_J$2 钢筋计算过程 表 3-3-5

计算公式	长度 $= 2 \times \sqrt{R^2 - (R-h_g)^2} - 2c$		
	根数 $= [D - 2 \times \min(75, s'/2)]/200 + 1$		
根数计算过程	根数 $= [1550 - 2 \times \min(75, 200/2)]/200 + 1 = 8$ 沿中心线两侧各 4 根		
长度计算过程	参 数	数值(mm)	出 处
	端部保护层 c	30	《11G101-3》第 55 页,《12G901-3》第 1-1 页
	半径 R	775	图 3-3-3
	起步距离 $\min(75, s'/2)$	75	《11G101-3》第 60 页
	拱高 h_g	边缘第一根钢筋的 $h_g =$ 起步距离 75,其他钢筋的 h_g 依次加钢筋间距	图 3-3-3
	计算式(图 3-3-4)		长度(mm)
	第 4 根钢筋长度 $= 2 \times \sqrt{775^2 - (775-75)^2} - 2 \times 30$		605
	第 3 根钢筋长度 $= 2 \times \sqrt{775^2 - (775-275)^2} - 2 \times 30$		1124
	第 2 根钢筋长度 $= 2 \times \sqrt{775^2 - (775-475)^2} - 2 \times 30$		1369
	第 1 根钢筋长度 $= 2 \times \sqrt{775^2 - (775-675)^2} - 2 \times 30$		1477
	第 1' 根钢筋长度		1477
	第 2' 根钢筋长度		1369
	第 3' 根钢筋长度		1124
	第 4' 根钢筋长度		605

2. 放射配筋

（1）平法施工图

DJ$_J$3 平法施工图见图 3-3-5。

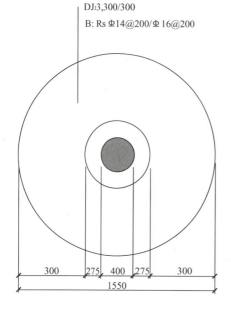

图 3-3-5　DJ$_J$3 平法施工图

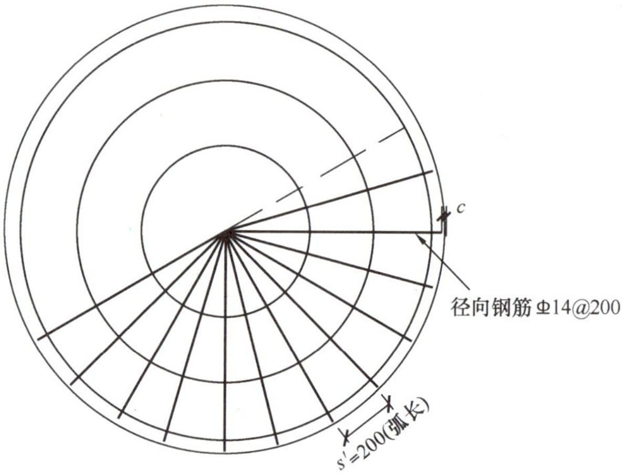

图 3-3-6　DJ$_J$3 径向钢筋示意图

（2）钢筋计算

径向钢筋长度及根数计算，见表 3-3-6。

DJ$_J$3 径向钢筋计算表　　　　　　　　　　表 3-3-6

计算公式	长度 = $D - 2c$ 根数 = $\pi(R-c)/s'$（注：按半圆周长计算根数，另一半是这些钢筋延伸过去的）		
计算过程	参　数	值（mm）	出　处
	端部保护层 c	30	《11G101-3》第 55 页， 《12G901-3》第 1-1 页
	径向钢筋的间距度量位置 $R-c$	775 - 30 = 745	
	长度 = $D - 2c$ 　　= 1550 - 2×30 　　= 1490mm	1490	
	根数 = $\pi(R-c)/s'$ 　　= 3.14×(775-30)/200 　　= 12 根	12	
钢筋示意图	图 3-3-6		

环向钢筋长度及根数计算，见表 3-3-7，钢筋示意图见图 3-3-7。

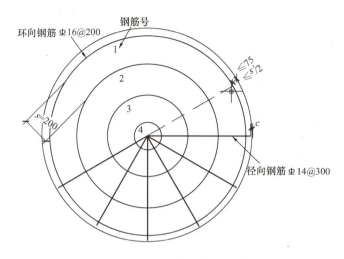

图 3-3-7　DJ_J3 环向钢筋示意图

DJ_J3 环向钢筋计算过程　　　　　　表 3-3-7

计算公式	根数 = $[R - \min(75, s'/2)]/s'$ 最外侧环向钢筋长度 = $2\pi(R-c)$，往里"R"依次减小		
根数计算过程	(775−75)/200=4 根（圆心位置无钢筋，故计算根数不加 1）		
长度计算过程	参　数	值（mm）	出　　处
	保护层 c	30	《11G101-3》第 55 页，《12G901-3》第 1-1 页
	R	775	图 3-3-5
	π		3.14
	最外侧（第 1 根）= $2\pi(R-c) = 2 \times 3.14 \times (775-30) = 4679$mm		
	第 2 根 = $2\pi(R-c) = 2 \times 3.14 \times (575-30) = 3423$mm		
	第 3 根 = $2\pi(R-c) = 2 \times 3.14 \times (375-30) = 2167$mm		
	第 4 根 = $2\pi(R-c) = 2 \times 3.14 \times (175-30) = 911$mm		
钢筋示意图	图 3-3-7		

（三）短向采用两种配筋

(1) 平法施工图

DJ_P1 平法施工图见图 3-3-8。

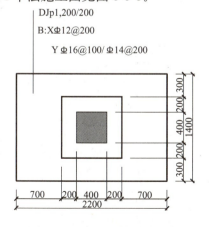

图 3-3-8　DJ_P1 平法施工图

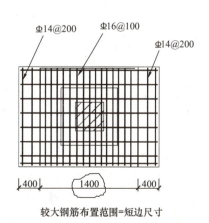

图 3-3-9　DJ_P1 钢筋示意图

(2) 钢筋计算

DJ$_P$1 钢筋计算过程，见表 3-3-8，钢筋示意图见图 3-3-9。

DJ$_P$1 钢筋计算过程　　　　　　　　　　　表 3-3-8

计算公式	长度＝基础边长－2c 根数＝[布置范围－两端起步距离 min(75, s'/2)]/s'＋1		
长度计算过程	X 向钢筋长度＝2200－2×30＝2140 Y 向钢筋长度＝1400－2×30＝1340		
根数计算过程	参　数	值(mm)	出　处
	端部保护层 c	30	《11G101-3》第 55 页， 《12G901-3》第 1-1 页
	间距 s'	X 向钢筋 s'＝200 Y 向钢筋： 中部较大钢筋 s'＝100 两端钢筋 s'＝200	参考《06G101-6》第 10 页
	起步距离 min(75, s'/2)	75	
	短向钢筋(Y 向)Φ16@ 100 布置范围	取短边长度 1400	参考《06G101-6》第 44 页
	短向钢筋(Y 向)Φ@200 布置范围	两侧各＝(2200－1400)/2 ＝400	
	计算结果： X 向钢筋根数＝(1400－2×75)/200＋1＝8 根 Y 向钢筋： Φ16@100 根数＝1400/100＋1＝15 根 Φ14@200 根数＝2×(400－75)/200＝4 根（注：在计算Φ16@100 中间钢筋根数加了 1根，故此处不再加 1）		
钢筋示意图	图 3-3-9		

(四) 长度缩减 10%

1. 对称配筋

(1) 平法施工图

DJ$_P$2 平法施工图见图 3-3-10。

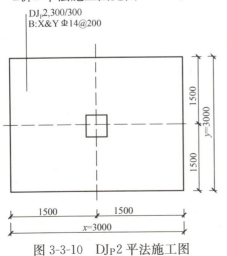

图 3-3-10　DJ$_P$2 平法施工图

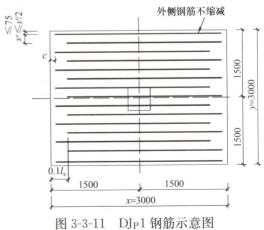

图 3-3-11　DJ$_P$1 钢筋示意图

(2) 钢筋计算

DJ_P2 为正方形,X 向钢筋与 Y 向钢筋完全相同,本例中以 X 向钢筋为例进行计算,计算过程见表 3-3-9,钢筋示意图见图 3-3-11。

DJ_P2 钢筋计算过程　　　　　　　　　　　　　　表 3-3-9

计算公式	(1) 外侧钢筋长度＝基础边长－$2c$＝$x-2c$ (2) 其余钢筋长度＝基础边长－c－0.1×基础边长＝$x-c-0.1l_x$ (3) 根数＝(布置范围－两端起步距离)/间距+1 　　　＝$[y-2\times\min(75, s'/2)]/s'+1$		
根数计算过程	参　数	值 (mm)	出　处
	端部保护层 c	30	《11G101-3》第 55 页, 《12G901-3》第 1-1 页
	间距 s'	$s'=200$	图 3-3-10
	起步距离 min (75, $s'/2$)	75	《11G101-3》第 63 页
	X 向钢筋缩减 10%	＝0.1l_x＝0.1×3000＝300	《11G101-3》第 63 页
	计算结果: X 向外侧钢筋长度＝$x-2c$＝3000－2×30＝2940mm X 向外侧钢筋根数＝2 根(一侧各一根) X 向其余钢筋长度＝$x-c-0.1l_x$ 　　　　　　　＝3000－40－300 　　　　　　　＝2660mm X 向其余钢筋根数＝$[y-2\times\min(75, s'/2)]/s'-1$ 　　　　　　　＝(3000－2×75)/200－1 　　　　　　　＝14 根		
钢筋示意图	图 3-3-11		

2. 非对称配筋

(1) 平法施工图

DJ_P3 平法施工图见图 3-3-12。

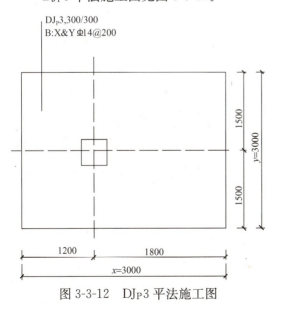

图 3-3-12　DJ_P3 平法施工图

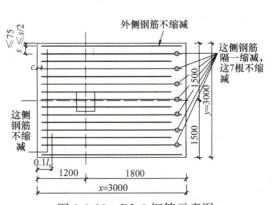

图 3-3-13　DJ_P3 钢筋示意图

（2）钢筋计算

本例 Y 向钢筋与上例 DJ_P2 完全相同，本例讲解 X 向钢筋的计算，见表 3-3-10，钢筋示意图见图 3-3-13。

DJ_P3 钢筋计算过程　　　　　　　　表 3-3-10

计算公式	(1) 外侧钢筋长度＝基础边长－2c＝x－2c (2) 其余钢筋中，两侧均不缩减的，长度与外侧钢筋相同＝基础边长－2c＝x－2c (3) 其余钢筋长中，右侧缩减的钢筋，长度＝基础边长－c－0.1×基础边长 　　　　　　　　　　　　　　　　　　　＝x－c－0.1l_x (4) 根数基本公式＝(布置范围－两端起步距离)/间距＋1 　　　　　　　＝[y－2×min(75, s'/2)]/s'＋1		
根数计算过程	参　　数	值(mm)	出　　处
	端部保护层 c	40	《11G101-3》第 55 页，《12G901-3》第 1-1 页
	间距 s'	s'＝200	图 3-3-13
	起步距离 min(75, s'/2)	75	《11G101-3》第 63 页
	X 向钢筋缩减 10%	＝0.1l_x＝0.1×3000＝300	《11G101-3》第 63 页
	计算结果： X 向外侧钢筋长度＝x－2c＝3000－2×30＝2940mm X 向外侧钢筋根数＝2 根（一侧各一根）		
	X 向其余钢筋（两侧均不缩减）长度＝x－2c＝3000－2×40＝2920mm 根数＝{[y－2×min(75, s'/2)]/s'－1}/2 　　＝[(3000－2×75)/200－1]/2 　　＝7 根（右侧隔一缩减）		
	X 向其余钢筋（右侧缩减）长度＝x－c－0.1l_x 　　　　　　　　　　　　＝3000－40－300 　　　　　　　　　　　　＝2660mm 根数＝7－1＝6 根（因为两侧外边那根钢筋不缩减，所以右侧缩减的钢筋比不缩减的钢筋少一根）		
钢筋示意图	钢筋根数可在图 3-3-13 中查看		

二、多柱独立基础底板顶部钢筋

1. 平法施工图

DJ_P4 平法施工图见图 3-3-14，混凝土强度等级为 C30。

2. 钢筋计算过程

（1）钢筋计算简图

DJ_P4 钢筋计算简图，见图 3-3-15。

（2）钢筋计算过程

DJ_P4 顶部钢筋计算过程，见表 3-3-11。

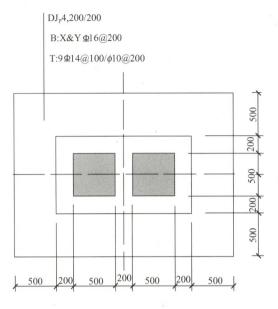

图 3-3-14　DJ_P4 平法施工图

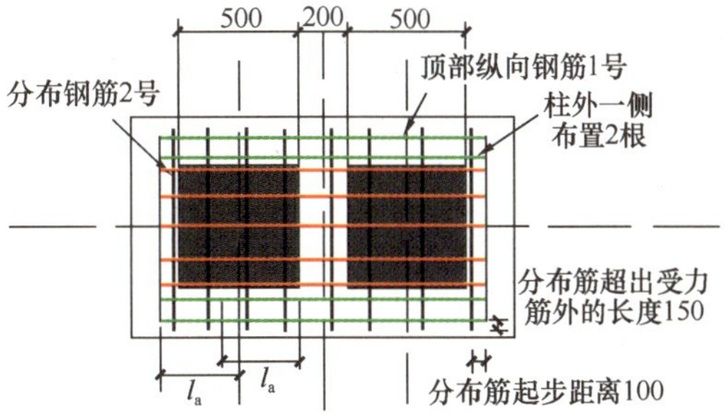

图 3-3-15　DJ_P4 钢筋计算简图

DJ_P4 顶部钢筋计算过程　　　　　　　　　　　　　　　　　　　　　表 3-3-11

计算公式	(1) 纵向受力筋（图 3-3-15 中 1 号筋），长度为柱中心线起算＋两端锚固 l_a。 (2) 分布筋长度＝纵向受力筋布置范围长度＋两端超出受力筋外的长度（本书此值取构造长度 150mm）。
根数计算过程	<table><tr><td>参　数</td><td>值</td><td>出　处</td></tr><tr><td>端部保护层 c</td><td>30</td><td>《11G101-6》第 55 页， 《12G901-3》第 1-1 页</td></tr><tr><td>C30 混凝土，l_a</td><td>$l_{ab}=29d$ $l_a=1\times l_{ab}=29d$</td><td>《11G101-3》第 54 页， 图 3-3-15，DJ_P4 为 C30 混凝土</td></tr></table> 计算结果： 1 号筋根数＝(柱宽 500－两侧起距离 50×2)/100＋1＝5 根＋4（柱外一侧 2 根）＝9 根 1 号筋长度＝250＋200＋250＋2×29d＝1512mm 分布筋长度（2 号筋）＝(受力筋布置范围 500＋2×100) 　　　　　　　　　　＋两端超出受力筋外的长度 2×150 　　　　　　　　　　＝1000mm
	分布筋根数＝(1512－2×100)/200＋1＝8 根

思 考 与 练 习

1. 计算图 3-3-16 中 DJ_P5 基础底板顶部钢筋的长度和根数。

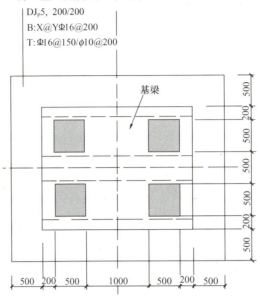

图 3-3-16　DJ_P5 平法施工图

第四章 条形基础

第一节 条形基础平法识图

一、G101 平法识图学习方法

(一) G101 平法识图学习方法

1. G101 平法识图学习方法

G101 平法图集由"制图规则"和"构造详图"两部分组成,通过学习制图规则来识图,通过学习构造详图来了解钢筋的构造及计算。制图规则的学习,可以总结为以下三方面的内容,见图 4-1-1。一是该构件按平法制图有几种表达方式,二是该构件有哪些数据项,三是这些数据项具体如何标注。

图 4-1-1 G101 平法识图学习方法

2.《11G101-3》条形基础平法识图知识体系

《11G101-3》第 21~29 页讲述的是条形基础构件的制图规则,知识体系如表 4-1-1 所示。

《11G101-3》条形基础平法识图知识体系 　　　表 4-1-1

条形基础识图知识体系		《11G101-3》页码
平法表达方式	平面注写方式	第 21~27 页
	截面注写方式	第 28 页
数据项	编号	第 21~29 页
	截面尺寸	
	配筋	
	标高差(选注)	
	必要的文字注解(选注)	

续表

条形基础识图知识体系			《11G101-3》页码
条基底板数据注写方式（平面表达方式）	集中标注	编号	第24、25页
		截面竖向尺寸	
		配筋	
		标高差（选注）	
		必要的文字注解（选注）	
	原位标注	底板平面尺寸	第25、26页
		原位注写修正内容	
基础梁数据注写方式（平面表达方式）	集中标注	编号	第21、22页
		截面尺寸	
		配筋	
		标高差（选注）	
		必要的文字注解（选注）	
	原位标注	梁端或柱下区域底部全部纵筋	第22、23页
		附加箍筋或吊筋	
		外伸部分变截面高度	第23页
		原位注写修正内容	第23页

（二）认识条形基础

1. 认识条形基础

条形基础一般位于砖墙或混凝土墙下，用以支承墙体构件，见图 4-1-2。

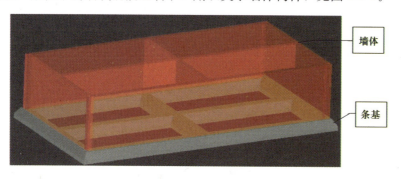

图 4-1-2　条形基础示意图

2. 条形基础分类

条形基础分为梁板式条形基础和板式条形基础两大类，见表 4-1-2。

条形基础分类 表 4-1-2

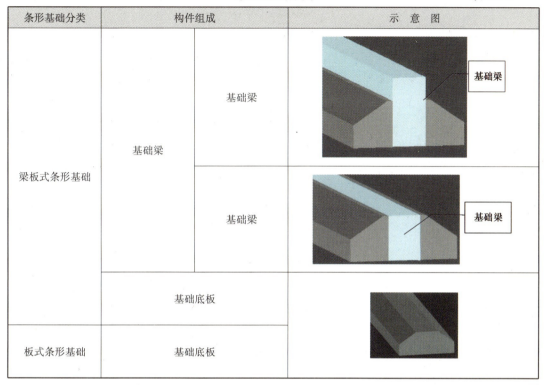

3. 认识条形基础的平面注写方式

条形基础的平法制图，工程中主要采用平面注写方式，故本书也主要讲解平面注写方式。条形基础的平面注写方式是指直接在条形基础平面布置图上进行数据项的标注，标注时，分集中标注和原位标注，如图 4-1-3 所示。

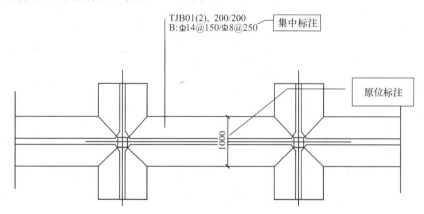

图 4-1-3 条形基础平面注写方式

集中标注是在基础平面布置图上集中引注：基础编号、截面竖向尺寸、配筋三项必注内容，以及当基础底面标高、基础底面基准标高不同时的标高高差和必要的文字注解两项选注内容。

原位标注是在基础平面布置图上标注各跨的尺寸和配筋。

二、条形基础基础梁平法识图

（一）集中标注

1. 条形基础基础梁集中标注示意图

基础梁集中标注包括编号、截面尺寸、配筋三项必注内容，如图 4-1-4 所示。

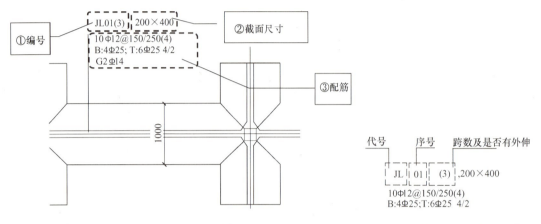

图 4-1-4　条形基础基础梁集中标注　　　　图 4-1-5　基础梁编号平法标注

2. 基础梁编号识图

（1）基础梁编号表示方法（《11G101-3 第 21 页》）

基础梁集中标注和第一项必注的内容是基础梁编号，由"代号"、"序号"、"跨数及是否有外伸"三项组成，见图 4-1-5。

基础梁编号中的"代号"、"序号"、"跨数及是否有外伸"三项符号的具体表示方法，见表 4-1-3 所示。

基础梁编号识图　　　　　　　　　　　　　　表 4-1-3

代　号	序　号	跨数及是否有外伸
JL：表示基础梁	用数字序号表示顺序号	(3)：表示端部无外伸，括号内的数字表示跨数
		(3A)：表示 3 跨一端有外伸
		(4B)：表示 4 跨两端有外伸

（2）基础梁"编号"识图实例

基础梁"编号"识图实例，见表 4-1-4。

基础梁"编号"实例　　　　　　　　　　　　　表 4-1-4

编　号	识　图	编　号	识　图
JL01（3）	基础梁 01，3 跨，端部无外伸	JL06（3B）	基础梁 06，3 跨，两端有外伸
JL02（5A）	基础梁 02，5 跨，一端有外伸		

3. 基础梁截面尺寸识图（《11G101-3》第 22 页）

基础梁截面尺寸用 $b \times h$ 表示梁截面宽度和高度，当为加腋梁时，用 $b \times hYc_1 \times c_2$ 表示，分别见图 4-1-6 和图 4-1-7。

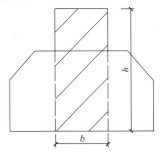
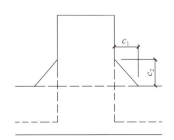

图 4-1-6　基础梁截面尺寸　　　　图 4-1-7　基础梁截面尺寸（加腋）

4. 基础梁配筋识图（《11G101-3》第 22、23 页）

（1）基础梁配筋标注内容

基础梁集中标注的第三项必注内容是配筋，如图 4-1-8 所示。基础梁的配筋有三项内容，见图 4-1-8。

（2）箍筋

基础梁箍筋表示方法的平法识图，见表 4-1-5。

图 4-1-8　基础梁配筋标注内容

基础梁箍筋识图　　　　　　　　　　　　　　　　表 4-1-5

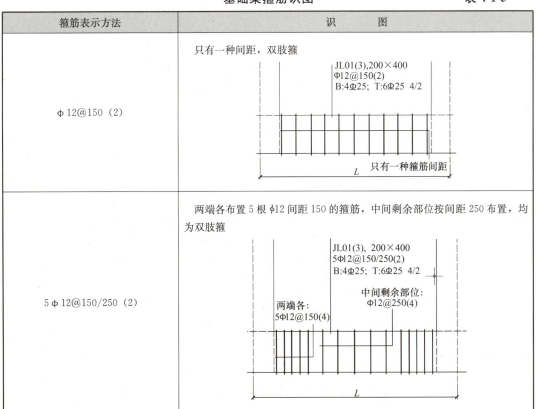

箍筋表示方法	识　　图
φ12@150（2）	只有一种间距，双肢箍
5φ12@150/250（2）	两端各布置 5 根 φ12 间距 150 的箍筋，中间剩余部位按间距 250 布置，均为双肢箍

续表

箍筋表示方法	识　图
6φ12@150/5φ14@200/φ14@250(4)	两端向里，先各布置6根φ12间距150的箍筋，再往里两侧各布置5根φ14间距200的箍筋，中间剩余部位按间距250的箍筋，均为四肢箍 JL01(3), 200×400 6φ12@150/5φ14@200/ φ14@250(4) B:4Φ25; T:6Φ25 4/2 两端第一种箍筋：6φ12@150(4) 中间剩余部位箍筋：φ14@250(4) 两端第二种箍筋：5φ14@200(4)
5φ12@150（4）/φ14@250（2）	两端各布置5根φ12间距150的四肢箍筋，中间剩余部位布置φ14间距250的双肢箍筋 JL01(3), 200×400 5φ12@150(4)/ φ14@250(2) B:4Φ25; T:6Φ25 4/2 两端各：5φ12@150(4) 中间剩余部位：φ14@250(2)

（3）底部及顶部贯通纵筋

1）底部和顶部贯通纵筋的区别

基础梁底部及顶部贯通纵筋的区别，见表4-1-6，底部贯通纵筋根据需要，多一种带架立筋的表示方法。

基础梁底部及顶部贯通纵筋识图　　表4-1-6

底部贯通纵筋	单排	顶部贯通纵筋	单排
	双排		双排
	带架立筋		

2）底部和顶部贯通纵筋的识图

基础梁底部以字母"B"打头，顶部贯通纵筋以字母"T"打头，具体表示方法的平法识图，见表4-1-7。

第四章 条形基础

基础梁底部及顶部贯通纵筋识图　　表 4-1-7

底部及顶部贯通纵筋表示方法	识　　图
B：4Φ25；T：4Φ20	底部贯通纵筋为 4Φ25，顶部贯通纵筋为 4Φ20
B：4Φ25；T：6Φ20 4/2	底部贯通纵筋为 4Φ25，顶部贯通纵筋为 6Φ20，其中上排 4 根，下排 2 根
B：4Φ25+（2Φ14）；T：4Φ20	底部贯通纵筋为 4Φ25，顶部贯通纵筋为 4Φ20，梁底部架立筋为 2Φ14

3) 认识架立筋

当基础梁底部跨中钢筋的根数少于箍筋的肢数时，需要在跨中增设梁底部架立筋以固定箍筋，见图 4-1-9。

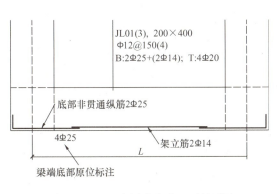

图 4-1-9　基础梁底部架立筋识图

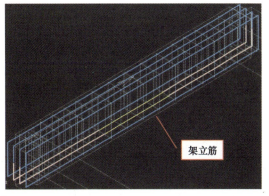

图 4-1-10　基础梁底部架立筋施工效果图

为了帮助读者更好地理解架立筋，我们看一下基础梁底部架立筋的施工效果图，见图 4-1-10。集中标注底部钢筋为 2Φ25，底部端部原位标注为 4Φ25，即表示端部有 2Φ25 的非贯通筋，而梁的箍筋肢数为 4 肢，因此，在梁底部跨中区域就需要增设架立筋，用以固定箍筋。

(4) 侧部钢筋

以大写字母"G"打头，注写梁两侧面对称设置的纵向构造钢筋总配筋值，见图 4-1-11 和图 4-1-12。侧部纵向构造钢筋的拉筋不进行标注，按构造要求（《11G101-3》第 73 页对基础梁侧部纵向构造筋的拉筋构造要求为：Φ8，间距是箍筋间距的两倍）进行配置即可，拉筋的配置详见本章第二节条形基础钢筋构造。

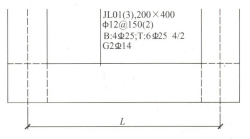

图 4-1-11　基础梁侧部钢筋平法表示方法

(二) 原位标注识图

1. 梁端部及柱下区域底部全部纵筋

(1) 认识基础梁端部及柱下区域底部全部纵筋

基础梁端部及柱下区域原位标注的纵筋，是指标注该位置的所有纵筋，包括集中标注

47

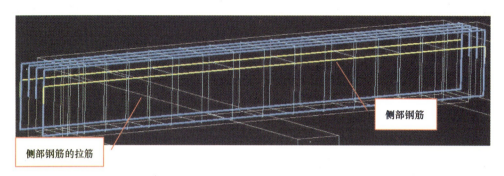

图 4-1-12 基础梁侧部钢筋施工效果图

的底部贯通纵筋,见图 4-1-13,一定要理解原位标注的纵筋与集中标注的纵筋的关系。

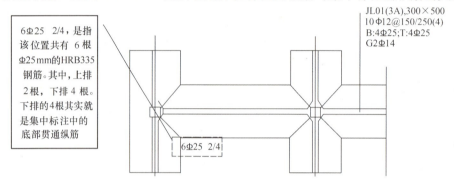

图 4-1-13 认识基础梁端部及柱下区域原位标注

施工效果,见图 4-1-14。

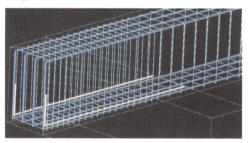

图 4-1-14 基础梁端部及柱下区域原位标注施工效果图

(2) 基础梁端部及柱下区域原位标注的识图

基础梁端部及柱下区域原位标注识图,见表 4-1-8。

基础梁端部及柱下区域原位标注识图 表 4-1-8

表 示 方 法	识 图
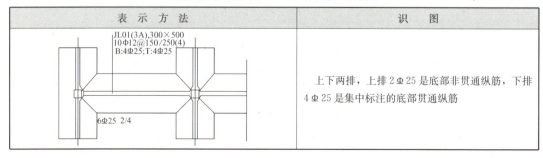	上下两排,上排 2Φ25 是底部非贯通纵筋,下排 4Φ25 是集中标注的底部贯通纵筋

续表

表 示 方 法	识 图
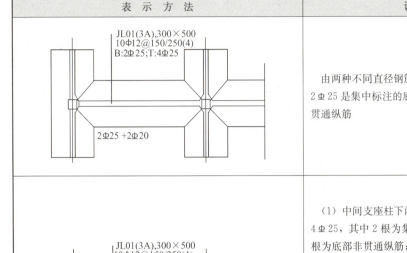	由两种不同直径钢筋组成，用"+"连接，其中2Φ25是集中标注的底部贯通纵筋，2Φ20底部非贯通纵筋
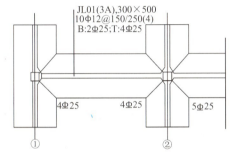	(1) 中间支座柱下两侧底部配筋不同，②轴左侧4Φ25，其中2根为集中标注的底部贯通筋，另2根为底部非贯通纵筋；②轴右侧5Φ25，其中2根为集中标注的底部贯通纵筋，另3根为底部非贯通纵筋。 (2) ②轴左侧为4根，右侧为5根，它们直径相同，只是根数不同，则其中4根贯穿②轴，右侧多出的1根进行锚固，施工效果图见下图： 

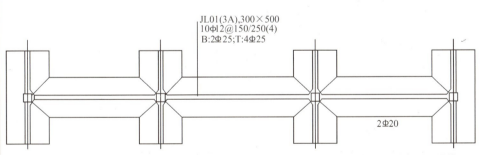

底部贯通纵筋为2Φ25，第三跨经原位标注修正为2Φ20，就出现了两种不同配置的底部贯通纵筋，这种情况下，应将配置较大的伸至配置较小的那跨的跨中进行连接（见《11G101-3》第23页、第71页），施工效果图见下图所示：

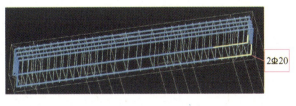

2. 附加箍筋或吊筋

当两向基础梁十字交叉,且交叉位置无柱时,应配置附加箍筋或附加吊筋,平法标注是直接在平面图相应位置,引注总配筋值。

(1) 附加箍筋

附加箍筋的平法标注,见图4-1-15,表示每边各加4根,共8根附加箍筋。

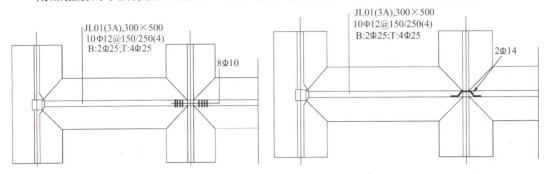

图4-1-15 基础梁附加箍筋平法标注　　　图4-1-16 基础梁附加吊筋平法标注

(2) 附加吊筋

附加吊筋的平法标注,见图4-1-16。

附加吊筋施工效果图,见图4-1-17。

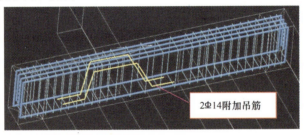

图4-1-17 基础梁附加吊筋施工效果图

3. 外伸部位的变截面高度尺寸

基础梁外伸部位如果有变截面,变截面高度尺寸见图4-1-18。

基础梁外伸部位变截面尽端高度值,有以下两种情况,见表4-1-9,实际施工图中,应绘制相应的剖面图,以表达清楚是哪种情况。

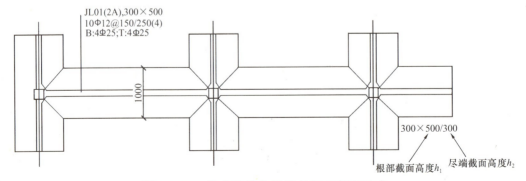

图4-1-18 基础梁外伸部位变截面高度尺寸

基础梁外伸部位尽端尺寸的两种情况　　　　表 4-1-9

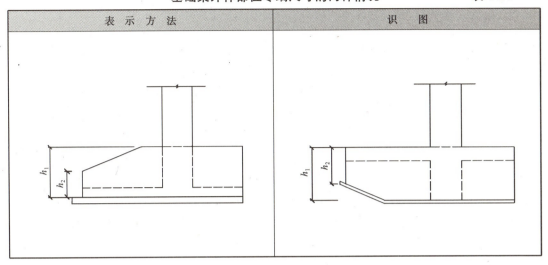

4. 原位标注修正内容

当在基础梁上集中标注的内容不适用于某跨或某外伸部位时,将其修正内容原位标注在该跨或该外伸部位,见图 4-1-19,JL01 集中标注的截面尺寸为 300×500,第 3 跨原位标注为 300×400,表示第 3 跨发生了截面变化。

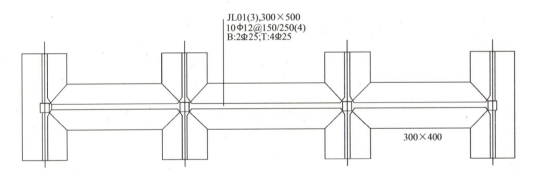

图 4-1-19　原位标注修正内容

三、条形基础底板的平法识图

(一) 集中标注

1. 条形基础底板集中标注示意图

条形基础底板集中标注包括编号、截面竖向尺寸、配筋三项必注内容,见图 4-1-20。

2. 条形基础底板编号识图

(1) 条形基础底板编号表示方法(《11G101-3 第 21、24 页》)

条形基础底板集中标注的第一项必注内容是基础梁编号,由"代号"、"序号"、"跨数及是否有外伸"三项组成,见图 4-1-21。

条形基础底板编号中的"代号"、"序号"、"跨数及是否有外伸"三项符号的具体表示方法,见表 4-1-10。

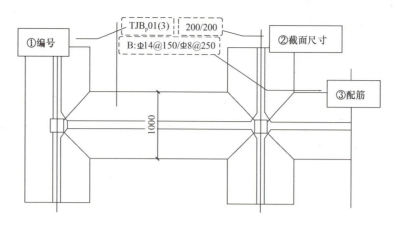

图 4-1-20 条形基础底板集中标注示意图

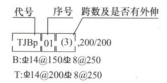

图 4-1-21 条形基础底板编号平法标注

条形基础底板编号识图　　　　　　　　　　　　　表 4-1-10

代　号	序　号	跨数及是否有外伸	
TJB_J：表示阶形条形基础底板	用数字序号表示顺序号	(××)：表示端部无外伸，括号内的数字表示跨数	
		(××A)：表示一端有外伸	
TJB_P：表示坡形条形基础底板		(××B)：表示两端有外伸	

条形基础底板的代号由大写字母"TJB"表示，另加下标"J"和"P"以区阶形和坡形条形基础底板，阶形与坡形，见表 4-1-11。

条形基础底板的阶形与坡形　　　　　　　　　　　表 4-1-11

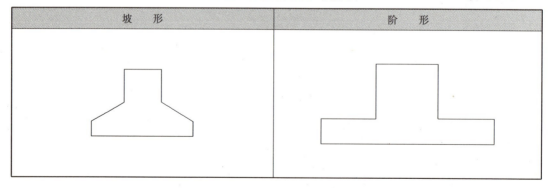

（2）条形基础底板"编号"识图实例

条形基础底板"编号"识图实例，见表 4-1-12。

条形基础底板"编号"实例 表 4-1-12

编号	识图	编号	识图
TJB$_J$01（2）	阶形条形基础底板01，2跨，端部无外伸	TJB$_J$02（2B）	阶形条形基础底板02，2跨，两端有外伸
TJB$_P$02（3A）	坡形条形基础底板02，3跨，一端有外伸		

3. 条形基础底板截面竖向尺寸识图

条形基础底板截面竖向尺寸用"$h_1/h_2/\cdots\cdots$"自下而上进行标注（《11G101-3》第24页），见表 4-1-13。

条形基础底板截面竖向尺寸识图 表 4-1-13

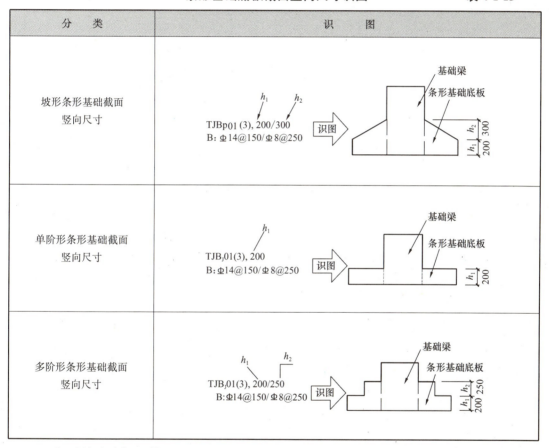

4. 条形基础底板配筋识图

条形基础底板配筋分两种情况，一种是只有底部配筋，另一种是双梁条形基础还有顶部配筋，底部配筋以"B"打头，"B"是英文单词"Bottom"的第一个字母，顶部配筋以"T"打头，"T"是英语单词"Top"的第一个字母。注写时，用"/"分隔条形基础底板的横向受力筋和构造分布筋。

条形基础底板底部钢筋识图，见图 4-1-22。

双梁条形基础平法施工图，见图 4-1-23。

双梁条形基础底板底部及顶部配筋识图，见表 4-1-14。

53

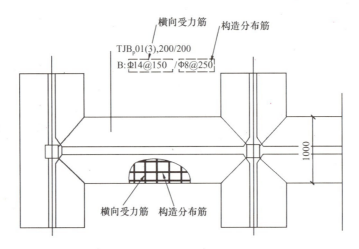

图 4-1-22　条形基础底板底部钢筋识图

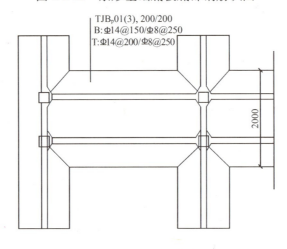

图 4-1-23　双梁条形基础平法施工图

双梁条形基础底板底部及顶部配筋识图　　表 4-1-14

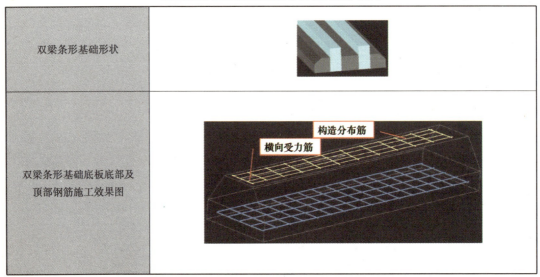

双梁条形基础形状	
双梁条形基础底板底部及顶部钢筋施工效果图	

（二）原位标注

条形基础底板的原位标注，见图4-1-24，注写条形基础底板的平面尺寸。

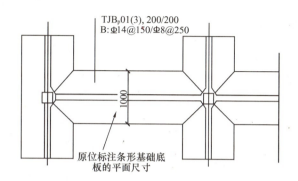

图 4-1-24　条形基础底板原位标注

思 考 与 练 习

1. JL04（5B）的含义是什么？
2. 在图4-1-25中填空。

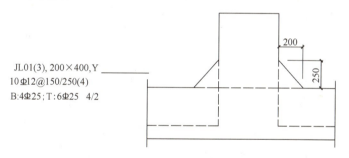

图 4-1-25　练习2

3. 在图4-1-26中填空。
4. 在图4-1-27中填空。

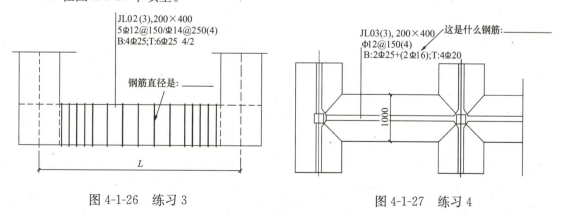

图 4-1-26　练习3　　　　　　　　图 4-1-27　练习4

5. 在图 4-1-28 中填空。

6. 图 4-1-29 所示的条形基础的代号是：_____。

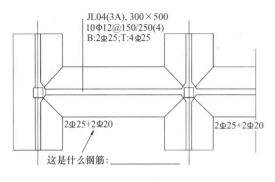

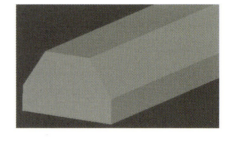

图 4-1-28　练习 5　　　　　　　　图 4-1-29　练习 6

第二节　条形基础钢筋构造

第一节讲解了条形基础的平法识图，就是如何阅读条形基础平法施工图。本节讲解条形基础的钢筋构造，是指条形基础的各种钢筋在实际工程中可能出现的各种构造情况，位于《11G101-3》第 69～75 页。

一、条形基础的钢筋种类

《11G101-3》第 69～75 页讲述的是条形基础的钢筋构造，本书按构件组成、钢筋组成的思路，将条形基础的钢筋总结为表 4-2-1 所示的内容，整理出钢筋种类后，再一种钢筋一种钢筋整理其各种构造情况，这也是本书一直强调的精髓，就是 G101 平法图集的学习方法——系统梳理。

条形基础钢筋种类　　　　　　　　表 4-2-1

构件	钢筋种类		《11G101-3》页码
基础梁 JL	纵筋	底部贯通纵筋	第 71、73、74 页
		端部及柱下区域底部非贯通筋	
		顶部贯通纵筋	
		架立筋	第 73 页
		侧部构造筋	
	箍筋		第 71、72 页
	其他钢筋	附加吊筋	第 71、72、75 页
		附加箍筋	
		加腋筋	

续表

构　件	钢筋种类		《11G101-3》页码
基础底板	底部钢筋	受力筋	第69、70页
		分布筋	
	双梁条形基础顶部钢筋	受力筋	
		分布筋	

二、基础梁 JL 钢筋构造

（一）基础梁底部贯通纵筋构造情况

1. 基础梁底部贯通纵筋构造情况总述

《11G101-3》第73、74页讲述了基础梁底部贯通纵筋的构造，本书总结为表4-2-2所示的内容。

基础梁底部贯通纵筋构造情况　　　　　表4-2-2

基础梁底部贯通纵筋构造情况		《11G101-3》页码
端部构造	无外伸	第73页
	等截面外伸	
	变截面外伸（梁底一平）	
中间变截面	梁底有高差（高差＜梁高）	第74页
	梁底有高差（高差＞梁高）	
	梁宽度不同	

2. 端部无外伸构造

基础梁无外伸，底部贯通纵筋构造见表4-2-3。

基础梁无外伸底部贯通纵筋构造　　　　　表4-2-3

平法施工图：

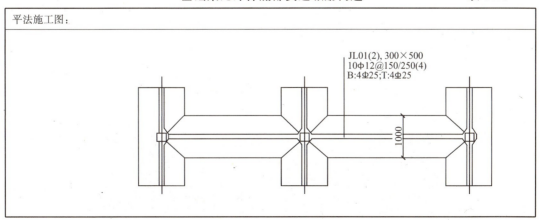

JL01(2), 300×500
10Φ12@150/250(4)
B:4Φ25;T:4Φ25

续表

钢筋构造要点：	
(1) 端部弯折 $15d$； (2) 从柱内侧起，伸入基础梁端部且水平段 $\geqslant 0.4l_{ab}$	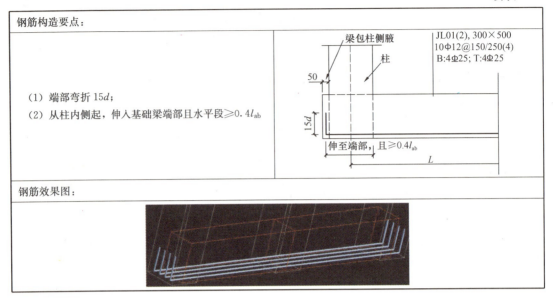
钢筋效果图：	

3. 等截面外伸

基础梁等截面外伸，底部贯通纵筋构造见表 4-2-4。

基础梁等截面外伸底部贯通纵筋构造　　　表 4-2-4

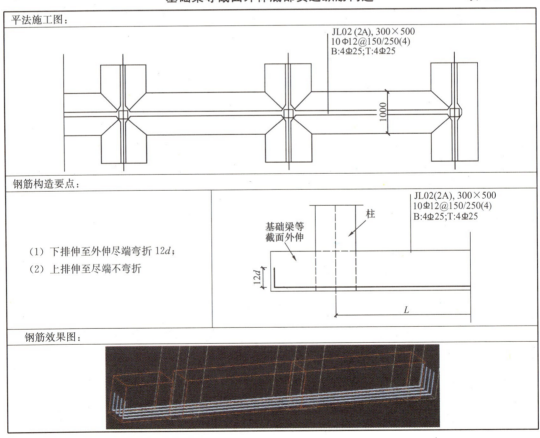

钢筋构造要点：
(1) 下排伸至外伸尽端弯折 $12d$； (2) 上排伸至尽端不弯折
钢筋效果图：

4. 变截面外伸（梁底一平）

基础梁变截面外伸（梁底一平），底部贯通纵筋构造见表 4-2-5。

基础梁变截面外伸（梁底一平）底部贯通纵筋构造　　表 4-2-5

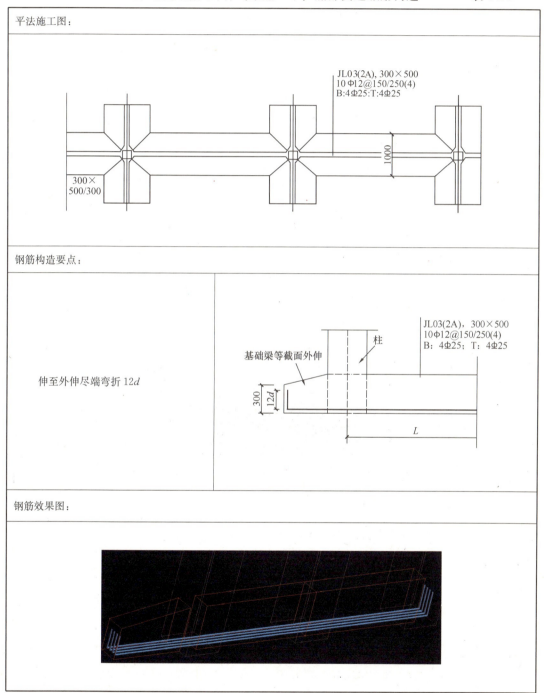

5. 梁底有高差（高差小于梁高）

基础梁梁底有高差（高差小于梁高），底部贯通纵筋构造见表 4-2-6。

基础梁梁底有高差底部贯通纵筋构造   表 4-2-6

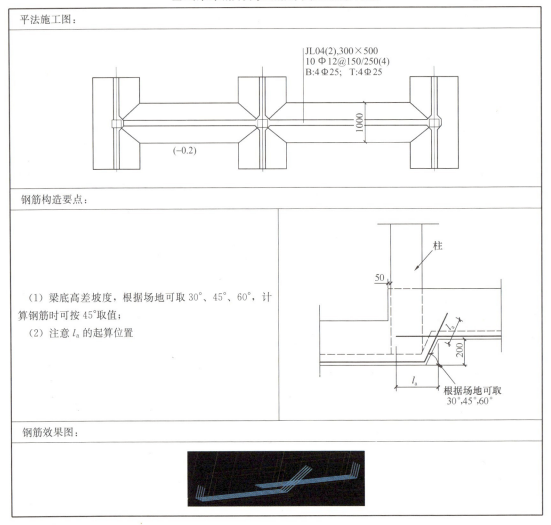

钢筋构造要点：

(1) 梁底高差坡度，根据场地可取 30°、45°、60°，计算钢筋时可按 45° 取值；
(2) 注意 l_a 的起算位置

6. 梁宽度不同

基础梁宽度不同，底部贯通纵筋构造见表 4-2-7。

基础梁宽度不同底部贯通纵筋构造   表 4-2-7

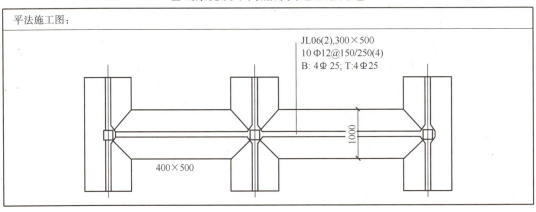

续表

钢筋构造要点:	
宽出部位钢筋: (1) 直锚:l_a (2) 弯锚:$h_c-c+15d$	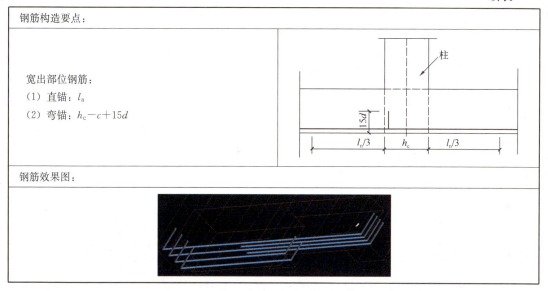
钢筋效果图:	

(二)端部及柱下区域底部非贯通纵筋构造情况

1. 基础梁端部及柱下区域底部非贯通纵筋构造情况总述

《11G101-3》第71、73、74页讲述了基础梁端部及柱下区域底部非贯通纵筋的构造,总结为表4-2-8所示的内容。

基础梁端部及柱下区域底部非贯通纵筋构造情况　　表4-2-8

基础梁端部及柱下区域底部非贯通纵筋构造情况		《11G101-3》页码
端部构造	无外伸	第73页
	等截面外伸	
	变截面外伸(梁底一平)	
中间柱下区域	中间柱下区域	第71页
中间变截面	梁底有高差(高差<梁高)	第74页
	梁底有高差(高差≥梁高)	
	梁宽度不同	

2. 端部无外伸

基础梁端部无外伸,底部非贯通纵筋构造见表4-2-9。

基础梁端部无外伸底部非贯通纵筋构造　　表4-2-9

平法施工图:
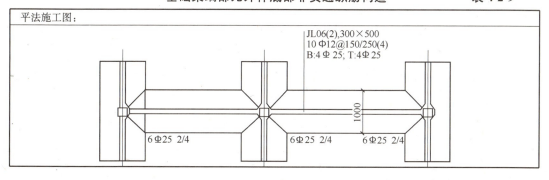

61

续表

钢筋构造要点：	
(1) 伸至端部弯折 $15d$； (2) 梁包柱侧腋尺寸为 50mm； (3) 从支座边向跨内的延伸长度为 $l_n/3$，l_n 是两邻跨跨度的较大值	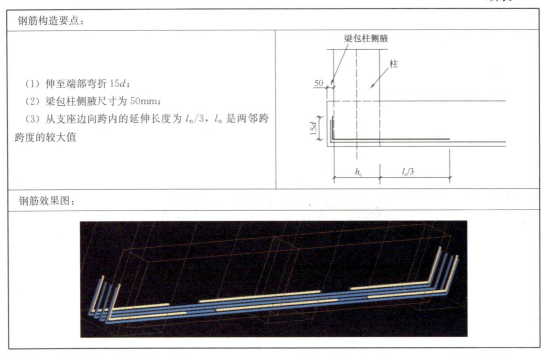
钢筋效果图：	

3. 等截面外伸

基础梁等截面外伸，底部非贯通纵筋构造见表4-2-10。

基础梁等截面外伸底部非贯通纵筋构造　　　表4-2-10

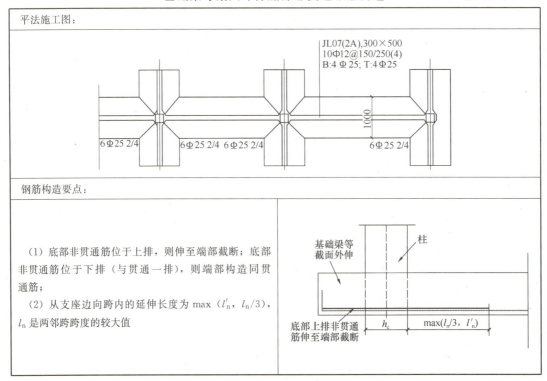

平法施工图：

钢筋构造要点：

(1) 底部非贯通筋位于上排，则伸至端部截断；底部非贯通筋位于下排（与贯通一排），则端部构造同贯通筋；
(2) 从支座边向跨内的延伸长度为 max(l'_n, $l_n/3$)，l_n 是两邻跨跨度的较大值

续表

钢筋效果图：
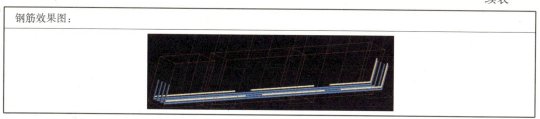

4. 变截面外伸（梁顶一平）

基础梁变截面外伸（梁顶一平），底部非贯通纵筋构造见表 4-2-11。

基础梁变截面外伸（梁顶一平）底部非贯通纵筋构造　　　表 4-2-11

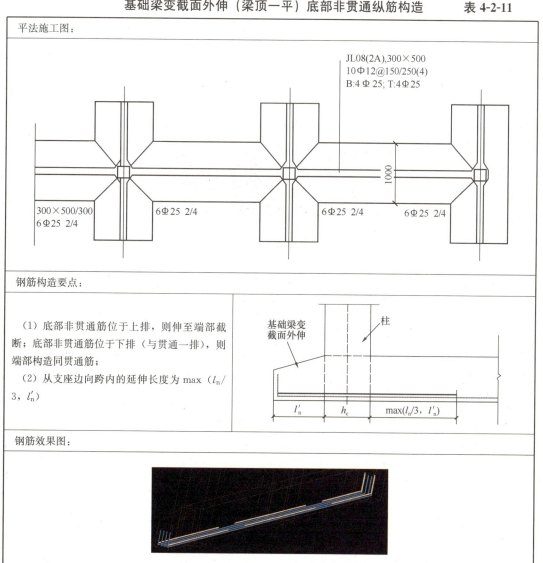

5. 中间柱下区域

基础梁中间柱下区域，底部非贯通纵筋构造见表 4-2-12。

基础梁中间柱下区域底部非贯通纵筋构造 　　　　表 4-2-12

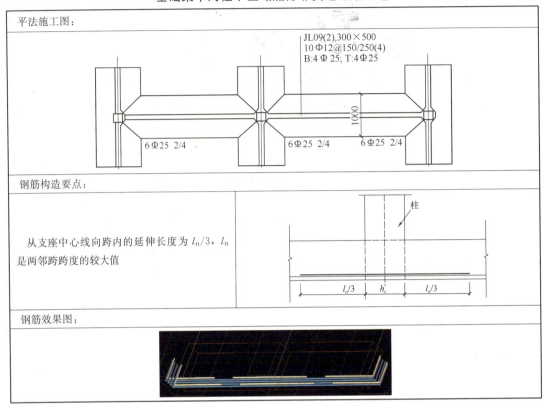

6. 梁宽度不同

基础梁宽度不同，底部非贯通纵筋构造见表 4-2-13。

基础梁宽度不同底部非贯通纵筋构造 　　　　表 4-2-13

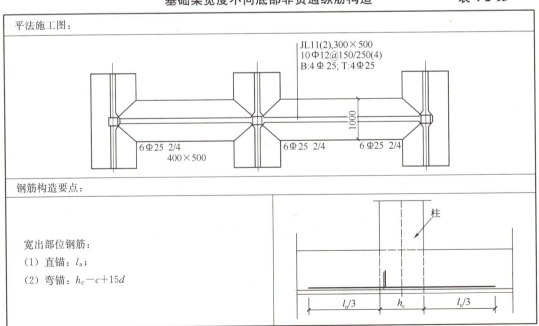

钢筋效果图：
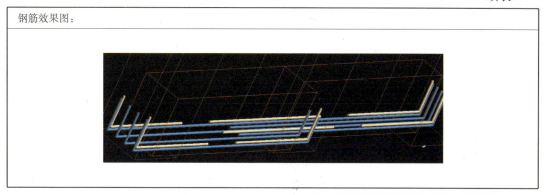

（三）基础梁顶部贯通纵筋构造情况

1. 基础梁顶部贯通纵筋构造情况总述

《11G 101-3》第 73、74 页讲述了基础梁顶部贯通纵筋的构造，本书总结为表 4-2-14 所示的内容。

基础梁底部贯通纵筋构造情况　　　　　　　　　　　　　　　　表 4-2-14

基础梁顶部贯通纵筋构造情况		《11G 101-3》页码
端部构造	无外伸	第 73 页
	等截面外伸	
	变截面外伸（梁底一平）	
中间变截面	梁顶有高差	第 74 页
	梁宽度不同	

2. 端部无外伸构造

基础梁无外伸，顶部贯通纵筋构造见表 4-2-15。

基础梁无外伸顶部贯通纵筋构造　　　　　　　　　　　　　　　表 4-2-15

平法施工图：
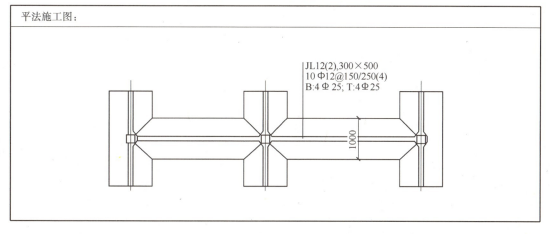

钢筋构造要点：

(1) 端部弯折15d；
(2) 梁包柱侧腋尺寸为50mm；
(3) 顶部单排/双排钢筋构造相同

钢筋效果图：

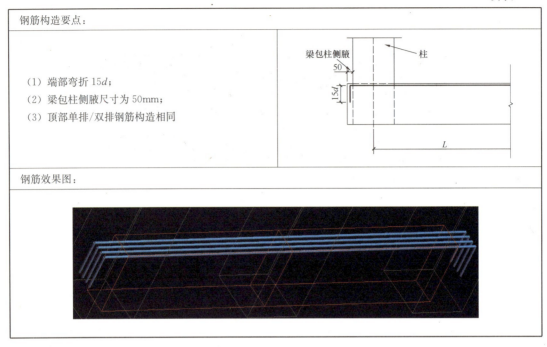

3. 等截面外伸

基础梁等截面外伸，顶部贯通纵筋构造见表4-2-16。

基础梁等截面外伸顶部贯通纵筋构造　　　　表4-2-16

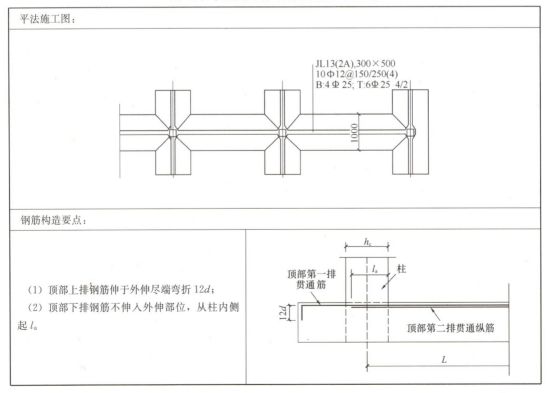

钢筋构造要点：

(1) 顶部上排钢筋伸于外伸尽端弯折12d；
(2) 顶部下排钢筋不伸入外伸部位，从柱内侧起l_a

续表

钢筋效果图：
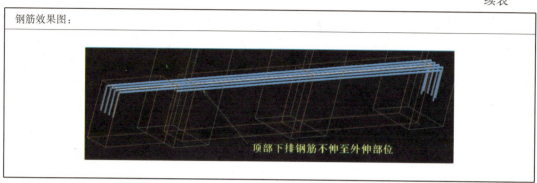

4. 变截面外伸（梁底一平）

基础梁变截面外伸（梁底一平），顶部贯通纵筋构造见表4-2-17。

基础梁变截面外伸（梁底一平）顶部贯通纵筋构造　　表4-2-17

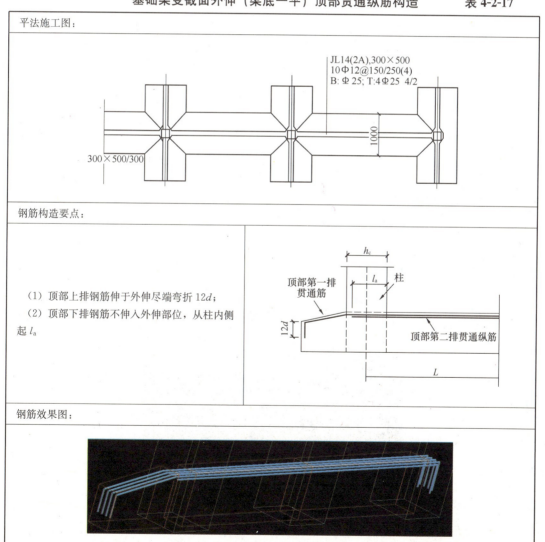

平法施工图：

JL14(2A), 300×500
10Φ12@150/250(4)
B:Φ25; T:4Φ25 4/2

钢筋构造要点：

(1) 顶部上排钢筋伸于外伸尽端弯折$12d$；
(2) 顶部下排钢筋不伸入外伸部位，从柱内侧起l_a

钢筋效果图：

5. 变截面（梁宽度不同）

基础梁变截面（梁宽度不同），顶部贯通纵筋构造见表 4-2-18。

基础梁变截面外伸（梁顶一平）顶部贯通纵筋构造　　表 4-2-18

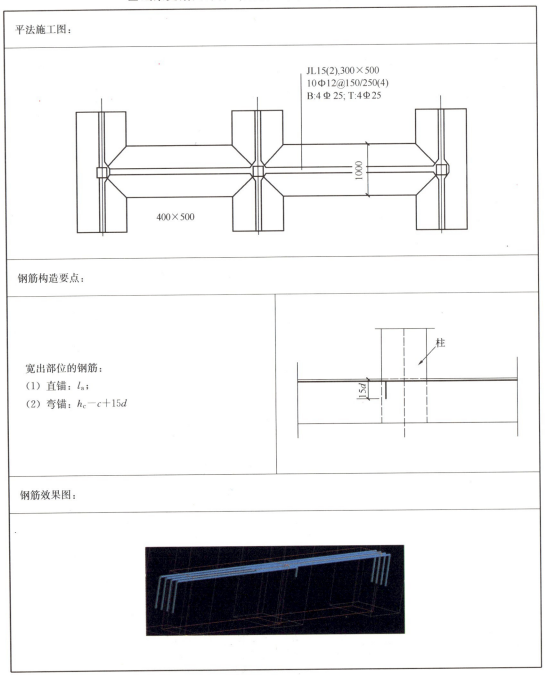

（四）架立筋、侧部筋、加腋筋构造情况

1. 侧部筋钢筋构造（《11G 101-3》第 73 页）

基础梁侧部构造钢筋构造见表 4-2-19。

基础梁侧部构造筋构造　　　　表 4-2-19

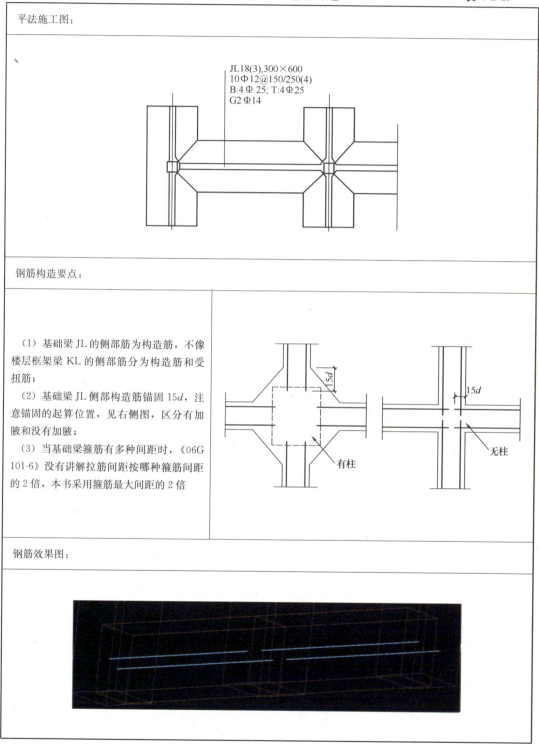

平法施工图：

JL18(3),300×600
10Φ12@150/250(4)
B:4Φ25; T:4Φ25
G2Φ14

钢筋构造要点：

(1) 基础梁 JL 的侧部筋为构造筋，不像楼层框架梁 KL 的侧部筋分为构造筋和受扭筋；

(2) 基础梁 JL 侧部构造筋锚固 $15d$，注意锚固的起算位置，见右侧图，区分有加腋和没有加腋；

(3) 当基础梁箍筋有多种间距时，《06G101-6》没有讲解拉筋间距按哪种箍筋间距的 2 倍，本书采用箍筋最大间距的 2 倍

钢筋效果图：

2. 加腋筋构造（《11G101-3》第 72、75 页）

基础梁加腋筋构造见表 4-2-20。

基础梁加腋筋构造 表 4-2-20

平法施工图：	
基础梁高加腋的平法表达方式： JL19(3),300×600Y$_{200×250}$ 10Φ12@150/250(4) B:4Φ25; T:6Φ25 4/2	
钢筋构造要点： （1）基础梁高加腋筋规格，若施工图未注明，则同基础梁顶部纵筋；若施工图有标注，则按其标注规格； （2）基础梁高加腋筋，根数为基础梁顶部第一排纵筋根数－1； （3）基础梁高加腋筋，长度为锚入基础梁内 l_a	
基础梁高加腋筋的根数与基础梁顶部第一排纵向钢筋根数的关系见右图	
（1）基础梁与柱结合部侧加腋筋，由加腋筋及其分布筋组成，均不需要在施工图上标注，按图集上构造规定即可； （2）加腋筋规格≥φ12 且不小于柱箍筋直径，间距同柱箍筋间距； （3）加腋筋长度为侧腋边长加两端 l_a； （4）分布筋规格为φ8@200	

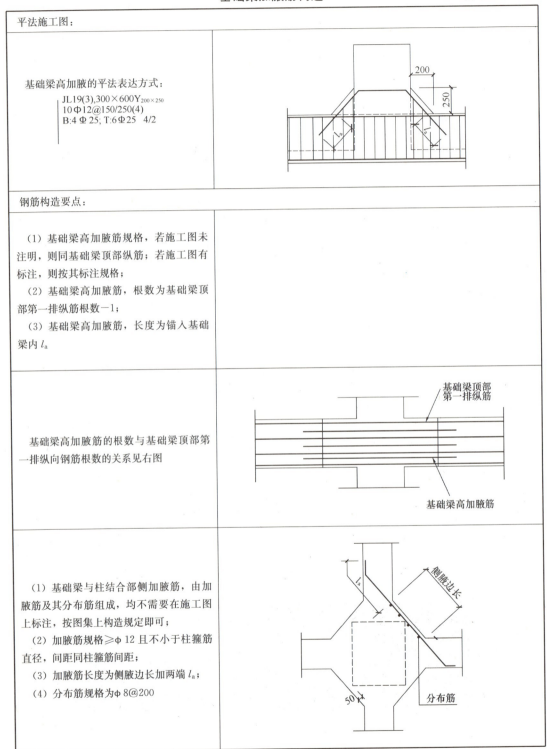

（五）箍筋构造情况

基础梁箍筋构造见表 4-2-21。

基础梁箍筋构造 表4-2-21

钢筋构造要点：	
（1）箍筋起步距离为50mm； （2）基础梁变截面外伸、梁高加腋位置，箍筋高度渐变； （3）外伸部位按第一种箍筋设置	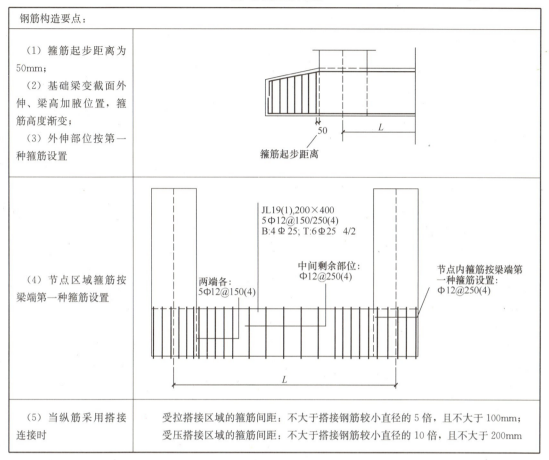
（4）节点区域箍筋按梁端第一种箍筋设置	
（5）当纵筋采用搭接连接时	受拉搭接区域的箍筋间距：不大于搭接钢筋较小直径的5倍，且不大于100mm； 受压搭接区域的箍筋间距：不大于搭接钢筋较小直径的10倍，且不大于200mm

三、条形基础底板钢筋构造

（一）条形基础底板钢筋构造情况总述

《11G 101-3》第69、70页讲述了条形基础底板钢筋的构造，本书总结为表4-2-22所示的内容。

条形基础底板底部钢筋构造情况 表4-2-22

条形基础底板钢筋构造情况		《11G 101-3》页码
条形基础交接处钢筋构造	转角（两向无外伸）	第69页
	转角（两向有外伸）	
	丁字交接	
	十字交接	
条形基础底板宽度≥2500	受力筋缩减10%	第70页
条形基础端部钢筋构造	端部无交接底板	第70页
条形基础底板不平钢筋构造	条形基础底板不平钢筋构造	第70页
双梁条形基础底板顶部钢筋	双梁条形基础底板顶部钢筋	第25页

（二）条形基础交接处钢筋构造

1. 条形基础转角交接（两向无外伸）钢筋构造

条形基础底板转角交接（两向无外伸），钢筋构造见表 4-2-23。

条形基础转角交接（两向无外伸）钢筋构造　　　　表 4-2-23

平法施工图：

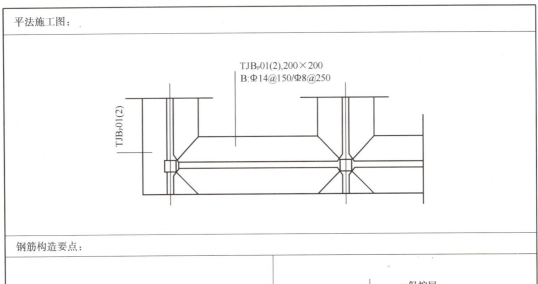

钢筋构造要点：

(1) 参照《11G 101-3》第 60 页独立基础，条形基础钢筋起步距离可取 $s'/2$（s' 为钢筋间距）；
(2) 保护层按《11G 101-3》第 55 页取值；
(3) 交接处，两向受力筋相互交叉已经形成钢筋网，分布筋则需要切断，与另一方向受力筋搭接 150mm；
(4) 分布筋在梁宽范围内不布置

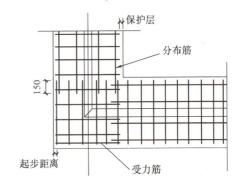

钢筋效果图：

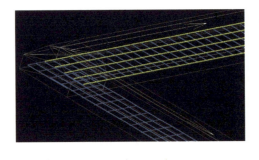

2. 条形基础转角交接（两向有外伸）钢筋构造

条形基础底板转角交接（两向有外身），钢筋构造见表 4-2-24。

72

条形基础转角交接（两向有外伸）钢筋构造　　　表 4-2-24

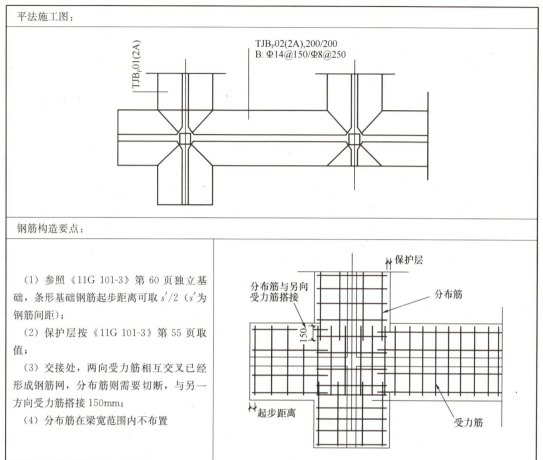

钢筋构造要点：

（1）参照《11G 101-3》第 60 页独立基础，条形基础钢筋起步距离可取 $s'/2$（s' 为钢筋间距）；
（2）保护层按《11G 101-3》第 55 页取值；
（3）交接处，两向受力筋相互交叉已经形成钢筋网，分布筋则需要切断，与另一方向受力筋搭接 150mm；
（4）分布筋在梁宽范围内不布置

3. 条形基础丁字交接钢筋构造

条形基础底板丁字交接，钢筋构造见表 4-2-25。

条形基础丁字交接钢筋构造　　　表 4-2-25

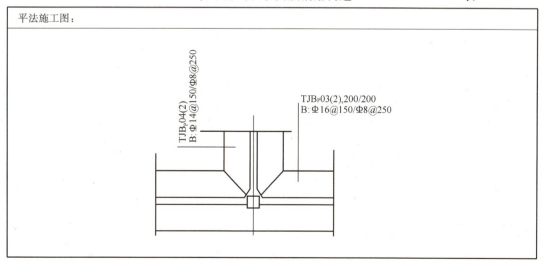

钢筋构造要点：	
（1）丁字交接时，丁字横向受力筋贯通布置，丁字竖向受力筋在交接处伸入 $b/4$ 范围布置； （2）一向分布筋贯通，另一向分布在交接处与受力筋搭接 150mm； （3）分布筋在梁宽范围内不布置	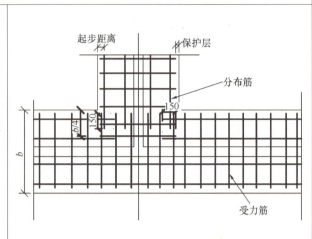
钢筋效果图：	
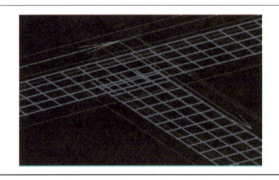	

4. 条形基础十字交接钢筋构造

条形基础底板十字交接，钢筋构造见表 4-2-26。

条形基础十字交接钢筋构造　　表 4-2-26

平法施工图：

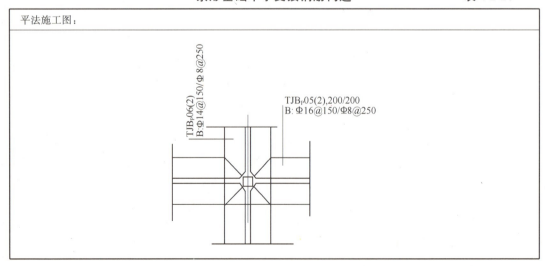

续表

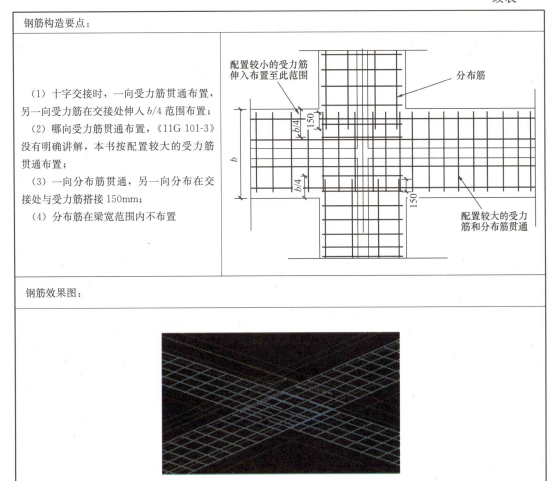

钢筋构造要点：

（1）十字交接时，一向受力筋贯通布置，另一向受力筋在交接处伸入 $b/4$ 范围布置；

（2）哪向受力筋贯通布置，《11G 101-3》没有明确讲解，本书按配置较大的受力筋贯通布置；

（3）一向分布筋贯通，另一向分布在交接处与受力筋搭接 150mm；

（4）分布筋在梁宽范围内不布置

钢筋效果图：

（三）条形基础底板受力筋缩减10%构造

当条形基础底板≥2500mm 时，底板受力筋缩减 10% 交错配置，见图 4-2-1。

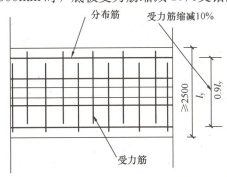

图 4-2-1 条形基础底板受力筋缩减 10% 构造

底板受力筋缩减 10% 的构造中，注意以下位置的受力筋不缩减，见表 4-2-27。

条形基础底板受力筋不缩减的位置　　　　表 4-2-27

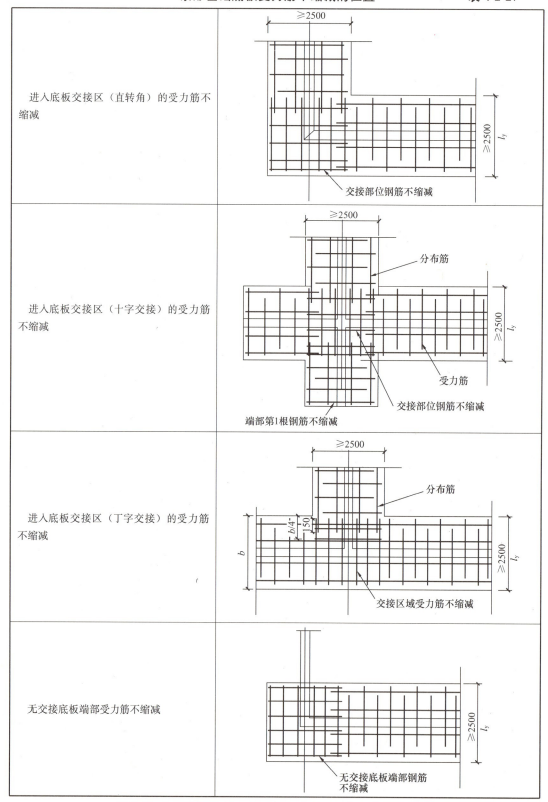

进入底板交接区（直转角）的受力筋不缩减	
进入底板交接区（十字交接）的受力筋不缩减	
进入底板交接区（丁字交接）的受力筋不缩减	
无交接底板端部受力筋不缩减	

（四）条形基础端部无交接底板钢筋构造

条形基础端部无交接底板，另一向为基础连梁（没有基础底板），钢筋构造见表4-2-28。

条形基础端部无交接底板钢筋构造 表4-2-28

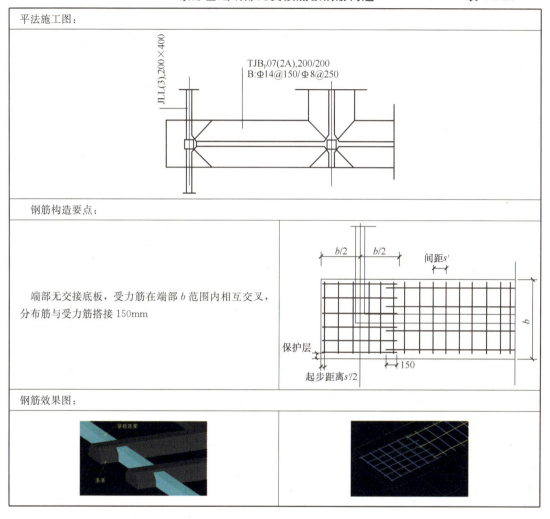

（五）偏心条形基础底板不平钢筋构造

偏心条形基础底板不平，钢筋构造见表4-2-29。

偏心条形基础底板钢筋构造 表4-2-29

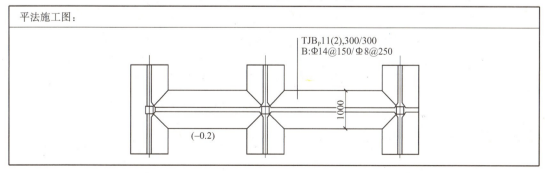

续表

钢筋构造要点：	
条形基础底板不平的位置，用与底板受力筋规格相同的钢筋进行连接，与分布筋搭接150mm	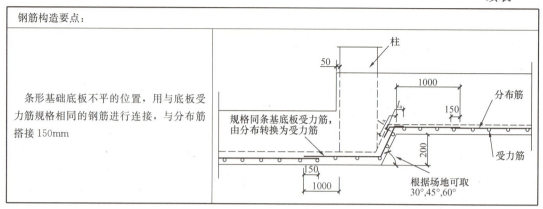

（六）双梁条形基础底板顶部钢筋构造

双梁条形基础底板顶部钢筋，钢筋构造见表4-2-30。

双梁条形基础底板顶部钢筋构造   表4-2-30

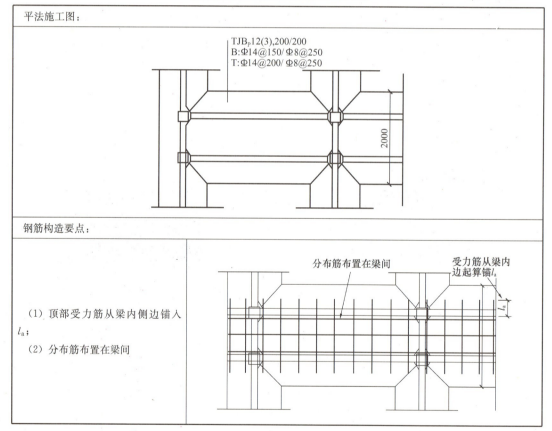

钢筋构造要点：	
（1）顶部受力筋从梁内侧边锚入l_a； （2）分布筋布置在梁间	

思 考 与 练 习

1. 在图4-2-2中填空，基础梁底部贯通筋端部弯折长度。
2. 在图4-2-3中填空，基础梁等截面在外伸，底部贯通纵筋端部弯折长度。

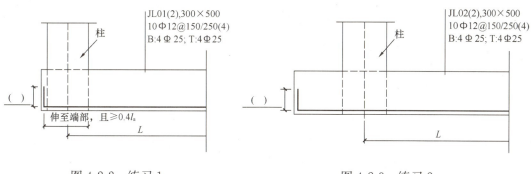

图 4-2-2 练习 1　　　　　图 4-2-3 练习 2

3. 在图 4-2-4 中填空，基础梁底部非贯通纵筋的延伸长度。

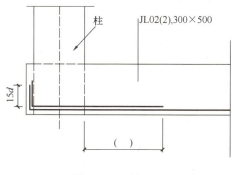

图 4-2-4 练习 3

4. 在图 4-2-5 中填空，基础梁顶部贯通筋端部弯折长度。
5. 在图 4-2-6 中填空，基础梁顶部第二排钢筋锚长。

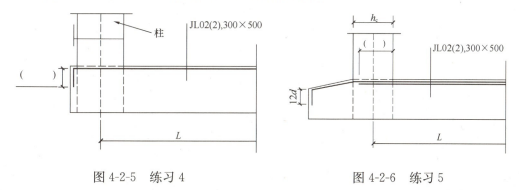

图 4-2-5 练习 4　　　　　图 4-2-6 练习 5

6. 在图 4-2-7 中填空，节点内箍筋规格。
7. 在图 4-2-8 中填空，基础底板转角位置，分布筋与同向受力筋搭接长度。
8. 在图 4-2-9 中填空。
9. 在图 4-2-10 中填空。

第二篇 基础构件

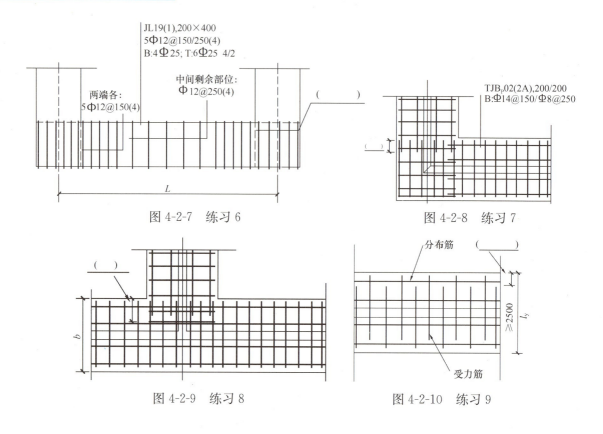

图 4-2-7 练习6

图 4-2-8 练习7

图 4-2-9 练习8

图 4-2-10 练习9

第三节 条形基础钢筋实例计算

上一节讲解了条形基础的平法钢筋构造，本节就这些钢筋构造情况各举例计算。本节中，条形基础各构件的纵向钢筋连接采用对焊连接方式。

一、基础梁JL钢筋计算实例

(一) 普通基础梁JL01

1. 平法施工图

JL01平法施工图，见图4-3-1。

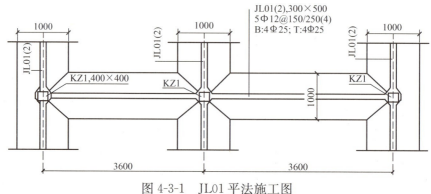

图 4-3-1 JL01平法施工图

2. 钢筋计算（本例中不计算加腋筋）

（1）计算参数

钢筋计算参数，见表4-3-1。

JL01 钢筋计算参数　　　　　　　　　　　　　　　　　表4-3-1

参　数	值（mm）	出　处
保护层厚度 c	底面、顶面及端头综合取30	《11G101-1》第55页
l_a	$l_a=1\times l_{a1}=29d$（按C30混凝土查表）	《12G901-3》第1-1页
梁包柱侧腋	50	《11G101-3》第73页
双肢箍长度计算公式	$(b-2c-d)\times2+(h-2c-d)\times2+(1.9d+10d)\times2$	

（2）计算过程

钢筋计算过程，见表4-3-2。

JL01 钢筋计算过程　　　　　　　　　　　　　　　　　表4-3-2

钢　筋	计　算　过　程	说　明
底部贯通纵筋 4⌀25	计算公式：梁长（含梁包柱侧腋）$-c+$ 弯折 $15d$ 长度 $=(3600\times2+200\times2+50\times2)-2\times30+2\times15\times25$ $=8390$mm	《06G101-6》第39页
顶部贯通纵筋 4⌀25	计算公式：梁长（含梁包柱侧腋）$-c+$ 弯折 $15d$ 长度 $=(3600\times2+200\times2+50\times2)-2\times30+2\times15\times25$ $=8390$mm	《11G101-3》第73页
箍　筋	双肢箍长度计算公式 $=(b-2c-d)\times2+(h-2c-d)\times2+(1.9d+10d)\times2$ 外大箍长度 $=(300-2\times30-12)\times2+(500-2\times30-12)\times2+2\times11.9\times12$ $=1598$mm 内小箍筋长度 $=[(300-2\times30-12\times2-25)/3+25+12]\times2+(500-2\times30-12)\times2+2\times11.9\times12$ $=1343$mm	造价人员常用的经验公式，可在网上查找

钢 筋	计 算 过 程	说 明

箍 筋	箍筋根数：
	第一跨：
	  两端各5Φ12；
	  中间箍筋根数＝(3600－200×2－50×2－150×4×2)/250－1＝7根(注：因两端有箍筋，故中间箍筋根数－1)
	  第一跨箍筋根数＝5×2＋6＝16根
	  第二跨箍筋根数同第一跨，为16根
	  节点内箍筋根数＝400/150＝3根(注：节点内箍筋与梁端箍筋连接，计算根数不加减)
	
	JL01箍筋总根数为：
	  外大箍根数＝16×2＋3×3＝41根
	  内小箍根数＝41根	

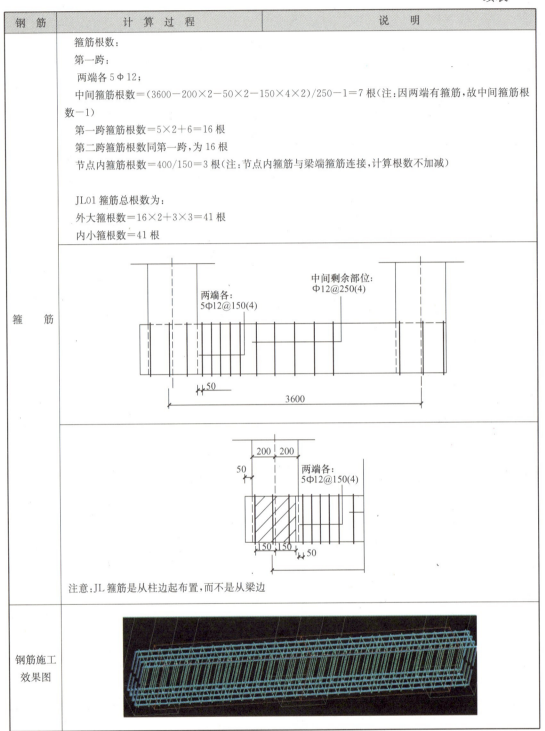

注意：JL 箍筋是从柱边起布置，而不是从梁边

（二）基础梁 JL02（底部非贯通筋、架立筋、侧部构造筋）

1. 平法施工图

JL02 平法施工图，见图 4-3-2。

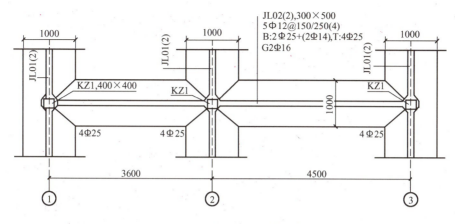

图 4-3-2 JL02 平法施工图

2. 钢筋计算（本例中不计算加腋筋）

（1）计算参数

钢筋计算参数，见表 4-3-3。

JL02 钢筋计算参数 表 4-3-3

参　　数	值（mm）	出　　处
保护层厚度 c	底面、顶面及端头综合取 30	《11G 101-3》第 55 页，
l_a	$l_a = 1 \times l_{ab} = 29d$（按 C30 混凝土查表）	《12G901-3》第 1-1 页
梁包柱侧腋	50	《11G 101-3》第 73 页
双肢箍长度计算公式	$(b-2c-d) \times 2 + (h-2c-d) \times 2 + (1.9d+10d) \times 2$	

（2）钢筋计算过程

见表 4-3-3。

JL02 钢筋计算过程 表 4-3-4

钢　筋	计　算　过　程	说　　明
底部贯通纵筋 2Φ25	长度=(3600+4500+200×2+50×2)−2×30+2×15×25=9290mm	
顶部贯通纵筋 4Φ25	长度=(3600+4500+200×2+50×2)−2×30+2×15×25=9290mm	
箍　筋	外大箍长度=(300−2×30−12)×2+(500−2×30−12)×2+2×11.9×12=1598mm 内小箍长度=[(300−2×30−12×2−25)/3+25+12]×2+(500−2×30−12)×2+2×11.9×12=1343mm 箍筋根数： 第一跨：5×2+6=16 根 两端各 5Φ12； 中间箍筋根数=(3600−200×2−50×2−150×5×2)/250−1=6 根 第二跨：5×2+9=19 根 两端各 5Φ12； 中间箍筋根数=(4500−200×2−50×2−150×5×2)/250−1=9 根 节点内箍筋根数=400/150=3 根 JL02 箍筋总根数为： 外大箍根数=16+19+3×3=44 根 内小箍根数=44 根	

续表

钢　筋	计　算　过　程	说　明
底部端部非贯通筋 2Φ25	长度公式＝延伸长度 $l_n/3+h_c$＋伸至端部并弯折 $15d$ 第一跨左支座： 长度＝$(4500-400)/3+400+50-30+15\times25=2162$mm 第二跨右支座 长度＝$(4500-400)/3+400+50-30+15\times25$ 　　＝2162mm	《11G 101-3》第73页
底部中间柱下区域非贯通筋 2Φ25	长度公式＝$2\times l_n/3+h_c$ 长度＝$2\times(4500-400)/3+400$ 　　＝3133mm	《11G 101-3》第71页
底部架立筋 2Φ14	长度公式＝净跨长－$2\times l_n/3+2\times150$ 第一跨底部架立筋长度＝$(3600-400)-(4500-400)/3-(4500-400)/3+2\times150=767$mm 第二跨底部架立筋长度＝$(4500-400)-2\times(4500-400)/3+2\times150=1667$mm	

续表

钢 筋	计 算 过 程	说 明
侧部构造筋 2Φ16	长度计算公式＝净长＋15d 第一跨侧部构造钢筋长度 ＝3600－2×(200＋121)＋2×15×16 ＝3438mm 第二跨侧部构造钢筋长度 ＝4500－2×(200＋121)＋2×15×16 ＝4338mm 拉筋(φ8)间距为最大箍筋间距的2倍 第一跨拉筋根数＝[3600－2×(200＋121)]/500＋1 　　　　　　　＝7根 第二跨拉筋根数＝[4500－2×(200＋121)]/500＋1 　　　　　　　＝9根	
钢筋效果图		

（三）基础梁 JL03（双排钢筋、有外伸）

1．平法施工图

JL03 平法施工图，见图 4-3-3。

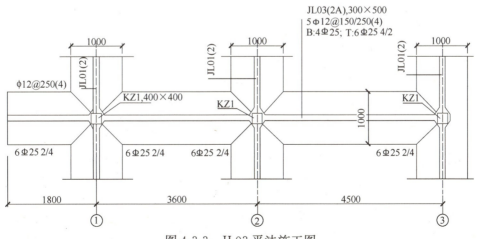

图 4-3-3　JL03 平法施工图

2. 钢筋计算（本例中不计算加腋筋）

（1）计算参数

钢筋计算参数，见表 4-3-5。

JL03 钢筋计算参数　　　　　表 4-3-5

参　数	值（mm）	出　处
保护层厚度 c	30	《11G101-3》第 55 页，《12G901-3》第 1-1 页
l_a	$l_a=1\times l_{ab}=29d$（按 C30 混凝土查表）	
梁包柱侧腋	50	《11G101-3》第 73 页
双肢箍长度计算公式	$(b-2c-d)\times 2+(h-2c-d)\times 2+(1.9d+10d)\times 2$	

（2）钢筋计算过程

见表 4-3-6。

JL03 钢筋计算过程　　　　　表 4-3-6

钢　筋	计　算　过　程	说　明
底部贯通纵筋 4⏀25	长度=(3600+4500+1800+200+50)−2×30+15×25+12×25=10765mm	
顶部贯通纵筋 上排 4⏀25	长度=(3600+4500+1800+200+50)−2×30+15×25+12×25=10765mm	
顶部贯通纵筋 下排 2⏀25	长度=3600+4500+(200+50−30+15d)−200+29d=3600+4500+(200+50−30+15×25)−200+29×25=9220mm	顶部下排钢筋不伸至外伸部位
箍筋	外大箍长度=(300−2×30−12)×2+(500−2×30−12)×2+2×11.9×12=1598mm 内小箍长度=[(300−2×30−12×2−25)/3+25+12]×2+(500−2×30−12)×2+2×11.9×12=1343mm 箍筋根数： 第一跨：5×2+6=16 根 两端各 5⏀12； 中间箍筋根数=(3600−200×2−50×2−150×5×2)/250−1=6 根 第二跨：5×2+9=19 根 两端各 5⏀12； 中间箍筋根数=(4500−200×2−50×2−150×5×2)/250−1=9 根 节点内箍筋根数=400/150=3 根 外伸部位箍筋根数=(1800−200−2×50)/250+1=7 根 JL03 箍筋总根数为： 外大箍根数=16+19+3×3+7=51 根 内小箍根数=51 根	

续表

钢 筋	计 算 过 程	说 明
箍筋	(见图)	节点内箍筋：φ12@150(4) 两端各：5φ12@150(4) 中间剩余部位：φ12@250(4)
底部外伸端 非贯通筋 2Φ25 （位于上排）	长度公式＝延伸长度＋h_c＋伸至端部 长度＝max[(4500－400)/3, (1800－200)]＋400＋1600 ＝3600mm	《11G101-3》第73页 底部上排钢筋伸至端部不弯折 max($l_n/3, l'_n$)
底部中间柱下区域 非贯通筋 2Φ25 （位于上排）	长度公式＝2×l_n/3＋h_c 长度＝2×(4500－400)/3＋400 ＝3133mm	《11G101-3》第71页 (4500－400)/3　(4500－400)/3
底部右端 （非外伸端）非贯通筋 2Φ25	长度公式＝延伸长度 l_n/3＋伸至端部弯折 长度＝(4500－400)/3＋400＋50 －30＋15d ＝(4500－400)/3＋400＋50 －30＋15×25 ＝2162mm	《06G101-6》第52页 15d (4500－400)/3
钢筋效果图	(见图)	

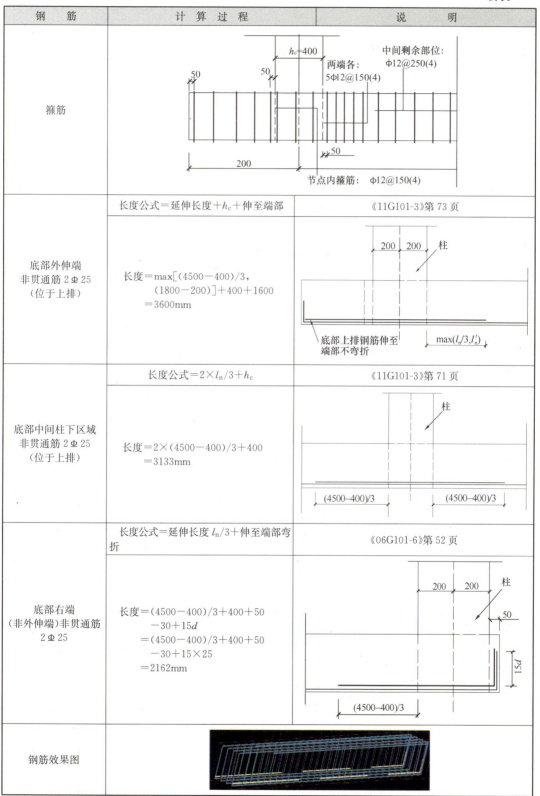

(四)基础梁 JL04（有高差）

1. 平法施工图

JL04 平法施工图，见图 4-3-4。

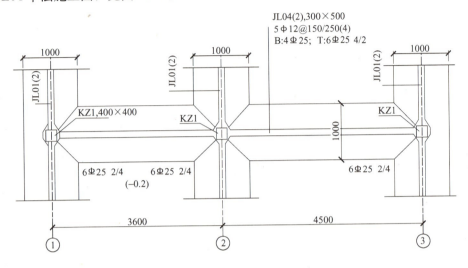

图 4-3-4　JL04 平法施工图

2. 钢筋计算（本例中不计算加腋筋）

(1) 计算参数

钢筋计算参数，见表 4-3-7。

JL04 钢筋计算参数　　　　　表 4-3-7

参　　数	值（mm）	出　　处
保护层厚度 c	30	《11G101-3》第 55 页，
l_a	$l_a = 1 \times l_{ab} = 29d$（按 C30 混凝土查表）	《12G901-3》第 1-1 页
梁包柱侧腋	50	《11G101-3》第 73 页
双肢箍长度计算公式	$(b-2c-d) \times 2 + (h-2c-d) \times 2 + (1.9d+10d) \times 2$	

(2) 钢筋计算过程

见表 4-3-8。

JL04 钢筋计算过程　　　　　表 4-3-8

钢　筋	计　算　过　程	说　明
第一跨底部 贯通纵筋 4Φ25	长度 = $3600 + (200 + 50 - 30 + 15d)$ 　　　 $+ (200 - 30 + \sqrt{200^2 + 200^2} + 29d)$ 　　= $3600 + (200 + 50 - 30 + 15 \times 25)$ 　　　 $+ (200 - 30 + \sqrt{200^2 + 200^2} + 29 \times 25)$ 　　= 5378mm	

续表

钢 筋	计 算 过 程	说 明
第二跨底部贯通纵筋4Φ25	长度=4500−200−50−200+29d+200+50−30+15d =4500−200−200−50+29×25+200+50−30+15×25 =5370mm	
第一跨左端底部非贯通纵筋2Φ25	长度=(4500−400)/3+400+50−30+15d =(4500−400)/3+400+50−30+15×25 =2162mm	
第一跨右端底部非贯通纵筋2Φ25	长度=(4500−400)/3+400+50+$\sqrt{200^2+200^2}$+29d =(4500−400)/3+400+50+$\sqrt{200^2+200^2}$+29×25 =2825mm	
第二跨左端底部非贯通纵筋2Φ25	长度=(4500−400)/3−50−200+29×25 =1842mm	

续表

钢　筋	计　算　过　程	说　明
第二跨右端底部非贯通纵筋 2 Φ 25	长度=(4500−400)/3+400+50−30+15d =(4500−400)/3+400+50−30 　+15×25 =2162mm	
第一跨顶部贯通筋 6 Φ 25 4/2	长度=3600+200+50−30 　+15d−200+29d =3600+200+50−30 　+15×25−200+29×25 =4720mm	
第二跨顶部第一排贯通筋 4 Φ 25	长度=4500+(200+50−30+15d) 　+200+50−30+200(高差) 　+29d =4500+(200+50−30+15×25) 　+(200+50−30+200+29×25) =6240mm	
第二跨顶部第二排贯通筋 2 Φ 25	长度=4500+200+50−30 　+15d+200+50−30+15d =4500+200+50−30 　+15×25−200+50−30+15×25 =5690mm	

续表

钢 筋	计 算 过 程	说 明
箍筋	外大箍长度=(300-2×30-12)×2+(500-2×30-12)×2+2×11.9×12=1598mm 内小箍筋长度=[(300-2×30-12×2-25)/3+25+12]×2+(500-2×30-12)×2+2×11.9×12=1343mm	
	箍筋根数： 1. 第一跨：5×2+6=16根 两端各5Φ12； 中间箍筋根数=(3600-200×2-50×2-150×5×2)/250-1=6根 节点内箍筋根数=400/150=3根 2. 第二跨：5×2+9=19(其中位于斜坡上的2根长度不同) (1)左端5Φ12，斜坡水平长度为200，故有2根位于斜坡上，这2根箍筋高度取700和500的平均值计算： 外大箍长度=(300-2×30-12)×2+(600-2×30-12)×2+2×11.9×12=1798mm 内小箍筋长度=[(300-2×30-12×2-25)/3+25+12]×2+(600-2×30-12)×2+2×11.9×12=1543mm (2)右端5Φ12； 中间箍筋根数=(4500-200×2-50×2-150×5×2)/250-1=9根 3. JL04箍筋总根数为： 外大箍根数=16+19+3×3=44根(其中位于斜坡上的2根长度不同) 里小箍根数=44根(其中位于斜坡上的2根长度不同)	
	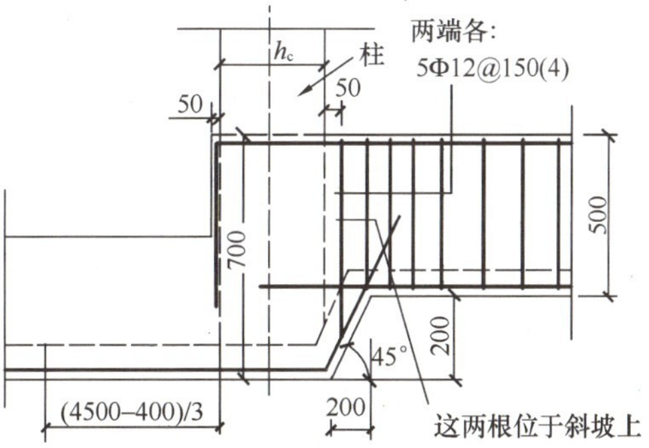 (图示：两端各5Φ12@150(4)，50，h_c，柱，50，700，500，(4500-400)/3，200，45°，200，这两根位于斜坡上)	
钢筋效果图	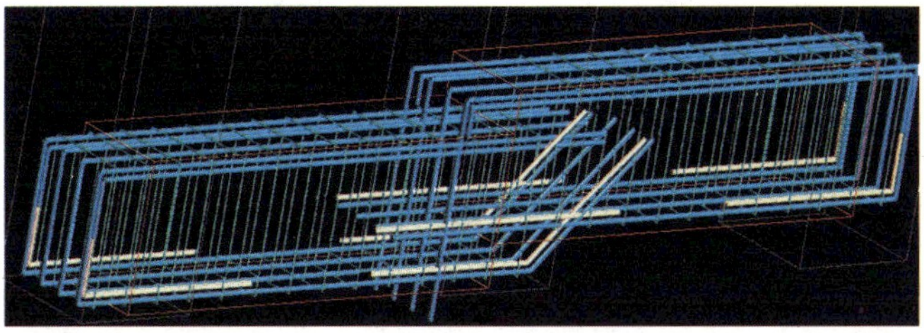 (钢筋三维效果图)	

（五）基础梁 JL05（侧腋筋）

1. 平法施工图

JL05平法施工图，见图4-3-5。

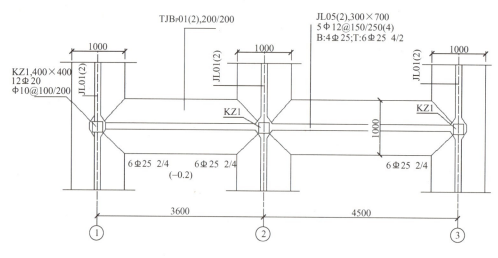

图 4-3-5 JL05 平法施工图

2. 钢筋计算（本例以①轴线加腋筋为例，②、③轴位置加腋筋同理）

（1）计算参数

钢筋计算参数，见表 4-3-9。

JL05 钢筋计算参数　　表 4-3-9

参　　数	值（mm）	出　　处
保护层厚度 c	30	《11G101-3》第 55 页
l_a	$29d$	《12G901-3》第 1-1 页
梁包柱侧腋	50	《11G101-3》第 73 页

（2）钢筋计算过程

见表 4-3-10。

JL05 钢筋计算过程　　表 4-3-10

钢　筋	计算过程	说　　明
①轴加腋筋计算简图	（见图）	

92

续表

钢　筋	计算过程	说　明
计算加腋斜边长	$a=\sqrt{50^2+50^2}=71$mm $b=a+50=121$mm 1号筋加腋斜边长$=2b=2×121=242$mm	
1号加腋筋Φ12 (本例中，1号加腋筋对称，只计算一侧)	1号加腋筋长度＝加腋斜边长$+2×l_a$ 　　　　　　$=242+2×29×12=950$mm 根数$=300/100+1=4$根（间距同柱箍筋间距100） 分布筋（Φ8@200） 长度$=300-30=270$mm 根数$=242/200+1=3$根	
2号加腋筋Φ12	加腋斜边长$=400+2×50+2×\sqrt{100^2+100^2}=783$mm 2号加腋筋长度$=783+2×29d$ 　　　　　　$=783+2×29×12=1490$mm 根数$=300/100+1=4$根（间距同柱箍筋间距100） 分布筋（Φ8@200） 长度$=300-30=270$mm 根数$=782/200+1=5$根	

二、条形基础底板钢筋计算实例

（一）条形基础底板底部钢筋（直转角）

1. 平法施工图

TJP_P01平法施工图，见图4-3-6。

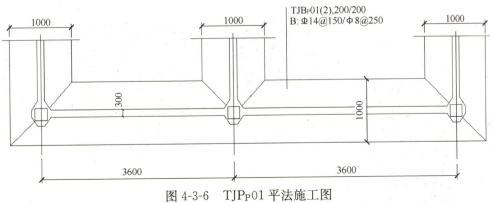

图4-3-6　TJP_P01平法施工图

2. 钢筋计算

（1）计算参数

钢筋计算参数，见表 4-3-11。

TJP$_P$01 钢筋计算参数 表 4-3-11

参　　　数	值（mm）	出　　　处
端部混凝土保护层厚度 c	30	《11G101-3》第 55 页，《12G901-3》第 1-1 页
l_a	29d	
分布筋与同向受力筋搭接长度	150	《11G101-3》第 69 页
起步距离	max（$s'/2$，75）	参照《11G101-3》第 63 页独基

（2）钢筋计算过程

见表 4-3-12。

TJP$_P$01 钢筋计算过程 表 4-3-12

钢　筋	计　算　过　程	说　　明
受力筋 Φ14@150	长度＝条形基础底板宽度－2c＝1000－2×30＝940mm 根数＝（3600×2＋2×500－2×75）/150＋1＝55 根	
分布筋 Φ8@250	长度＝3600×2－2×500＋2×30＋2×150＋2×6.25×8＝6660mm 单侧根数＝（500－150－125）/250＋1＝2 根	
计算简图		
钢筋效果图		

（二）条形基础底板底部钢筋（丁字交接）

1. 平法施工图

TJP$_P$02 平法施工图，见图 4-3-7。

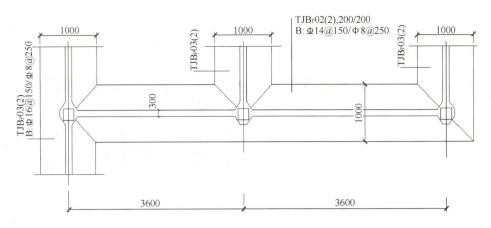

图 4-3-7　TJP_P02 平法施工图

2. 钢筋计算

（1）计算参数

钢筋计算参数，见表 4-3-13。

TJP_P02 钢筋计算参数　　　　　　　　　　　　　　　　　　表 4-3-13

参　　数	值（mm）	出　　处
端部混凝土保护层厚度 c	30	《11G101-3》第 55 页，
l_a	$l_a=1\times l_{ab}=29d$（按 C30 混凝土查表）	《12G901-3》第 1-1 页
分布筋与同向受力筋搭接长度	150	《11G101-3》第 69 页
起步距离	max（$s'/2$，75）	参照《11G101-3》第 63 页独基
丁字交接处，一向受力筋贯通，另一向受力筋伸入布置的范围	$b/4$	《11G101-3》第 69 页

（2）钢筋计算过程

见表 4-3-14。

TJP_P02 钢筋计算过程　　　　　　　　　　　　　　　　　　表 4-3-14

钢　筋	计算过程	说　明
受力筋 Φ14@150	长度＝条形基础底板宽度－2c＝1000－2×30＝940mm 根数＝（3600×2＋500－75－500＋1000/4）/150＋1＝51 根	
分布筋 Φ8@250	长度＝3600×2－2×500＋2×30＋2×150＋2×6.25×8＝6660mm 单侧根数＝（500－150－125）/250＋1＝2 根	
计算简图	条形基础丁字交接处，丁字横向条形基础受力筋贯通	

续表

钢 筋	计 算 过 程	说 明
钢筋效果图	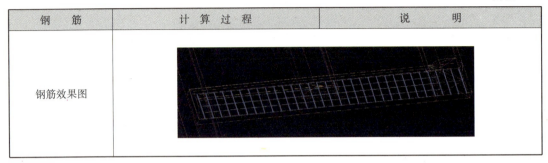	

（三）条形基础底板底部钢筋（十字交接）

1. 平法施工图

TJP$_P$03 平法施工图，见图 4-3-8。

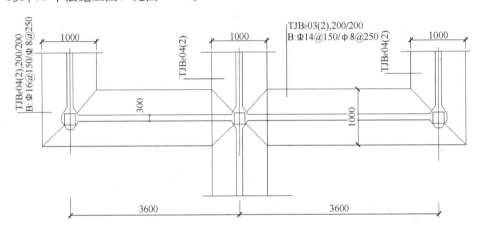

图 4-3-8　TJP$_P$03 平法施工图

2. 钢筋计算

（1）计算参数

钢筋计算参数，见表 4-3-15。

TJP$_P$03 钢筋计算参数　　　表 4-3-15

参　　数	值（mm）	出　　处
端部混凝土保护层厚度 c	30	《11G101-3》第 55 页，《12G901-3》第 1-1 页
l_a	$l_a=1\times l_{cb}=29d$（按 C30 混凝土查表）	
分布筋与同向受力筋搭接长度	150	《11G101-3》第 69 页
起步距离	max（$s'/2$，75）	参照《11G101-3》第 63 页独基
十字交接处，一向受力筋贯通，另一向受力筋伸入布置的范围	$b/4$	《11G101-3》第 69 页

（2）钢筋计算过程

见表 4-3-16。

TJP$_P$03 钢筋计算过程   表 4-3-16

钢 筋	计 算 过 程	说 明
受力筋 Φ14@150	长度＝条形基础底板宽度－2c＝1000－2×30＝940mm 根数＝26×2＝52 根 第 1 跨＝（3600＋500－75－500＋1000/4）/150＋1＝26 根 第 2 跨＝（3600＋500－75－500＋1000/4）/150＋1＝26 根	
分布筋 Φ8@250	长度＝3600×2－2×500＋2×30＋2×150＋2×6.25×8＝6660mm 单侧根数＝（500－150－125）/250＋1＝2 根	
计算简图	本书中，条形基础十字交接处，配置较大的受力筋贯通	
钢筋效果图		

（四）条形基础底板底部钢筋（直转角外伸）

1. 平法施工图

TJP$_P$04 平法施工图，见图 4-3-9。

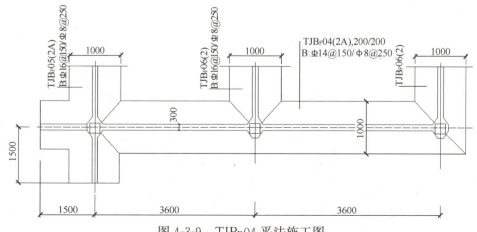

图 4-3-9 TJP$_P$04 平法施工图

97

2. 钢筋计算

(1) 计算参数

钢筋计算参数，见表 4-3-17。

TJP_P04 钢筋计算参数 表 4-3-17

参　　数	值（mm）	出　　处
端部混凝土保护层厚度 c	30	《11G101-3》第 55 页，《12G901-3》第 1-1 页
l_a	$l_a=1\times l_{ab}=29d$（按 C30 混凝土查表）	
分布筋与同向受力筋搭接长度	150	《11G101-3》第 69 页
起步距离	max（$s'/2$，75）	参照《11G101-3》第 63 页独基
十字交接处，一向受力筋贯通，另一向受力筋伸入布置的范围	$b/4$	《11G101-3》第 69 页

(2) 钢筋计算过程

见表 4-3-18。

TJP_P04 钢筋计算过程 表 4-3-18

钢　筋	计　算　过　程	说　　明
受力筋 $\Phi 14@150$	长度＝条形基础底板宽度－2c＝1000－2×30＝940mm 根数＝50＋9＝59 根 非外伸段根数＝(3600×2＋500－75－500＋1000/4)/150＋1＝50 根 外伸段根数＝(1500－500－75＋1000/4)/150＋1＝9 根	
分布筋 $\phi 8@250$	长度 非外伸段长度＝3600×2－2×500＋2×30＋2×150＋2×6.25×8＝6660mm 外伸段长度＝1500－500－30＋30＋150＋2×6.25×8＝1250mm 单侧根数＝(500－150－125)/250＋1＝2 根	
计算简图		

续表

钢　筋	计　算　过　程	说　明
钢筋效果图	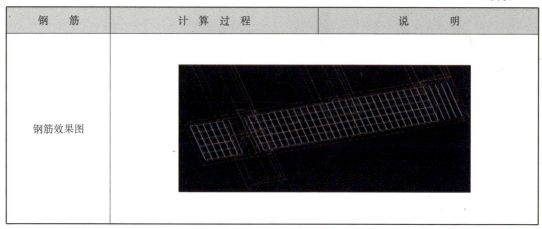	

（五）条形基础底板端部无交接底板

1. 平法施工图

TJP$_P$05 平法施工图，见图 4-3-10。

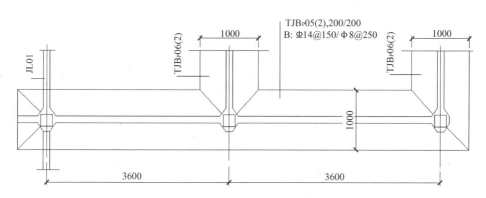

图 4-3-10　TJP$_P$05 平法施工图

2. 钢筋计算

（1）计算参数

钢筋计算参数，见表 4-3-19。

TJP$_P$05 钢筋计算参数　　　　表 4-3-19

参　数	值（mm）	出　处
端部混凝土保护层厚度 c	30	《11G101-3》第 55 页，《12G901-3》第 1-1 页
l_a	$l_a = 1 \times l_{ab} = 29d$（按 C30 混凝土查表）	
分布筋与同向受力筋搭接长度	150	《11G101-3》第 69 页
起步距离	max（$s'/2$，75）	参照《11G101-3》第 63 页独基

（2）钢筋计算过程

见表 4-3-20。

TJP$_P$05 钢筋计算过程

表 4-3-20

钢 筋	计 算 过 程	说 明
受力筋 Φ14@150	长度＝条形基础底板宽度－2c＝1000－2×30＝940mm 左端另一向交接钢筋长度＝1000－30＝970mm 根数＝55＋8＝63 根 （3600×2＋500×2－2×75）/150＋1＝55 根 左端另一向交接钢筋根数＝（1000－75）/150＋1＝8 根	
分布筋 Φ8@250	长度＝3600×2－2×500＋2×30＋2×150＋2×6.25×8＝6660mm 单侧根数＝（500－150－125）/250＋1＝2 根	
计算简图		
钢筋效果图		

思 考 与 练 习

1. 计算图 4-3-11 的 TJP$_P$01 的钢筋。

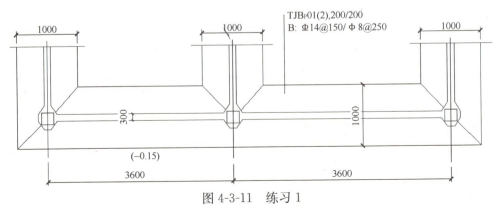

图 4-3-11　练习 1

2. 计算图 4-3-12 的各条形基础钢筋。

图 4-3-12 中所有条形基础配筋相同，均为："B：Φ14@150/Φ8@250"。

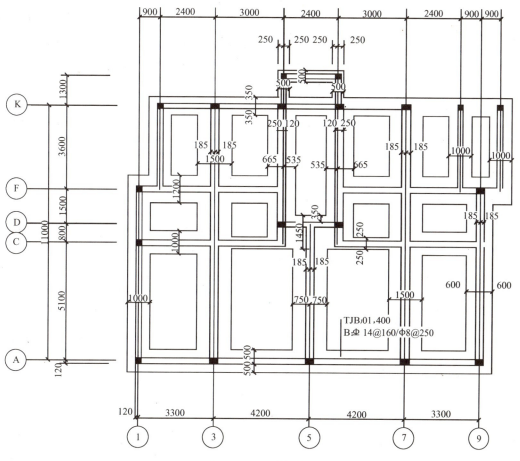

图 4-3-12　练习 2

第五章 筏形基础

第一节 筏形基础平法识图

一、G101平法识图学习方法

1. G101平法识图学习方法

G101平法图集由"制图规则"和"构造详图"两部分组成,通过学习制图规则来识图,通过学习构造详图来了解钢筋的构造及计算。制图规则的学习,可以总结为以下三方面的内容,见图5-1-1。一是该构件按平法制图有几种表达方式,二是该构件有哪些数据项,三是这些数据项具体如何标注。

2.《11G101-3》筏形基础平法识图知识体系

(1)认识筏形基础

1)认识筏形基础

筏形基础一般用于高层建筑框架柱或剪力墙下,筏形基础示意图见图5-1-2。

2)筏形基础分类

筏形基础分为"梁板式筏形基础"和"平板式筏形基础",梁板式筏形基础由基础主梁、基础次梁和基础平板组成,平板式筏形基础有两种组成形式,一是由柱下板带、跨中板带组成,二是不分板带,直接由基础平板组成。筏形基础的分类及构成,见表5-1-1。

图5-1-1 G101平法识图学习方法

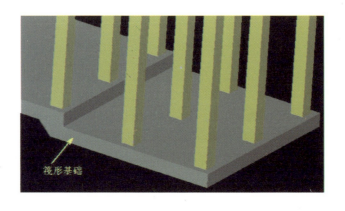

图5-1-2 筏形基础示意图

筏板基础的分类及构成　　　　　　　　　　　　　　　　　表 5-1-1

条形基础分类	构件组成		示意图
梁板式筏形基础	基础梁	基础主梁 JL（柱下）	
		基础次梁 JCL	
	基础平板 LPB		
平板式筏形基础（一）	柱下板带 ZXB		
	跨中板带 KZB		
平板式筏形基础（二）	基础平板 BPB		

（2）《11G101-3》筏形基础平法识图知识体系

《11G101-3》第 5～24 页讲述的是筏板基础构件的制图规则，知识体系如表 5-1-2 所示。

《11G101-3》筏板基础平法识图知识体系　　　　　　　　　　表 5-1-2

筏形基础识图知识体系			《11G101-3》页码
平法表达方式	平面注写方式（筏板基础没有截面注写方式）		第 30～53 页
梁板式筏形基础			
基础主梁 JL 与基础次梁 JCL 数据注写方式	集中标注	编　号	第 21、22、30、31 页
		截面尺寸	
		箍　筋	
		底部与顶部贯通纵筋	
		侧面纵向构造钢筋（选注）	
		底面标高差（选注）	
	原位标注	梁端（支座）区域底部全部纵筋	第 22、23、32、33 页
		附加箍筋或吊筋	
		外伸变截面高度（有变截面外伸时）	
		原位注写修正内容	

续表

筏形基础识图知识体系			《11G101-3》页码
梁板式筏形基础平板LPB数据注写方式	集中标注	编号	第33、34页
		截面尺寸	
		底部及顶部贯通纵筋及长度范围	
	原位标注	基础梁下板底板非贯通纵筋	第34页
		其他需要注明的内容	第35页
平板式筏形基础			
柱下ZXB/跨中板带KZB数据注写方式	集中标注	编号	第38页
		截面尺寸	
		底部及顶部贯通纵筋	
	原位标注	底部附加非贯通纵筋	第39页
		修正内容	
平板式筏形基础平板BPB数据注写方式	集中标注	同梁板式筏形基础平板注写方式	第40、41页
	原位标注		
筏形基础相关构造			
上柱墩SZD、下柱墩XZD、基础联系梁JLL、窗井墙CJQ、基坑JK、后浇带HJD	直接引注	编号	第50～53页
		截面尺寸	
		配筋	

二、基础主/次梁平法识图

(一) 基础主/次梁的平法表达方式

基础主/次梁的平法表达方式，见图5-1-3。

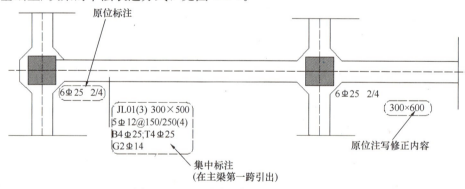

图 5-1-3 基础主/次梁平法表达方式

(二) 集中标注

1. 基础主/次梁集中标注示意图

基础主/次梁集中标注包括编号、截面尺寸、箍筋、底部及顶部贯通纵筋等几项内容，如图5-1-4所示。

2. 基础主/梁编号识图

(1) 基础梁编号表示方法

基础梁集中标注的和第一项必注内容是基础梁编号，由"代号"、"序号"、"跨数及是否有外伸"三项组成，见图5-1-5。

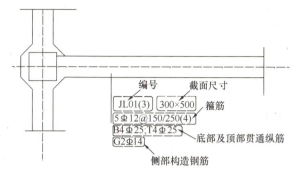

图 5-1-4　基础主/次梁集中标注　　　　图 5-1-5　基础主/次梁编号平法标注

基础主/次梁编号中的"代号"、"序号"、"跨数及是否有外伸"三项符号的具体表示方法，见表5-1-3。《11G101-3》把条基基础梁和梁板式筏基的基础主梁统一为孔。

基础梁编号识图　　　　表 5-1-3

代　号	序　号	跨数及是否有外伸
JL：表示基础主梁	用数字序号表示顺序号	（××）：表示端部无外伸，括号内的数字表示跨数
JCL：表示基础次梁		（××A）：表示一端有外伸
		（××B）：表示两端有外伸

（2）基础梁"编号"识图实例

基础梁"编号"识图实例，见表5-1-4。

基础主/次梁"编号"实例　　　　表 5-1-4

编　号	识　图
JL01（3）	基础主梁01，3跨，端部无外伸
JL02（5A）	基础主梁02，5跨，一端有外伸
JCL03（4）	基础次梁03，4跨，端部无外伸
JCL06（3B）	基础次梁06，3跨，两端有外伸

3. 基础主/次梁截面尺寸识图（《11G101-3》第6页）

基础主/次梁截面尺寸用 $b\times h$ 表示梁截面宽度和高度，当为加腋梁时，用 $b\times hYc_1\times c_2$ 表示，分别见图5-1-6和图5-1-7。

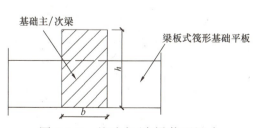　　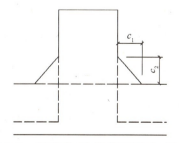

图 5-1-6　基础主/次梁截面尺寸　　　　图 5-1-7　基础主/次梁截面尺寸（加腋）

4. 基础主/次梁箍筋识图（《11G101-3》第 22、31 页）

基础主/次梁箍筋表示方法的平法识图，见表 5-1-5。

基础主/次梁箍筋识图　　　　　　　　表 5-1-5

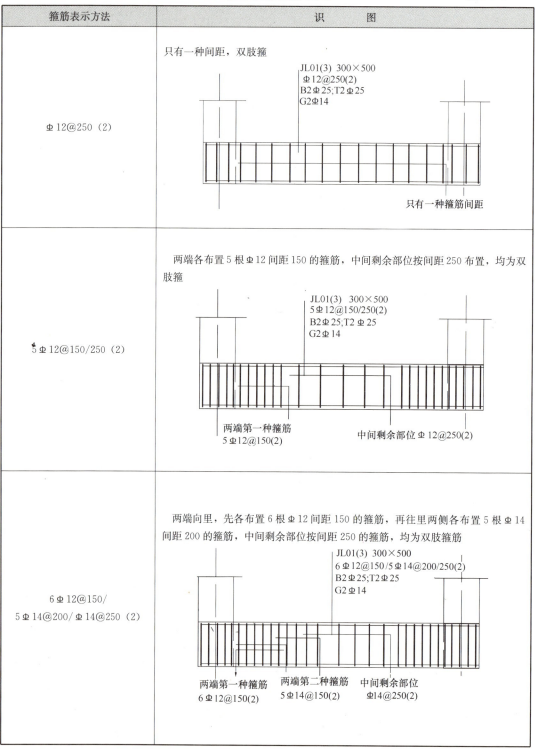

箍筋表示方法	识　图
Φ12@250（2）	只有一种间距，双肢箍 JL01(3) 300×500 Φ12@250(2) B2Φ25;T2Φ25 G2Φ14 只有一种箍筋间距
5Φ12@150/250（2）	两端各布置5根Φ12间距150的箍筋，中间剩余部位按间距250布置，均为双肢箍 JL01(3) 300×500 5Φ12@150/250(2) B2Φ25;T2Φ25 G2Φ14 两端第一种箍筋 5Φ12@150(2)　中间剩余部位 Φ12@250(2)
6Φ12@150/ 5Φ14@200/Φ14@250（2）	两端向里，先各布置6根Φ12间距150的箍筋，再往里两侧各布置5根Φ14间距200的箍筋，中间剩余部位按间距250的箍筋，均为双肢箍筋 JL01(3) 300×500 6Φ12@150/5Φ14@200/250(2) B2Φ25;T2Φ25 G2Φ14 两端第一种箍筋 6Φ12@150(2)　两端第二种箍筋 5Φ14@150(2)　中间剩余部位 Φ14@250(2)

续表

箍筋表示方法	识 图
5Φ12@150（4）/ Φ14@250（2）	两端各布置5根Φ12间距150的四肢箍筋，中间剩余部位布置Φ14间距250的双肢箍筋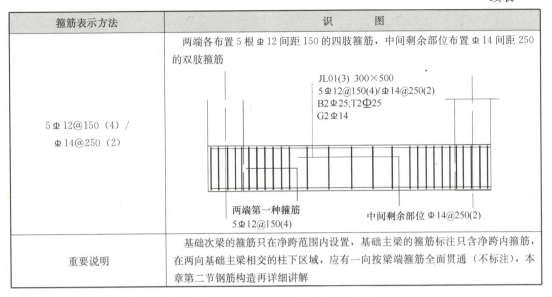
重要说明	基础次梁的箍筋只在净跨范围内设置，基础主梁的箍筋标注只含净跨内箍筋，在两向基础主梁相交的柱下区域，应有一向按梁端箍筋全面贯通（不标注），本章第二节钢筋构造再详细讲解

5. 底部及顶部贯通纵筋识图（《11G101-3》第 22、31 页）

基础主/次梁底部以字母"B"打头，顶部贯通纵筋以字母"T"打头，具体表示方法的平法识图，见表5-1-6。

基础主/次梁底部及顶部贯通纵筋识图　　　　表 5-1-6

底部及顶部贯通纵筋表示方法	识 图
B4Φ25，T4Φ20	底部贯通纵筋为 4Φ25，顶部贯通纵筋为 4Φ20
B4Φ25；T6Φ20 4/2	底部贯通纵筋为 4Φ25，顶部贯通纵筋为 6Φ20，其中上排4根，下排2根

6. 侧部构造钢筋（《11G101-3》第 22、31 页）

以大写字母"G"打头，注写梁两侧面设置的纵向构造钢筋有总配筋值，见表5-1-7。侧部纵向构造钢筋的拉筋不进行标注，按构造要求（《11G101-3》第 73 页对基础梁侧部纵向构造筋的拉筋构造要求为：直径为 8mm，间距是箍筋间距的两倍）进行配置即可，拉筋的配置详见本章第二节条形基础钢筋构造。

基础主/梁侧部构造钢筋识图　　　　表 5-1-7

侧部构造钢筋表示方法	识 图
G4Φ14	JL01（3）300×700 Φ12@250（2） B2Φ25；T2Φ25 G4Φ14 共 4 根侧部构造钢筋，两侧各 2 根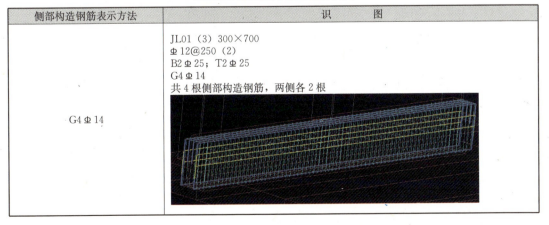

续表

侧部构造钢筋表示方法	识 图
G4⊕14+2⊕14	JL01（3）400×900 ⊕12@250（2） B2⊕25；T2⊕25 G4⊕14+2⊕14 腹板高度较高的一侧配置4根，另一侧配置2根

7. 梁底面标高标差（《11G101-3》第22、31页）

注写基础主/次梁底面相对于筏形基础平板底面的标高高差，该项为选注值，有标高差时注写，见表5-1-8。

基础主/次梁底面标高高差识图　　　　　　表5-1-8

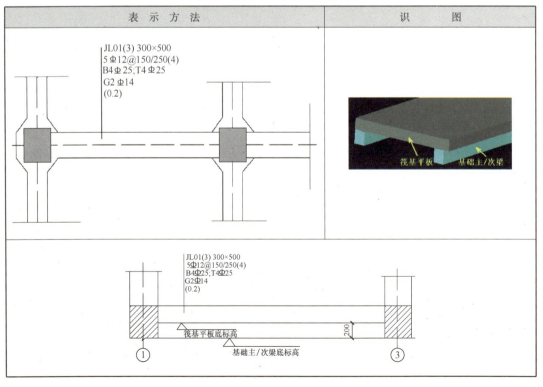

基础主/次梁与筏基平板的标高关系有三种情况，见表5-1-9。

基础主/次梁与筏基平板的标高关系　　　　　表5-1-9

基础主/次梁与筏基平板的标高关系	图　　　示
高位板：基础主/次梁与筏基平板顶标高平	
中位板：基础主/次梁底位于筏基平板中部	
低位板：基础主/次梁与筏基平板底标高平	

（三）原位标注识图

1. 基础主/次梁端（支座）区域底部全部纵筋（《11G101-3》第22、23、32、33页）

（1）认识基础主/次梁端（支座）区域底部全部纵筋

基础主/次梁端（支座）区域底部全部纵筋，是指标注该位置的所有纵筋，包括集中标注的底部贯通纵筋，见图5-1-8，要理解原位标注的纵筋与集中标注的纵筋的关系。

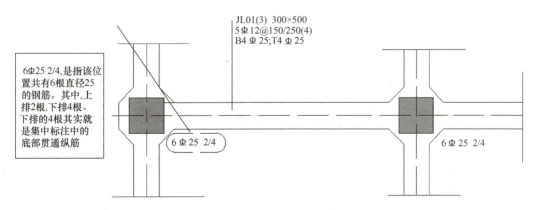

图5-1-8　认识基础主/次梁端部（支座）区域底部全部纵筋

施工效果见图5-1-9。

（2）基础主/次梁端部（支座）区域原位标注的识图

基础主/次梁端部（支座）区域原位标注识图，见表5-1-10。

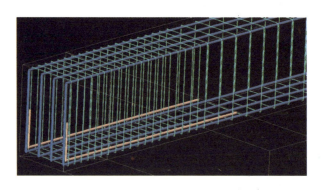

图 5-1-9　基础主/次梁端部（支座）区域底部全部纵筋

基础主/次梁端部（支座）区域原位标注识图　　　表 5-1-10

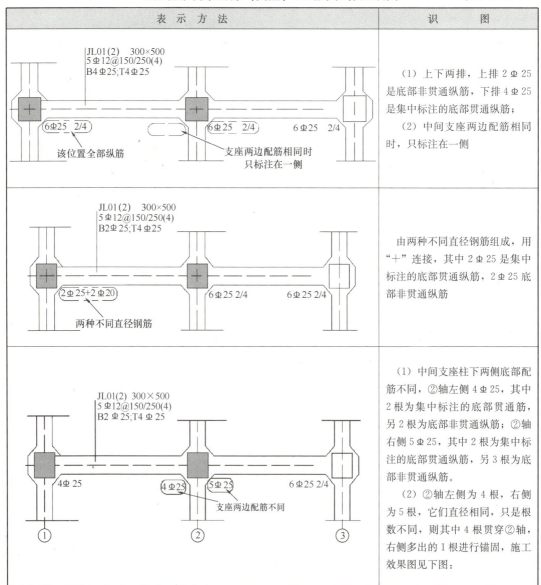

表示方法	识图

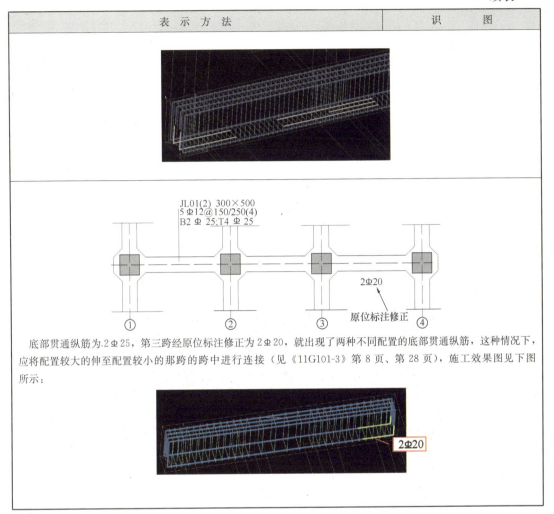

底部贯通纵筋为 2⏀25，第三跨经原位标注修正为 2⏀20，就出现了两种不同配置的底部贯通纵筋，这种情况下，应将配置较大的伸至配置较小的那跨的跨中进行连接（见《11G101-3》第 8 页、第 28 页），施工效果图见下图所示：

2. 附加箍筋或吊筋（《11G101-3》第 23、32 页）

基础主、次梁交叉位置，基础次梁支撑在基础主梁上，因此应在基础主梁上配置附加箍筋或附加吊筋，平法标注是直接在平面图相应位置，引注总配筋值。

（1）附加箍筋

附加箍筋的平法标注，见图 5-1-10，表示每边各加 4 根，共 8 根附加箍筋，4 肢

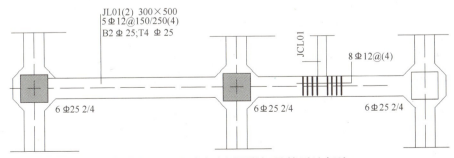

图 5-1-10 基础主/次梁附加吊筋平法标注

箍。附加箍筋的间距，以及与基础主/次梁本身的箍筋的关系，详见本章第二节钢筋构造。

（2）附加吊筋

附加吊筋的平法标注，见图 5-1-11。

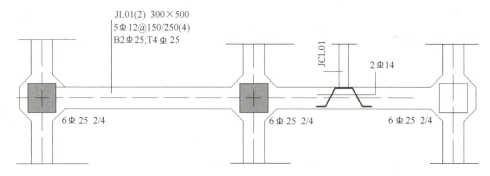

图 5-1-11　基础主/次梁附加吊筋平法标注

附加吊筋施工效果图，见图 5-1-12。

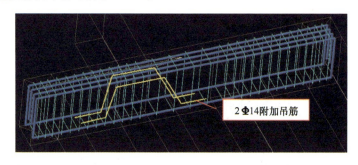

图 5-1-12　基础主/次梁附加吊筋施工效果图

3. 外伸部位的变截面高度尺寸（《11G101-3》第 23、32 页）

基础主/次梁外伸部位如果有变截面，变截面高度尺寸在外伸端原位标注，标注方式为 $b×h_1/h_2$，见图 5-1-13。

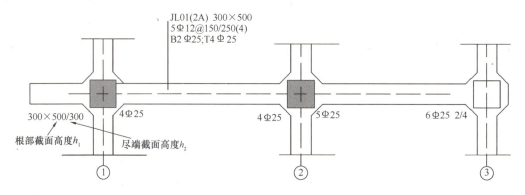

图 5-1-13　基础主/次梁外伸部位变截面高度尺寸

基础主/次梁外伸部位变截面尽端高度值，有以下两种情况，见表 5-1-11，实际施工图中，应绘制相应的剖面图，以表达出是哪种情况。

基础主/次梁外伸部位尽端尺寸的两种情况　　　　表 5-1-11

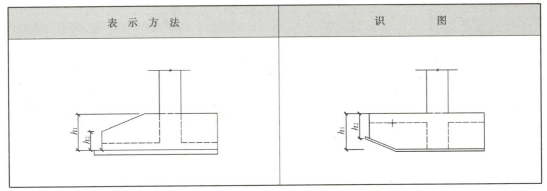

4. 原位标注修正内容（《11G101-3》第 23、32、33 页）

当在基础梁上集中标注的内容不适用于某跨或某外伸部位时，将其修正内容原位标注在该跨或该外伸部位，见图 5-1-14，JL01 集中标注的截面尺寸为 300mm×700mm，第 3 跨原位标注为 300mm×500mm，表示第 3 跨发生了截面变化。

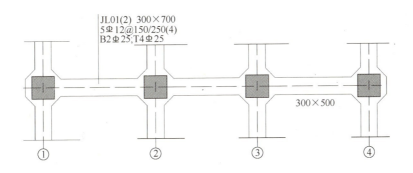

图 5-1-14　原位标注修正内容

三、筏基平板平法识图

梁板式筏形基础平板 LPB 的平面注写，分板底部及顶部贯通纵筋的集中标注，与板底附加非贯通纵筋的原位标注。当仅设贯通纵筋，而未设置附加非贯通纵筋时，则仅集中标注。

（一）认识梁板式筏形基础平板平法标注

梁板式筏形基础平板的平法标注方式，见图 5-1-15，识图要点为：

1. 集中标注在"板区"双向(X 向与 Y 向)的首跨引出进行标注（《11G101-3》第 33 页）

如图 5-1-15，因为筏基平板的集中标注是在所表达的"板区"双向首跨引出，再结合集中标注中跨数的表达，可以看出 LPB01 表达的板区是指①~④轴/Ⓐ~Ⓑ轴范围的筏基平板，LPB02 表达的板区是指①~④轴/Ⓑ~Ⓒ轴范围的筏基平板。

筏基平板"板区"的划分条件，见表 5-1-12。对于我们阅读施工图来讲，只需按平法的标注方式理解板区就可以了，筏基平板集中标注在板区两向的首跨，然后也会注明跨数，这样，我们就能知道该板区是什么范围了。

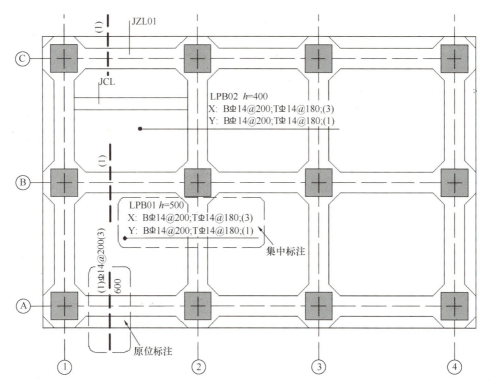

图 5-1-15　认识筏基平板集中标注

筏基平板"板区"的划分　　　　　　　　　　　　　　　表 5-1-12

筏基平板"板区"的划分条件	图　　　示
（1）板厚不同时，相同板厚区域为一板区	LPB01 h=500 LPB02 h=400
（2）当设计者对筏基平板底部及顶部纵筋分区域采用不同配置是，配置相同的区域为一板区	LPB01 h=500 X:BΦ14@200;TΦ14@180;(1) Y:BΦ14@200;TΦ14@180;(1) LPB02 h=500 X:BΦ16@200;TΦ14@180;(1) Y:BΦ16@200;TΦ14@180;(1)

2. 原位标注在配置相同的若干跨的第一跨下注写

在配置相同的若干跨的第一跨，水平垂直穿过基础梁，绘制一段中粗虚线代表底部附加非贯通筋，见图 5-1-16。

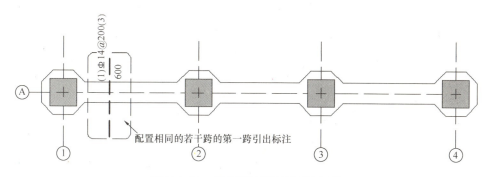

图 5-1-16　认识筏基平板原位标注

(二) 集中标注识图 (《11G101-3》第 33、34 页)

筏基平板集中标注包括板区编号、厚度、配筋、两向跨数及是否有外伸，见图 5-1-17。

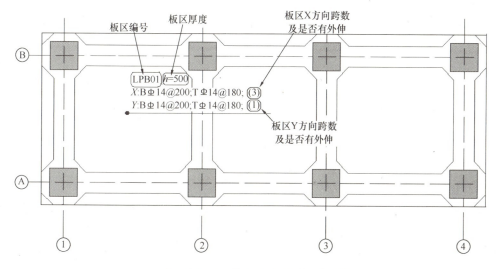

图 5-1-17　筏基平板集中标注识图

筏基平板集中标注的配筋信息是板底部及顶部贯通纵筋，见表 5-1-13。

筏基平板集中标注配筋识图　　　　　表 5-1-13

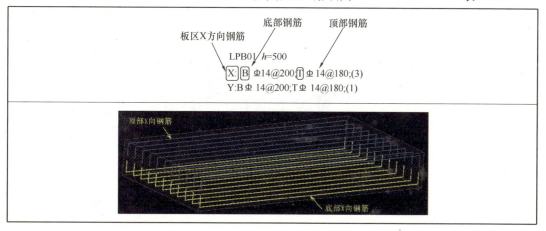

续表

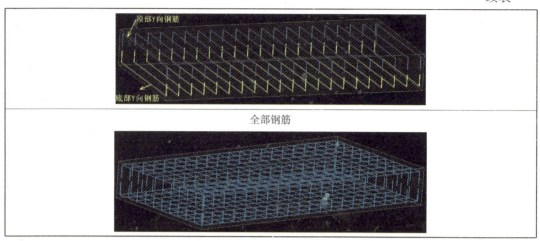

全部钢筋

（三）原位标注识图（《11G101-3》第34页）

筏基平板原位标注横跨在基础梁底的板底部附加非贯通纵筋，见图 5-1-14，在若干跨配置相同的首跨引出，标注编号、配筋、跨数、自基础主/次梁中心线向跨内的延伸长度。其他基础主/次梁位置若配置相同时，则标注相应的编号即可。

如果布置到外伸部位，则在跨数中加注"A"或"B"表示一端外伸和两端外伸。

筏基平板原位标注识图　　　　　　表 5-1-14

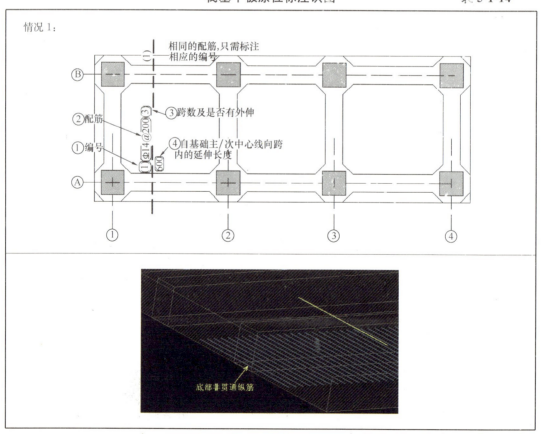

116

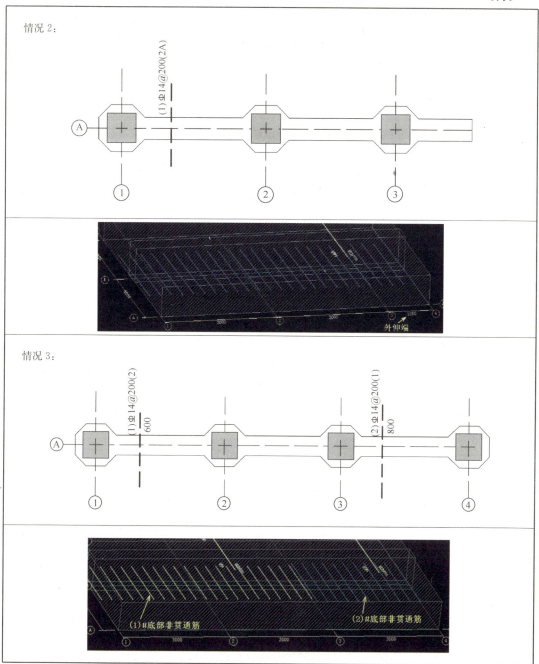

（四）应在图中注明的其他内容（《11G101-3》第35页）

筏基平板除了上述集中标注与原位标注，还有一些内容，需要在图中注明，包括：

（1）板边侧部构造钢筋

当在筏基平板周边沿侧面设置纵向钢筋时，应在图注中注明。

（2）封边方式

应注明筏基平板边缘的封边方式及配筋。

（3）中部水平构造钢筋网规格

当筏基平板厚度大于2m时，应注明设置在基础平板中部的水平构造钢筋网。

（4）外伸阳角放射筋

当在筏基平板外伸阳角部位设置放射筋时，应注明规格。

四、平板式筏形基础识图（《11G101-3》第38～43页）

（一）认识平板式筏形基础的平法标注

平板式筏形基础有两种构造形式，见表5-1-15，一种是由柱下板带与跨中板带组成，另一种是不区分板带，直接由基础平板组成。

平板式筏形基础构造形式　　　　　表5-1-15

平板式筏形基础构造形式	
构造形式（一）	柱下板带 ZXB
	跨中板带 KZB
构造形式（二）	基础平板 BPB

直接由基础平板组成的平板式筏形基础，其平法标注方法同梁板式筏形基础平板（只是板编号不同），此处主要讲解由柱下板带与跨中板带组成的平板式筏形基础。

柱下板带（跨中板带）的平法标注，由集中标注和原位标注组成，见图5-1-18。

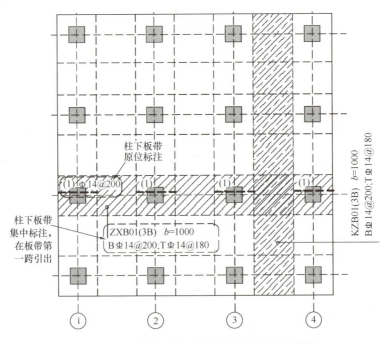

图5-1-18　平板式筏形基础平法标注示意图

（二）柱下板带（跨中板带）的集中标注识图

柱下板带（跨中板带）的集中标注，由编号、跨数及是否布置到外伸端、板带宽度、配筋信息组成，见表5-1-16。

柱下板带（跨中板带）集中标注识图	表 5-1-16

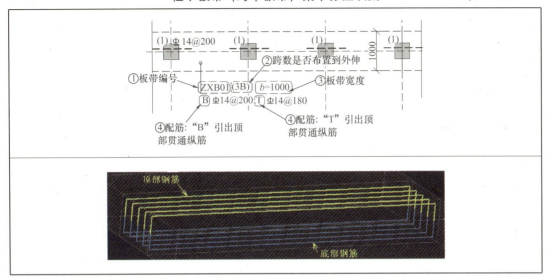

柱下板带（跨中板带）集中标注识图中，注意以下两个要点：

（1）注意板带宽度 b 是指板向短向的边长；

（2）注意板带的配筋中，底部和顶部贯通纵筋是指沿板长向的配筋，且只有沿长向的配筋，沿短向没有配筋。板带的钢筋网实际上是由两个方向的板带的钢筋相互交叉形成，具体详图见本章第二节钢筋构造。

（三）柱下板带（跨中板带）原位标注识图

柱下板带（跨中板带）原位标注的底部非贯通筋，见表 5-1-17。

柱下板带（跨中板带）原位标注识图	表 5-1-17

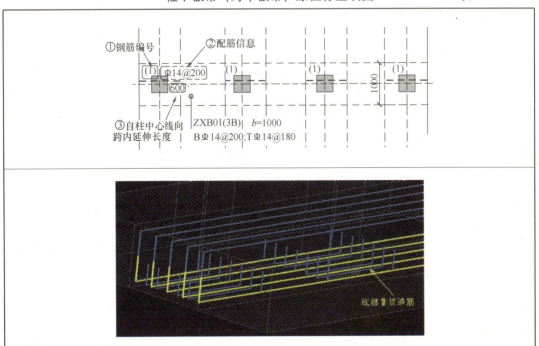

五、筏形基础相关构件平法识图（《11G101-3》第50～53页）

筏形基础相关构造是指上柱墩、下柱墩、外包柱脚、埋入柱脚、基坑、后浇带构造，这些相关构造的平法标注，采用"直接引注"的方法，"直接引注"是指在平面图构造部位直接引出标注该构造的信息，见图 5-1-19。

《11G101-3》中，对筏形基础相关构造的直接引注法，有专门的图示讲解，本书不再讲解，这里列出筏形基础相关构造平法标注识图在《11G101-3》中的位置，见表 5-1-18。

《11G101-3》筏形基础相关构造识图
表 5-1-18

相关构造	《11G101-3》页码
基础连系梁 JLL	第 50 页
下柱墩 XZD	第 52 页
上柱墩 SZD	第 51 页
窗井墙 CJQ	第 53 页
基坑 JK	第 52、53 页
后浇带 HJD	第 50 页

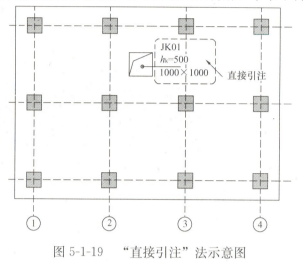

图 5-1-19 "直接引注"法示意图

思 考 与 练 习

1. 填写表 5-1-19 中构件代号的构件名称。

练 习 1   表 5-1-19

构件代号	构件名称	构件代号	构件名称
JL		ZXB	
JCL		KZB	
LPB		BPB	

2. 绘制图 5-1-20 的 JL01（3）的 1-1 剖面图，标注各部位截面尺寸。

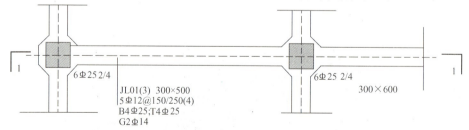

图 5-1-20 练习 2

3. 填写图 5-1-21 中 "G6ϕ14＋4ϕ14" 所指的配筋信息的含义。
4. 填写图 5-1-22 中的尺寸数据。

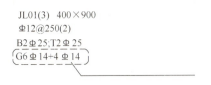

图 5-1-21　练习 3

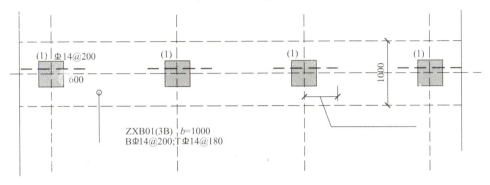

图 5-1-22　练习 4

5. 在图 5-1-23 中，用阴影线绘制现 LPB01 所指的板区的范围。

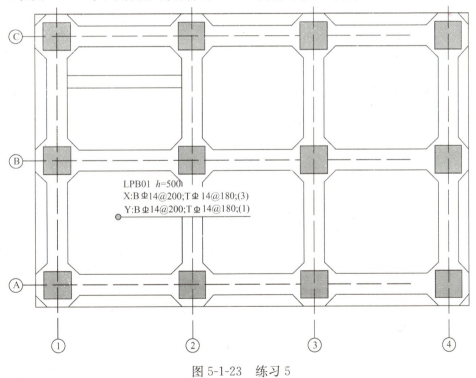

图 5-1-23　练习 5

第二节　筏形基础钢筋构造

上一节讲解了筏形基础的平法识图，就是如何阅读筏形基础平法施工图。本节讲解筏形基础的钢筋构造，是指筏形基础的各种钢筋在实际工程中可能出现的各种构造情况，位于《11G101-3》第71～98页。

说明：在实际工程中，梁板式筏形基础应用更多，平板式筏形基础应用相对较少，本书在筏形基础的钢筋构造这一节，主要讲解梁板式筏形基础。平板式筏形基础中的柱下板带 ZXB、跨中板带 KZB、平板式筏基平板 BPB 以及如上柱墩等相关构造不讲解，请读者对照本书所讲解的识图与钢筋构造的整理思路自行整理学习。

一、筏形基础的钢筋种类

《11G101-3》第71～98页讲述的是筏形基础的钢筋构造，本书按构件组成、钢筋组成的思路，将筏形基础的钢筋总结为表 5-2-1 所示的内容，整理出钢筋种类后，再一种钢筋一种钢筋整理其各种构造情况，这也是本书一直强调的精髓，就是 G101 平法图集的学习方法——系统梳理。

筏形基础钢筋种类　　　　　　　　　表 5-2-1

构　　件	钢　筋　种　类		《11G101-3》页码
基础主梁 JL	纵筋	底部贯通纵筋	第 71、73、74 页
		顶部贯通纵筋	
		梁端（支座）区域底部非贯通纵筋	
		侧部构造筋	第 73 页
	箍筋		第 71、72 页
	其他钢筋	附加吊筋	第 71、72、75 页 第 31、33 页
		附加箍筋	
		加腋筋	
基础次梁 JCL	纵筋	底部贯通纵筋	第 76、78 页
		顶部贯通纵筋	
		梁端（支座）区域底部非贯通纵筋	
	箍筋		第 77 页
	其他钢筋	加腋筋	第 77 页

续表

构　件	钢筋种类	《11G101-3》页码
梁板式基础平板 LPB	底部贯通纵筋	第79～80页 封边构造，第84页
	顶部贯通纵筋	
	横跨基础梁下的板底部非贯通纵筋	
	中部水平构造钢筋网	第84页
柱下板带 ZXB/跨中板带 KZB	底部贯通纵筋	第81、83、84页
	顶部贯通纵筋	
	横跨基础梁下的板底部非贯通纵筋	
平板式基础平板 BPB	底部贯通纵筋	第82～84页
	顶部贯通纵筋	
	横跨基础梁下的板底部非贯通纵筋	
上柱墩 SZD	竖向钢筋	第95页
	箍筋	
下柱墩 XZD	X向钢筋	第96页
	Y向钢筋	
	水平箍筋	
后浇带 HJD		第93、94页
窗井墙 CJQ		第98页
基坑 JK		第94页

二、基础主梁 JL 钢筋构造

《11G101-3》把条基基梁和梁板式筏基基础主梁统一为JL，所以基础主梁的钢筋构造请参见本书第58～72页。

三、基础次梁 JCL 钢筋构造情况

(一) 基础次梁底部贯通纵筋构造情况

1. 基础次梁底部贯通纵筋构造情况总述

《11G101-3》第76、78页讲述了基础次梁底部贯通纵筋的构造，本书总结为表5-2-2

所示的内容。

基础次梁底部贯通纵筋构造情况　　　　　　　　　表 5-2-2

基础次梁底部贯通纵筋构造情况		《11G101-3》页码
端部构造	无外伸	第76页
	等截面外伸	
	变截面外伸（梁底一平）	
中间变截面	梁底有高差	第78页
	梁宽度不同	

2. 端部无外伸构造

基础次梁无外伸，底部贯通纵筋构造见表 5-2-3。

基础次梁无外伸底部贯通纵筋构造　　　　　　　　　表 5-2-3

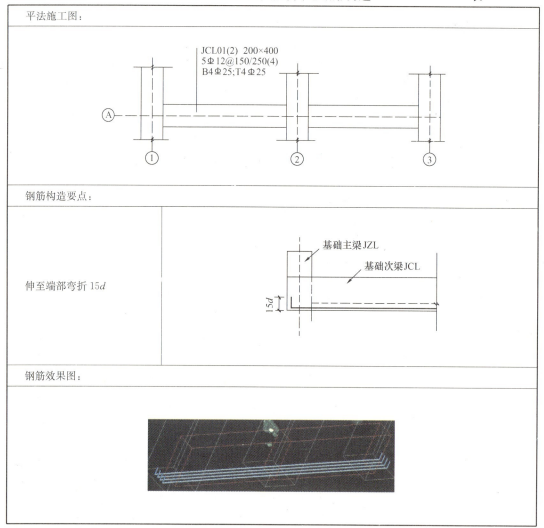

124

3. 端部有外伸构造

基础次梁有外伸，底部贯通纵筋构造见表5-2-4。

基础次梁有外伸底部贯通纵筋构造　　　　表 5-2-4

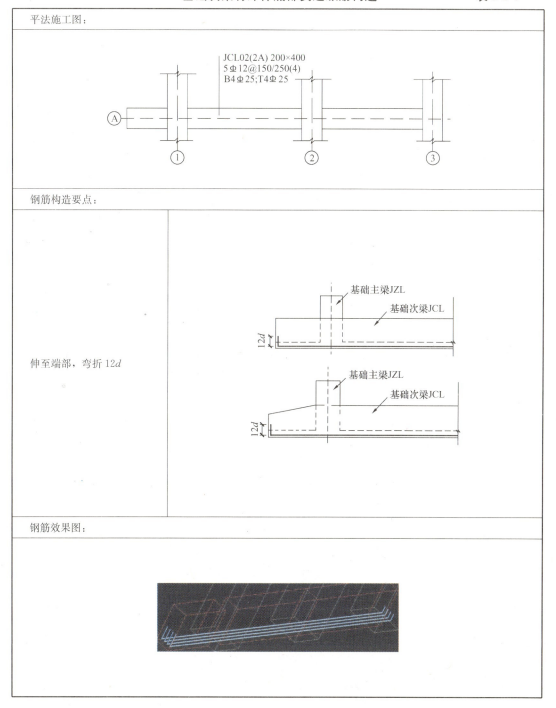

4. 变截面（梁底有高差）

基础次梁变截面（梁底有高差），底部贯通纵筋构造见表5-2-5。

基础次梁变截面(梁底有高差)底部贯通纵筋构造　　表 5-2-5

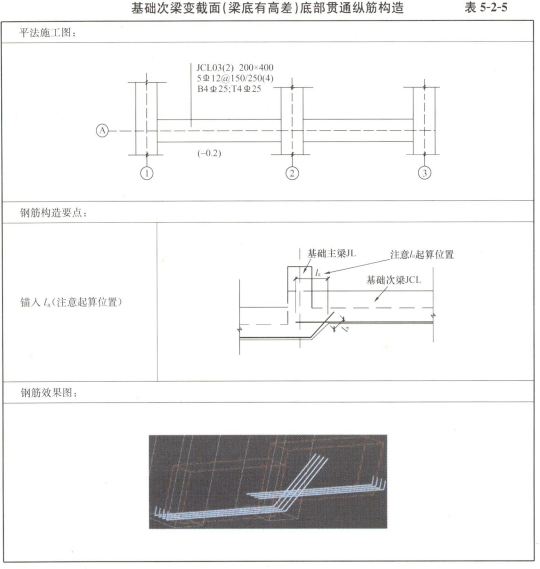

5. 变截面(梁宽度不同)

基础次梁变截面(梁宽度不同)，底部贯通纵筋构造见表 5-2-6。

基础次梁变截面(梁宽度不同)底部贯通纵筋构造　　表 5-2-6

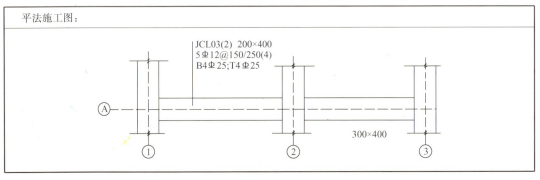

续表

钢筋构造要点:	
宽出部位的钢筋: (1) 直锚:l_a (2) 弯锚:伸至对边弯折 $15d$	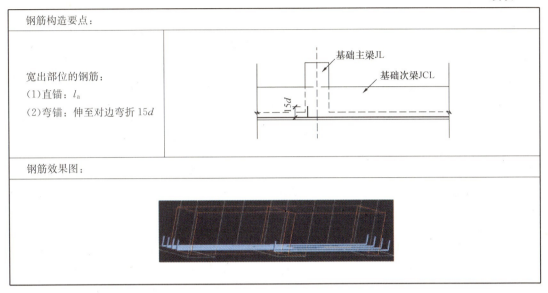
钢筋效果图:	

(二) 基础次梁顶部贯通纵筋构造情况

1. 基础次梁顶部贯通纵筋构造情况总述

《11G101-3》第76、78页讲述了基础次梁底部贯通纵筋的构造,本书总结为表5-2-7所示的内容。

基础次梁顶部贯通纵筋构造情况　　　　　　　　　　表 5-2-7

基础次梁底部贯通纵筋构造情况		《11G101-3》页码
端部构造	无外伸	第76页
	等截面外伸	
	变截面外伸(梁底一平)	
	变截面外伸(梁顶一平)	
中间变截面	梁顶有高差	第78页
	梁宽度不同	

2. 端部无外伸构造

基础次梁无外伸,顶部贯通纵筋构造见表5-2-8。

基础次梁无外伸顶部贯通纵筋构造　　　　　　　　　　表 5-2-8

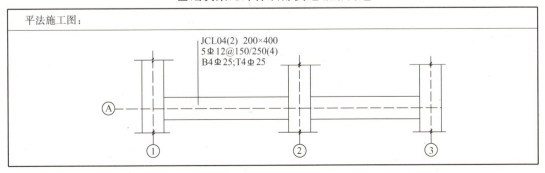

续表

钢筋构造要点:	
≥12d 且到梁中线	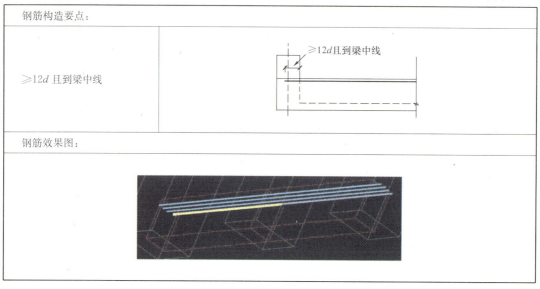
钢筋效果图:	

3. 端部有外伸构造

基础次梁有外伸,顶部贯通纵筋构造见表 5-2-9。

基础次梁有外伸顶部贯通纵筋构造　　表 5-2-9

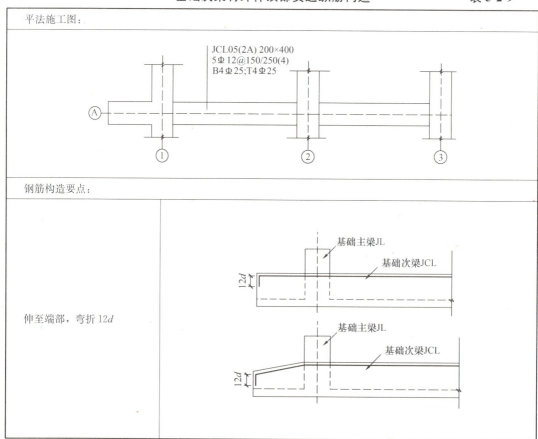

128

钢筋效果图:

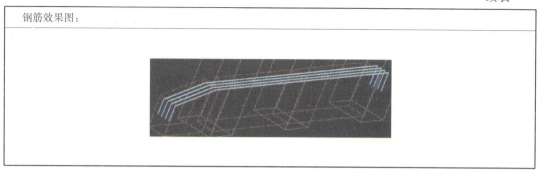

4. 变截面(梁顶有高差)

基础次梁变截面(梁顶有高差),顶部贯通纵筋构造见表 5-2-10。

基础次梁变截面(梁顶有高差)顶部贯通纵筋构造　　表 5-2-10

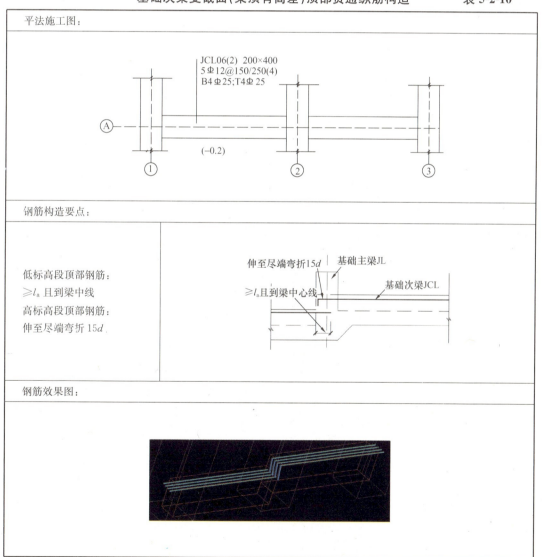

5. 变截面(梁宽度不同)

基础次梁变截面(梁宽度不同),顶部贯通纵筋构造见表 5-2-11。

基础次梁变截面(梁宽度不同)顶部贯通纵筋构造　　表 5-2-11

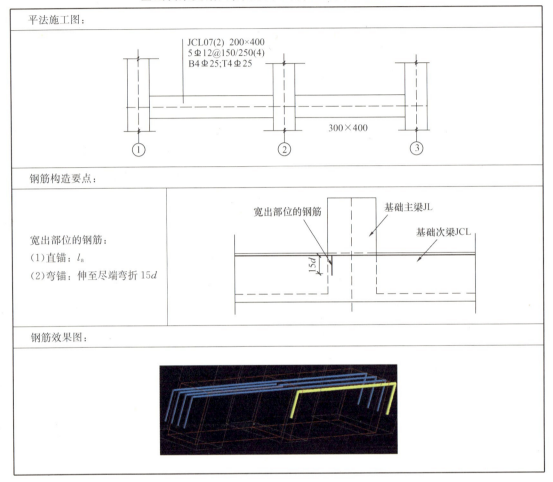

(三) 基础次梁端部(支座)区域底部非贯通纵筋构造情况

1. 基础次梁端部(支座)区域底部非贯通纵筋构造情况总述

《11G101-4》第 76、78 页讲述了基础次梁端部及柱下区域底部非贯通纵筋的构造,本书总结为表 5-2-12 所示的内容。

基础次梁端部(支座)区域底部非贯通纵筋构造情况　　表 5-2-12

基础次梁端部及柱下区域底部非贯通纵筋构造情况		《11G101-3》页码
端部构造	无外伸	第 76 页
	等截面外伸	
	变截面外伸(梁底一平)	
中间柱下区域	中间柱下区域	第 78 页
中间变截面	梁底有高差	
	梁宽度不同	

基础次梁端部（支座）区域底部非贯通纵筋，自支座边向跨内延伸长度＝$l_n/3$，l_n取相邻两跨的较大值。

2. 端部无外伸

基础次梁无外伸，端部底部非贯通纵筋构造见表5-2-13。

基础次梁端部无外伸底部非贯通纵筋构造　　　表5-2-13

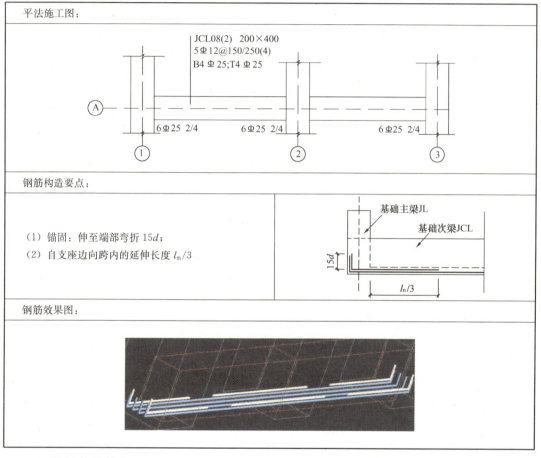

3. 端部有外伸

基础次梁有外伸，端部底部非贯通纵筋构造见表5-2-14。

基础次梁端部有外伸底部非贯通纵筋构造　　　表5-2-14

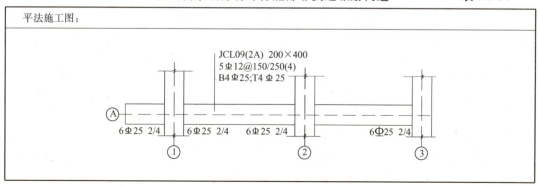

钢筋构造要点：

(1) 伸到尽端截断；
(2) 跨内延伸至 $\max(l_n/3, l'_n)$

钢筋效果图：

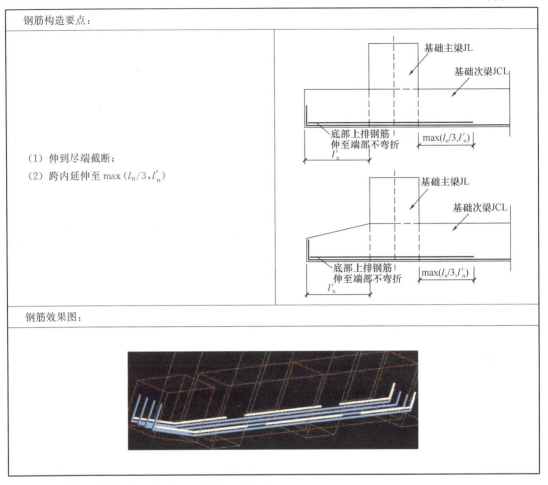

4. 中间柱下区域、变截面（梁底有高差）

基础次梁 JCL 中间柱下区域底部非贯通纵筋的构造，与基础主梁 JL 相同，此处不再讲解，详见本书第四章 JL 相关内容。

基础次梁 JCL 变截面（梁底有高差）时，底部非贯纵筋的构造，与基础主梁 JZL 相同，此处不再讲解，详见本书第四章 JL 相关内容。

5. 变截面（梁宽度不同）

基础次梁变截面（梁宽度不同），端部底部非贯通纵筋构造见表 5-2-15。

基础次梁变截面（梁宽度不同）底部非贯通纵筋构造　　表 5-2-15

平法施工图：

续表

钢筋构造要点：
(1) 宽出部位的底部非贯通纵筋： a. 直锚：l_a b. 弯锚：伸至尽端弯折 $15d$ (2) 将贯通筋延伸长度 $l_n/3$ 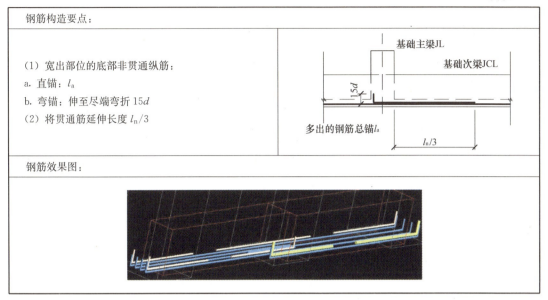
钢筋效果图：

(四) 侧部筋、加腋筋构造情况

1. 基础次梁侧部构造筋构造

基础次梁侧部构造筋的构造，与基础主梁相同，此处不再讲解，详见本书第四章 JL 相关内容。

2. 加腋筋构造（《11G101-3》第77页）

基础次梁 JCL 加腋筋构造，与基础主梁 JL 加腋筋的构造相同，只是基础次梁 JCL 没有梁侧加腋，详见本书第四章 JL 的相关内容，此处列出相关的 G101 图集页码，见表 5-2-16。

基础次梁加腋筋构造 表 5-2-16

《11G101-3》JL		《11G101-3》JCL	
梁高加腋	第 72 页	梁高加腋	第 77 页
与柱结合部侧腋	第 75 页	无	

(五) 箍筋构造情况（《11G101-3》第76、77页）

基础次梁箍筋构造见表 5-2-17。

基础次梁箍筋构造 表 5-2-17

钢筋根数构造要点：
(1) 箍筋起步距离为 50mm； (2) 基础次梁变截面外伸、梁高加腋位置，箍筋高度渐变 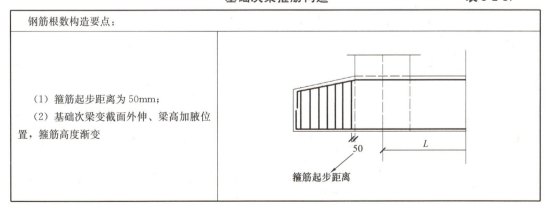

（3）基础次梁节点区不设箍筋	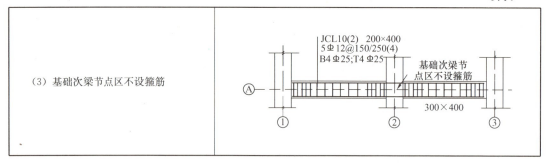	

四、梁板式筏形基础平板 LPB 钢筋构造

（一）底部贯通纵筋

1. 底部贯通纵筋构造情况

《11G101-3》第 79、80、84、94 页讲述了梁板式筏形基础平板 LPB 底部贯通纵筋的构造，本书总结为表 5-2-18 所示的内容。

基础平板 LPB 底部贯通纵筋构造情况　　　　表 5-2-18

基础平板 LPB 底部贯通纵筋构造情况		《11G101-3》页码
端部构造	无外伸	第 80 页
	等截面外伸	
	变截面外伸（板底一平）	
中间变截面	板底有高差	第 80 页
基 坑	基坑处构造	第 94 页

2. 端部无外伸

梁板式筏形基础平板 LPB 端部无外伸，底部贯通纵筋构造见表 5-2-19。

LPB 端部无外伸底部贯纵筋构造　　　　表 5-2-19

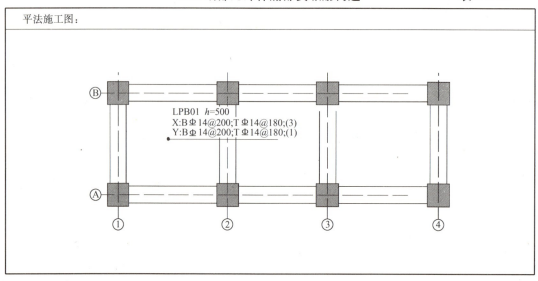

续表

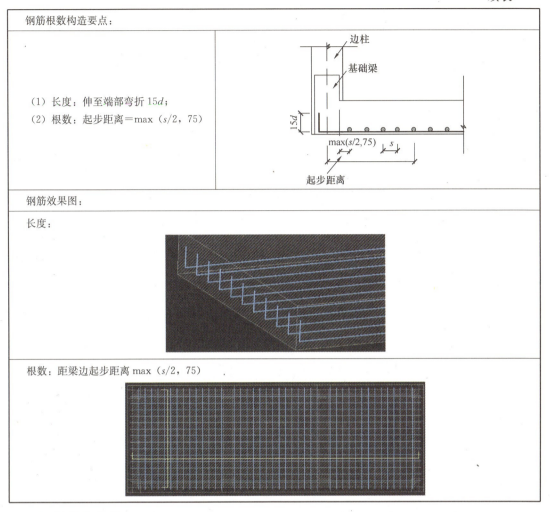

钢筋根数构造要点:	
(1) 长度：伸至端部弯折 $15d$； (2) 根数：起步距离＝max（$s/2$，75）	

钢筋效果图：

长度：

根数：距梁边起步距离 max（$s/2$，75）

3. 端部有外伸

梁板式筏形基础平板 LPB 端部有外伸，底部贯通纵筋构造见表 5-2-20。

LPB 端部有外伸底部贯纵筋构造　　　表 5-2-20

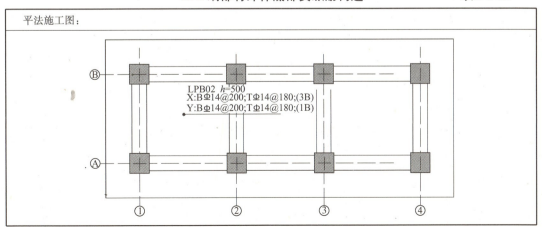

平法施工图：

LPB02 h=500
X:BΦ14@200;TΦ14@180;(3B)
Y:BΦ14@200;TΦ14@180;(1B)

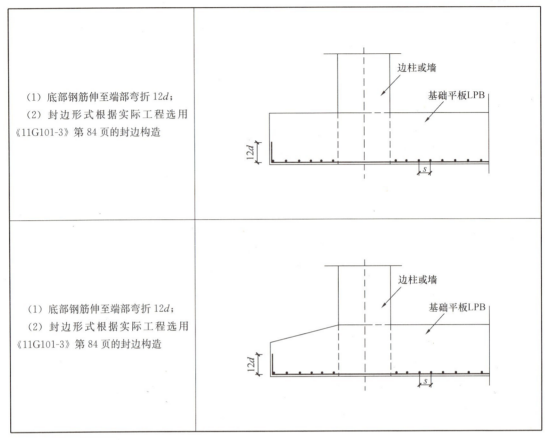

(1) 底部钢筋伸至端部弯折12d； (2) 封边形式根据实际工程选用《11G101-3》第84页的封边构造	
(1) 底部钢筋伸至端部弯折12d； (2) 封边形式根据实际工程选用《11G101-3》第84页的封边构造	

4. 变截面（板底有高差）

梁板式筏形基础平板LPB变截面（板底有高差），底部贯通纵筋构造见表5-2-21。

LPB端部变截面（板底有高差）底部贯通纵筋构造　　表5-2-21

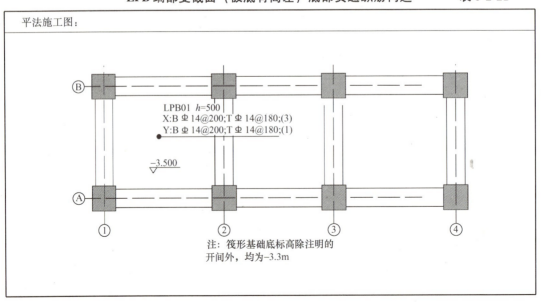

续表

钢筋根数构造要点：	
高位和低位板底筋，锚固 l_a（注意锚固的起算位置）	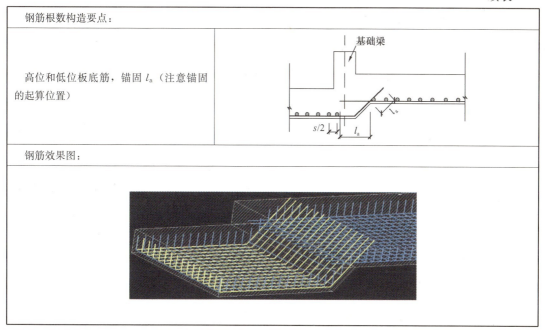
钢筋效果图：	

5. 基坑处筏形基础平板底部贯通纵筋构造

梁板式筏形基础平板 LPB 在基坑位置，底部贯通纵筋构造见表 5-2-22。

LPB 在基坑位置底部贯通纵筋构造　　　表 5-2-22

平法施工图：
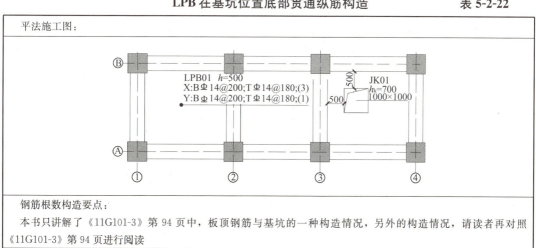
钢筋根数构造要点：
本书只讲解了《11G101-3》第 94 页中，板顶钢筋与基坑的一种构造情况，另外的构造情况，请读者再对照《11G101-3》第 94 页进行阅读
筏形基础平板底部钢筋，伸入基坑锚固 l_a（注意：该位置不设置另一个方向的板底部纵筋） 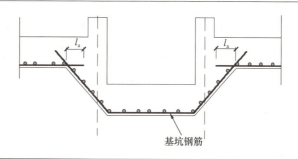

续表

钢筋效果图：
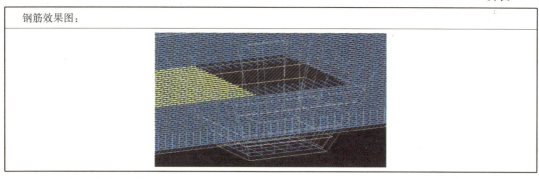

（二）顶部贯通纵筋

1. 顶部贯通纵筋构造情况

《11G101-3》第79、80、84、87页讲述了梁板式筏形基础平板LPB顶部贯通纵筋的构造，本书总结为表5-2-23所示的内容。

基础平板LPB顶部贯通纵筋构造情况　　　　表5-2-23

基础平板LPB顶部贯通纵筋构造情况		《11G101-3》页码
端部构造	无外伸	第80页
	等截面外伸	第80页
	变截面外伸（板底一平）	
中间变截面	板底有高差	第80页
基坑处构造	板顶筋在基坑处构造	第94页

2. 端部无外伸

梁板式筏形基础平板LPB端部无外伸，顶部贯通纵筋构造见表5-2-24。

LPB端部无外伸顶部贯通纵筋构造　　　　表5-2-24

平法施工图：
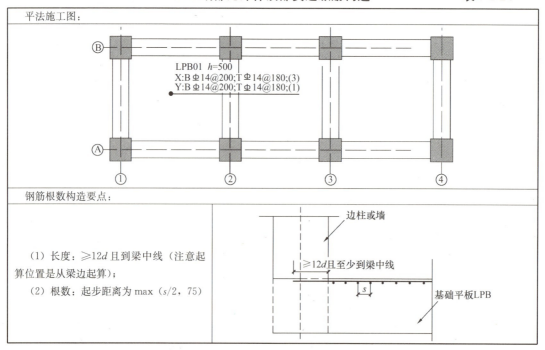
钢筋根数构造要点： （1）长度：$\geqslant 12d$ 且到梁中线（注意起算位置是从梁边起算）； （2）根数：起步距离为 $\max(s/2,\ 75)$

138

续表

钢筋效果图:

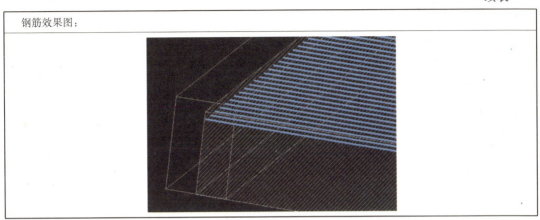

3. 端部有外伸

梁板式筏形基础平板 LPB 端部有外伸,顶部贯通纵筋构造见表 5-2-25。

LPB 端部有外伸顶部贯通纵筋构造 表 5-2-25

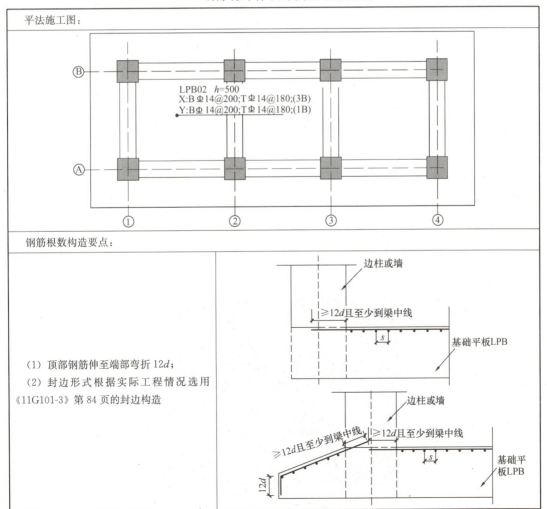

钢筋根数构造要点:
(1) 顶部钢筋伸至端部弯折 $12d$;
(2) 封边形式根据实际工程情况选用《11G101-3》第 84 页的封边构造

4. 变截面（板顶有高差）

梁板式筏形基础平板LPB变截面（板顶有高差），顶部贯通纵筋构造见表5-2-26。

LPB端部有外伸顶部贯通纵筋构造 表5-2-26

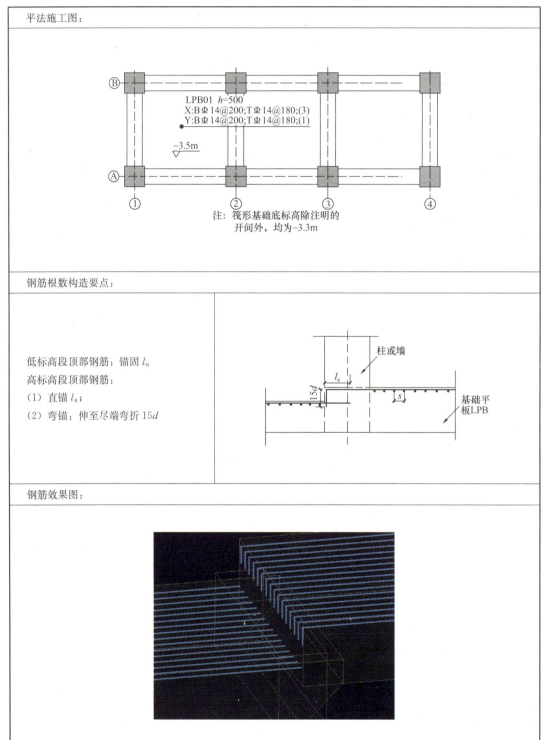

5. 基坑处板顶钢筋构造

梁板式筏形基础平板LPB在基坑位置，顶部贯通纵筋构造见表5-2-27。

LPB端部有外伸顶部贯通纵筋构造   表 5-2-27

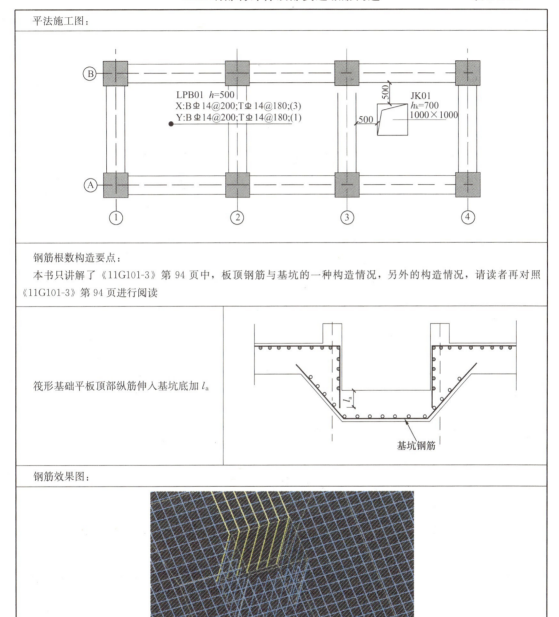

（三）底部非贯通纵筋

1. 底部非贯通纵筋构造情况

《11G101-3》第35、80页讲述了梁板式筏形基础平板LPB底部非贯通纵筋的构造，本书总结为表5-2-28所示的内容。

基础平板LPB底部非贯通纵筋构造情况　　　　　　　　表5-2-28

基础平板LPB顶部贯通纵筋构造情况		《11G101-3》页码
端部构造	无外伸	第80页
	等截面外伸	
	变截面外伸（板底一平）	
中间变截面	板底有高差	第80页
底部非贯通纵筋根数	隔一布一	第35页

筏形基础平板LPB底部非贯通纵筋的钢筋构造，主要理解两个问题，一是计算长度时从基础梁中心线向跨内的延伸长度；二是计算根数时和筏形基础平板底部贯通纵筋的关系。

2. 端部、中间梁下区域，底部非贯通纵筋长度

梁板式筏形基础平板LPB底部非贯通纵筋，在端部、中间梁下区域的长度构造见表5-2-29。

端部及中间梁下区域底部非贯纵筋构造　　　　　　　　表5-2-29

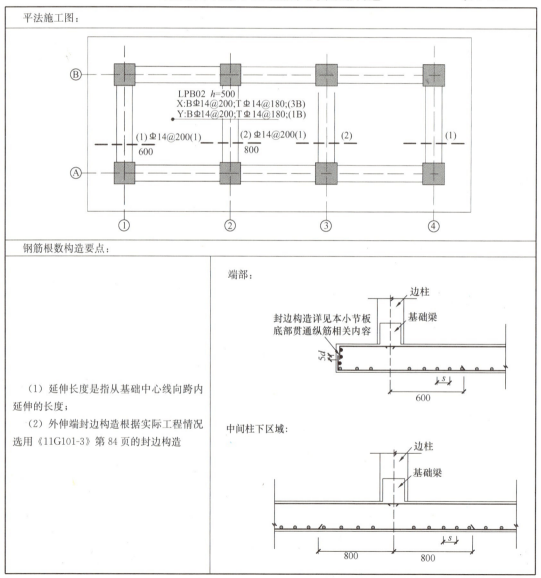

142

续表

钢筋效果图：	
端部：	
中间梁下区域：	

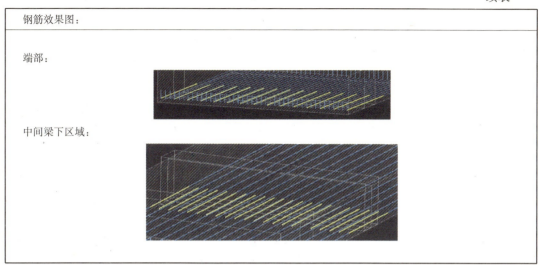

3. 底部非贯通纵筋与同向底部贯通纵筋的根数（《11G101-3》第 35 页）

底部非贯通纵筋与同向底部贯通纵筋位于同一层面，其位置关系有三种情况，见表 5-2-30。

底部非贯通纵筋与底部贯通纵筋的根数　　　　表 5-2-30

平法施工图：
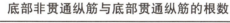

钢筋根数构造要点：	
隔一布一（构造一）： 非贯通纵筋与贯通纵筋直径、间距相同，交错隔一根布置一根	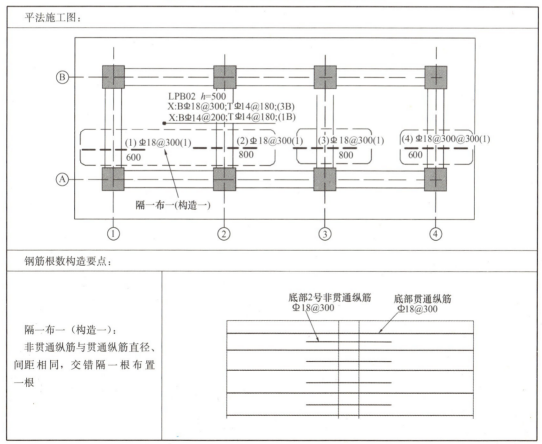

143

思 考 与 练 习

1. 在图 5-2-1 中填空，基础主梁底部贯通筋外伸端弯折长度。

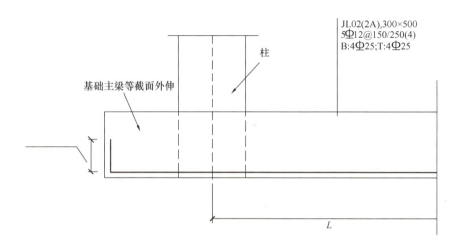

图 5-2-1　练习 1

2. 阅读图 5-2-2，在图 5-2-2 中填空。

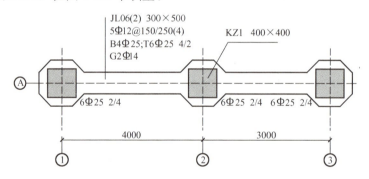

图 5-2-2　练习 2（一）

3. 在图 5-2-3 中填空。

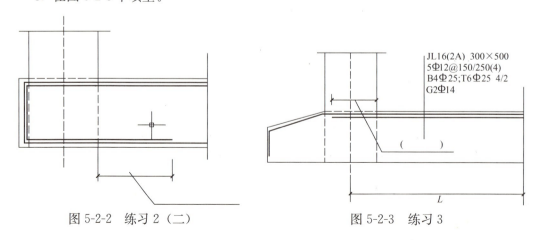

图 5-2-2　练习 2（二）　　　　图 5-2-3　练习 3

第三节 筏形基础钢筋实例计算

上一节讲解了筏形基础的平法钢筋构造,本节就这些钢筋构造情况举计算实例。本小节所有构件的计算条件,见表 5-3-1。

钢 筋 计 算 条 件 表 5-3-1

计算条件	值
混凝土强度	C30
纵筋连接方式	对焊(除特殊规定外,本书的纵筋钢筋接头只按定尺长度计算接头个数,不考虑钢筋的实际连接位置)
螺纹钢定尺长度	9000mm
h_c	柱 宽
h_b	梁 高

一、基础主梁 JL 钢筋计算实例

基础主梁的计算实例请参见本书第四章 JL 相关内容。

二、基础次梁 JCL 钢筋计算实例

(一)基础次梁 JCL01(一般情况)

1. 平法施工图

JCL01 平法施工图,见图 5-3-1。

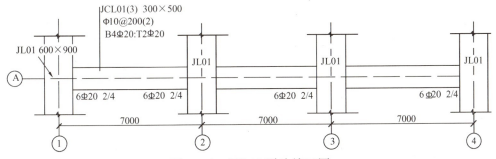

图 5-3-1 JCL01 平法施工图

2. 钢筋计算

(1)计算参数

钢筋计算参数,见表 5-3-2。

JCL01 钢筋计算参数 表 5-3-2

参 数	值	出 处
保护层厚度 c	底面、顶面及端头综合取 30mm	《11G101-3》第 55 页并参考《04G101-3》第 25 页
l_a	$l_a=1\times l_{ab}=28d$(按 C30 混凝土查表)	
双肢箍长度计算公式	$(b-2c-d)\times 2+(h-2c-d)\times 2+(1.9d+10d)\times 2$	
箍筋起步距离	50mm	《11G101-3》第 77 页

（2）钢筋计算过程

见表5-3-3。

JCL01 钢筋计算过程　　　　　　　　　　　　　　　　　　　　　　表5-3-3

钢　筋	计　算　过　程	说　明
顶部贯通纵筋 2Φ20	计算公式＝净长＋两端锚固	《11G101-3》第36页
	锚固长度＝max（$0.5b_b$，$12d$）＝max（300，$12×20$）＝300mm	
	长度＝$7000×3-600+2×300=21000$mm	
	接头个数＝$21000/9000-1=2$个	
底部贯通纵筋 4Φ20	计算公式＝净长＋两端锚固	
	锚固长度＝$600-30+15×20=870$mm	
	长度＝$7000×3-600+2×870=22140$mm	
	接头个数＝$22140/9000-1=2$个	
支座1、4底部非贯通筋 2Φ20	计算公式＝支座锚固长度＋支座外延伸长度	
	锚固长度＝$600-30+15×20=870$mm	
	支座外延伸长度＝$l_n/3$ ＝$(7000-600)/3=2133$mm	
	长度＝$2133+870=3003$mm	
支座2、3底部非贯通筋 2Φ20	计算公式＝$2×$延伸长度$+b_b$ ＝$2×l_n/3+b_b$ ＝$2×(7000-600)/3+600$ ＝4866mm	
箍筋长度	长度＝$2×[(300-60-10)+(500-60-10)]+2×11.9×10$ ＝1558mm	
箍筋根数	三跨总根数＝$3×[(6400-100)/200+1]$ ＝99根	基础次梁箍筋只布置在净跨内，支座内不布置箍筋，《11G101-3》第76页
钢筋效果图		

(二)基础次梁 JCL02(变截面有高差)

1. 平法施工图

JCL02 平法施工图,见图 5-3-2。

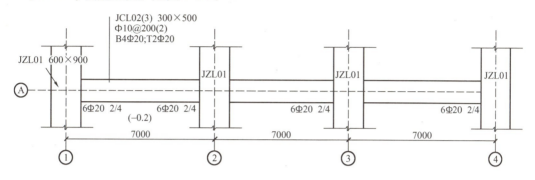

图 5-3-2　JCL02 平法施工图

2. 钢筋计算

(1) 计算参数

钢筋计算参数,见表 5-3-4。

JCL02 钢筋计算参数　　　　　　　　　　　　　表 5-3-4

参　数	值	出　处
保护层厚度 c	底面、顶面及端头综合取 30mm	《11G101-3》第 55 页,并参考
l_a	$l_a=1×l_{ab}=29d$ (按 C30 混凝土查表)	《04G101-3》第 25 页
双肢箍长度计算公式	$(b-2c-d)×2+(h-2c-d)×2+(1.9d+10d)×2$	
箍筋起步距离	50mm	《11G101-3》第 77 页

(2) 钢筋计算过程

见表 5-3-5。

JCL02 钢筋计算过程　　　　　　　　　　　　　表 5-3-5

钢　筋	计　算　过　程	说　明
第 1 跨顶部贯通筋 2Φ20	计算公式=净长+两端锚固	《11G101-3》第 76、78 页
	端支座锚固长度=max(0.5b_b, 12d) =max(300, 12×20) =300mm	高差处锚固=max(l_a, 0.5b_b) =max(29×20, 300) =580mm
	长度=6400+300+580=7280mm	
第 2 跨顶部贯通筋 2Φ20	计算公式=净长+两端锚固	
	端支座锚固长度=max(0.5b_b, 12d) =max(300, 12×20) =300mm	高差处锚固=$b_b-c+15d$ =600-30+15×20 =870mm
	长度=6400+300+870=7570mm	
下部钢筋	同基础主梁 JL 梁顶梁底有高差的情况	
钢筋效果图		

三、梁板式筏基平板 LPB 钢筋计算实例（一般情况）

1. 平法施工图

LPB01 平法施工图，见图 5-3-3。

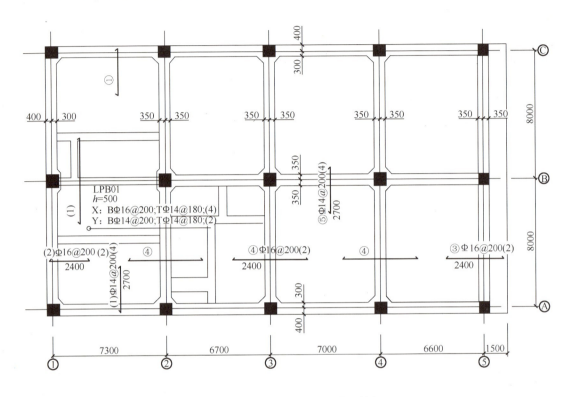

注：外伸端采用 U 形封边构造，U 形钢筋为 $\Phi 20@300$，封边处侧部构造筋为 $2\Phi 8$。

图 5-3-3　LPB01 平法施工图

2. 钢筋计算

（1）计算参数

钢筋计算参数，见表 5-3-6。

LPB01 钢筋计算参数　　　　表 5-3-6

参　　数	值	出　处
端部混凝土保护层厚度 c	30mm	《11G101-3》第 55 页，并参考《04G101-3》第 25 页
l_a	$l_a = 1 \times l_{ab} = 29d$（按 C30 混凝土查表）	
双肢箍长度计算公式	$(b-2c-d)\times 2 + (h-2c-d)\times 2 + (1.9d+10d)\times 2$	
纵筋起步距离	$s/2$	《11G101-3》第 77 页

（2）钢筋计算过程

见表 5-3-7。

LPB01 钢筋计算过程　　　　　　　　　　　　　　　　　　　　　表 5-3-7

钢　筋	计算过程	说　明
X 向板底贯通纵筋 $\Phi 16@200$	计算公式： 左端无外伸，底部贯通纵筋伸至端部弯折 $15d$	《11G101-3》第 80 页
	右端外伸，采用 U 形封边方式，底部贯通纵筋伸至端部弯折 $12d$	《11G101-3》第 80 页
	长度＝7300＋6700＋7000＋6600＋1500＋400－2×40＋$15d$＋$12d$ ＝7300＋6700＋7000＋6600＋1500＋400－2×40＋15×16＋12×16 ＝29872mm	
	接头个数＝29872/9000－1＝3 个	
	Ⓐ～Ⓑ轴根数＝（8000－350－300－75×2）/200＋1 ＝37 根 Ⓑ～Ⓒ轴根数＝（8000－350－300－75×2）/200＋1 ＝37 根	起步距离 min（$s/2$，75）
	钢筋效果图：	
Y 向板底贯通纵筋 $\Phi 14@200$	计算公式： 两端无外伸，底部贯通纵筋伸至端部弯折 $15d$	《11G101-3》第 80 页
	长度＝8000×2＋2×400－2×30＋2×$15d$ ＝8000×2＋2×400－2×30＋2×15×14 ＝17160mm	
	接头个数＝17160/9000－1＝1 个	
	根数＝(7300＋6700＋7000＋6600＋1500－2170)/200＋5 ＝140 根	计算根数扣基础梁所占宽度，式中"＋5"是将①～⑤轴及外伸分 5 段，各段加 1 根
	钢筋效果图：	
X 向板顶贯通纵筋 $\Phi 14@180$	计算公式： 左端无外伸，顶部贯通纵筋锚入梁内 max（$12d$，0.5 梁宽）	《11G101-3》第 80 页
	右端外伸，采用 U 形封边方式，顶部贯通纵筋伸至端部弯折 $12d$	《11G101-3》第 80 页
	长度＝7300＋6700＋7000＋6600＋1500－300＋max（$12d$，350）－30＋$12d$ ＝7300＋6700＋7000＋6600＋1500－300＋max（12×14，350）－30＋12×14 ＝29470mm	
	接头个数＝29470/9000－1＝3 个	
	Ⓐ～Ⓑ轴根数＝（8000－300－350－90×2）/180＋1＝41 根 Ⓑ～Ⓒ轴根数＝（8000－300－350－90×2）/180＋1＝41 根	计算根数扣除基础梁所占宽度

续表

钢　筋	计算过程	说　明
Y向板顶贯通纵筋⊕14@180	计算公式 两端无外伸，顶部贯通纵筋锚固 max（$12d$，0.5梁宽）	《11G101-3》第80页
	长度=8000×2－2×300+2×max（$12d$，300） 　　　=8000×2－2×300+2×max（12×14，300） 　　　=16000mm	
	接头个数=16000/9000－1=1个	
	根数=（7300+6700+7000+6600+1500－3130）/180+1 　　=146根	计算根数扣基础梁所占宽度
②号板底部非贯通纵筋⊕16@200（①轴）	左端无外伸，底部贯通纵筋伸至端部弯折$15d$	《11G101-3》第80页
	长度=2400+400－30+$15d$ 　　　=2400+400－30+15×16 　　　=3100mm	
	Ⓐ~Ⓑ轴根数=（8000－300－350－100×2）/200+1=37根 Ⓑ~Ⓒ轴根数=37根	与板底部X向贯通筋规格相同，采取隔一布一，因此根数与板底部X向贯通纵筋相同
④号板底部非贯通纵筋⊕16@200（②、③、④轴）	长度=2400×2=4800mm	
	根数同②号筋	
③号板底部非贯通纵筋⊕16@200（⑤轴）	长度=2400+1500－30+$12d$ 　　　=2400+1500－30+12×16 　　　=4062mm	右端外伸，采用U形封边方式，底部贯通纵筋伸至端部弯折$12d$
	根数同②号筋	
①号板底部非贯通纵筋⊕14@200（Ⓐ、Ⓒ轴）	长度=2700+400－30+$15d$ 　　　=2700+400－30+15×14 　　　=3280mm	
	根数=140根	同Y向板底部贯通纵筋根数
⑤号板底部非贯通纵筋⊕14@200（Ⓑ轴）	长度=2700×2 　　　=5400mm	
	根数同①号筋	
U形封边筋⊕20@300	长度=板厚－上下保护层+2×max（$15d$，200） 　　　=500－40－30+2×max（15×20，200） 　　　=1030mm（底部混凝土保层40，顶部混凝土保护层30）	
	根数=（8000×2+800－2×30）/300+1=57根	

续表

钢　筋	计算过程	说　明
U形封边侧部构造筋 4Φ8	长度＝8000×2＋400×2－2×30 　　　＝16740mm 构造搭接个数＝16740/9000－1＝1个 构造搭接长度＝150mm 钢筋效果图：	

思　考　与　练　习

1. 计算图 5-3-4 平板式筏基平板 BPB 的钢筋。

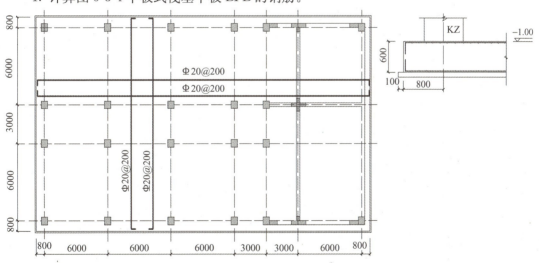

图 5-3-4　练习 1

第三篇 主体构件（11G101-1）

第六章 梁 构 件

第一节 梁构件平法识图

一、G101 平法识图学习方法

1. G101 平法识图学习方法

G101 平法图集由"制图规则"和"构造详图"两部分组成，通过学习制图规则来识图，通过学习构造详图来了解钢筋的构造及计算。制图规则的学习，可以总结为以下三方面的内容（图 6-1-1）：一是该构件按平法制图有几种表达方式；二是该构件有哪些数据项；三是这些数据项具体如何标注。

图 6-1-1 G101 平法识图学习方法

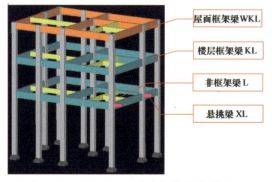

图 6-1-2 《11G101-1》梁构件的分类（一）

2. 《11G101-1》梁构件平法识图知识体系

（1）《11G101-1》梁构件的分类

《11G101-1》梁构件的分类，见图 6-1-2～图 6-1-4。

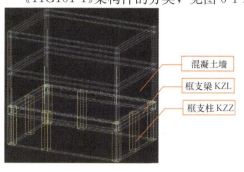

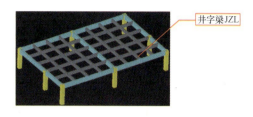

图 6-1-3　《11G101-1》梁构件的分类（二）　　图 6-1-4　《11G101-1》梁构件的分类（三）

（2）《11G101-1》梁构件平法识图知识体系

《11G101-1》第 22～32 页讲述的是梁构件的制图规则，知识体系如表 6-1-1 所示。

《11G101-1》梁构件平法识图知识体系　　表 6-1-1

梁构件识图知识体系		《11G101-1》页码
平法表达方式	平面注写方式	第 25～32 页
	截面注写方式	第 32 页
数据项	编号	第 25～32 页
	截面尺寸	
	配筋	
	梁顶面标高高差（选注）	
	必要的文字注解（选注）	
梁构件集中标注	编号	第 25～28 页
	截面尺寸	
	箍筋	
	上部通长筋或架立筋	
	下部通长筋	
	侧部构造钢筋或受扭钢筋	
	梁顶面标高高差（选注）	
梁构件原位标注	梁支座上部筋	第 28～32 页
	梁下部筋	
	附加吊筋或箍筋	

二、梁构件平法识图

（一）梁构件的平法表达方式（平面注写方式）

《11G101-1》中，梁构件的平法表达方式分"平面注写方式"和"截面注写方式"两种，在实际工程中，大多数都采用平面注写方式，故本书主要讲解平面注写方式。梁构件的截面注写方式，请读者对照此书讲解的学习方法自行整理。

梁构件的平面注写方式,是在梁平面布置图上,分别在不同编号的梁中各选一根梁,在其上注写截面尺寸及配筋具体数值的方式来表达梁平法施工图,见图6-1-5。

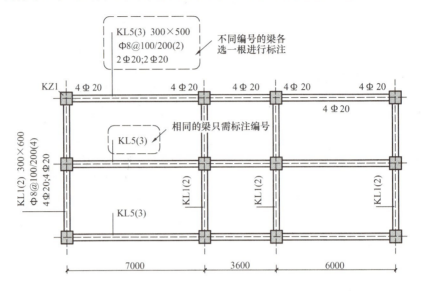

图 6-1-5 梁构件平面注写方式

梁构件的平面注写方式,具体标注时,分"集中标注"和"原位标注",见图6-1-6,"集中标注"是各跨相同的总体数值,"原位标注"是各部位原位的数值。

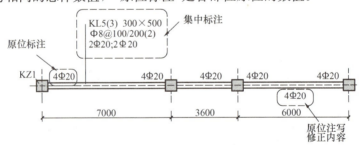

图 6-1-6 梁构件的集中标注与原位标注

(二)梁构件的识图方法

梁构件的平法识图方法,是指当面对一张按G101平法设计的梁构件施工图,如何看得懂?本书把梁构件识图分为两个层次,见表6-1-2。

梁构件平法识图方法　　　　　　　　　表 6-1-2

梁构件平法识图方法		
层　次	识图内容	识图方法
第一个层次	在梁平法施工图上,区分哪是一根梁	通过梁构件的编号(包括其中注明的跨数)来识别哪是一根梁
第二个层次	就具体的一根梁,识别其集中标注与原位标注所表达的内容	通过集中标注和原位标注的每一个符号的含义进行识别

第一次层次，在梁平法施工图上，区分哪是一根梁，见图 6-1-7，KL5 和 KL6 位于同一轴线，通过它们的编号及跨数，就区分开了。然后下一个层次，是具体某根梁的数据识别。

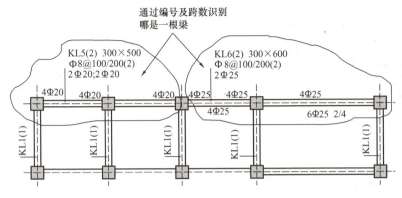

图 6-1-7　梁构件识图方法（一）

第二个层次，就具体的一根，识别其各标注的含义，见图 6-1-8。

（三）梁构件集中标注识图

1. 梁构件集中标注示意图

梁构件集中标注包括编号、截面尺寸、箍筋、上部通长筋或架立筋、下部通长筋、侧部构造和受扭钢筋等几项内容，如图 6-1-9 所示。

下面就梁构件集中标注的各项数值展开讲解识图方法。

2. 梁构件编号识图

(1)梁构件编号表示方法（《11G101-1》第 25、26 页）

梁构件集中标注的第一项必注值为梁编号，由"代号"、"序号"、"跨数及是否有外伸"三项组成，见图 6-1-10。

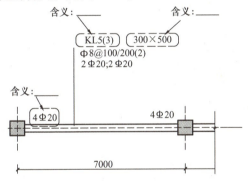

图 6-1-8　梁构件识图方法（二）

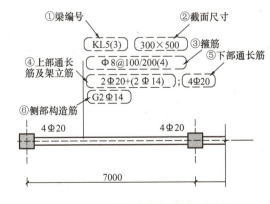

图 6-1-9　梁构件集中标注示意图

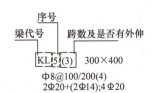

图 6-1-10　梁构件编号平法标注

梁编号中的"代号"、"序号"、"跨数及是否有外伸"三项符号的具体表示方法,见表 6-1-3 所示。

梁构件编号识图　　　　　　　　　　　　　表 6-1-3

代　号	序　号	跨数及是否有外伸
KL:楼层框架梁	用数字序号表示顺序号	(××):表示端部无外伸,括号内的数字表示跨数
WKL:屋面框架梁		
L:非框架梁		(××A):表示一端有外伸
KZL:框支梁		
JZL:井字梁		(××B):表示两端有外伸
XL:悬挑梁		

(2) 梁构件"编号"识图实例

梁"编号"识图实例,见表 6-1-4。

梁"编号"实例　　　　　　　　　　　　　表 6-1-4

编号	识图	图示
KL1(3)	楼层框架梁 1,3 跨,端部无外伸	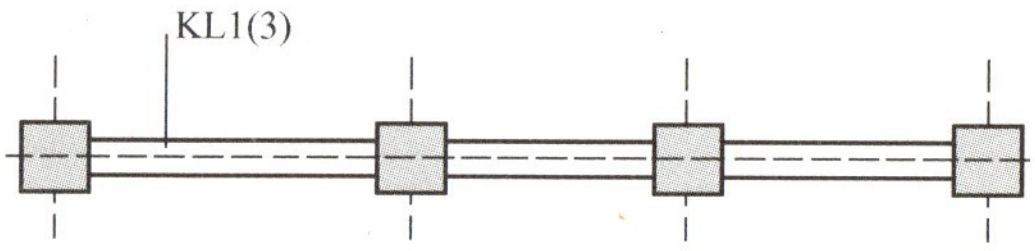 KL1(3)
KL2(2A)	楼层框架梁 2,2 跨,一端有外伸	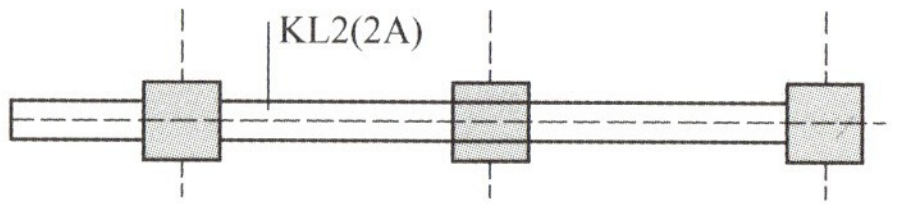 KL2(2A)
WKL1(4)	屋面框架梁 1,4 跨,端部无外伸	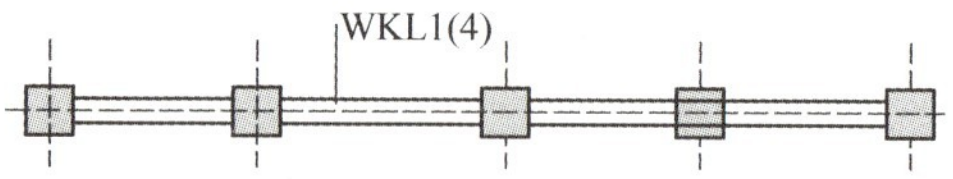 WKL1(4)
KL3(3B)	楼层框架梁 3,3 跨,两端有外伸	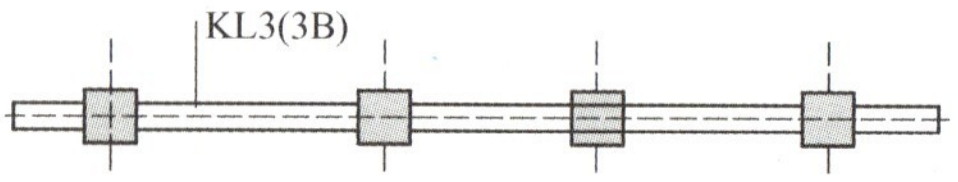 KL3(3B)

3. 梁构件截面尺寸识图(《11G101-1》第 26 页)

梁构件集中标注的第二项必注值为截面尺寸,平法识图见表 6-1-5。

梁构件截面尺寸识图   表 6-1-5

情　况	表示方法	说明及识图要点
普通矩形截面	$b \times h$	宽×高，注意梁高是指含板厚在内的梁高度
加腋梁	$b \times h \, GY \, c_1 \times c_2$	c_1 表示腋长，c_2 表示腋高
悬挑变截面	$b \times h_1/h_2$	h_1 为悬挑根部高度，h_2 为悬挑远端高度
异形截面梁	绘制断面图 表达异形截面尺寸	

4. 梁构件箍筋识图（《11G101-1》第 27 页）

梁构件的第三项必注值为箍筋。

在《11G101-1》的各类梁构件中，根据抗震情况，抗震梁构件设置箍筋加密区，其他梁构件不设箍筋加密区，见表 6-1-6。

梁构件的箍筋识图 表6-1-6

		箍筋表示基本方法	识 图
设箍筋加密区的梁构件	抗震的 KL、WKL	φ8@100/200(2)	100 指加密区间距，200 指非加密区间距
	框支梁 KZL		加密区长度本章第二节梁构件钢筋构造中进行讲解
			如果加密区和非加密区，箍筋肢数不同，分别表示：φ8@100(4)/200(2)
		（图：箍筋加密区与箍筋非加密区示意）	
不设箍筋加密区的梁构件	非抗震的 KL、WKL	箍筋有两种情况： (1) φ8@200(2)； (2) 5φ8@150/200(2)，两端各5根间距150的箍筋，中间为间距200的箍筋	这些不设箍筋加密区的梁构件，一般只有一种箍筋间距；如果设两种箍筋间距，从两端往中间依次注写
	非框架梁 L、悬挑梁 XL、井字梁 JZL		

5. 上部通长筋（或架立筋）识图（《11G101-1》第 27 页）

梁构件的上部通长筋或架立筋识图，见表6-1-7。

梁构件上部通长筋或架立筋识图 表6-1-7

上部通长筋或架立筋表示方法	识 图
2Φ20	KL5(3) 300×400 φ8@100/200(2) 2Φ20；4Φ20 表示 2 根上部通长筋 2Φ20
2Φ20+(2Φ14)	KL5(3) 300×400 φ8@100/200(4) 2Φ20+(2Φ14)；4Φ20 表示 2 根上部通长筋 2Φ20，2 根 2Φ14 的架立筋

6. 下部通长筋识图(《11G101-1》第 27 页)

梁构件的下部通长筋,在集中标注的上部通长筋后,用分号隔开表达,见表 6-1-8。

注意：如果集中标注没表达下部通长筋,每跨的下部钢筋在每跨下部进行原位标注,原位标注在本小节后续讲解,此处只讲解下部通长筋识图。

梁构件下部通长筋识图　　　　　　　　表 6-1-8

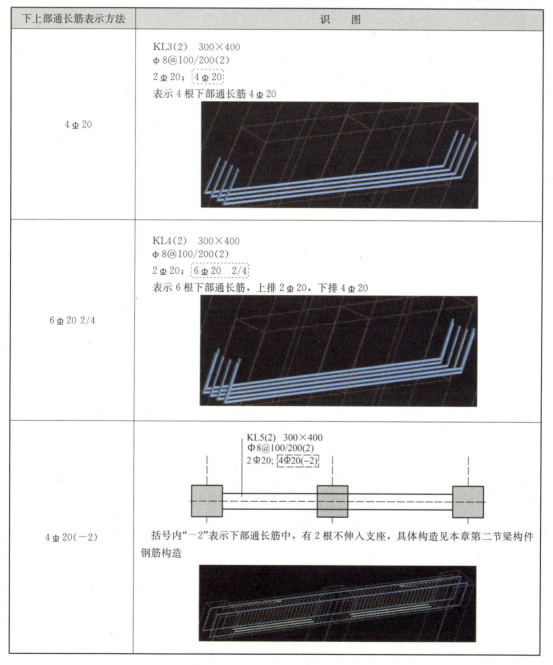

下上部通长筋表示方法	识　图
4Φ20	KL3(2)　300×400 Φ8@100/200(2) 2Φ20；4Φ20 表示 4 根下部通长筋 4Φ20
6Φ20 2/4	KL4(2)　300×400 Φ8@100/200(2) 2Φ20；6Φ20　2/4 表示 6 根下部通长筋,上排 2Φ20,下排 4Φ20
4Φ20(-2)	KL5(2)　300×400 Φ8@100/200(2) 2Φ20；4Φ20(-2) 括号内"-2"表示下部通长筋中,有 2 根不伸入支座,具体构造见本章第二节梁构件钢筋构造

7. 侧部构造钢筋或受扭钢筋(《11G101-1》第 27 页)

侧部钢筋注写梁两侧面设置的纵向钢筋的总配筋值,侧部构造钢筋以"G"打头,侧部受扭钢筋以"N"打头,在梁两侧对称布置。侧部纵向钢筋的拉筋不进行标注,按构造要求(《11G101-1》第 87 页描述了梁侧部纵向构造筋的拉筋的构造要求)进行配置即可,拉筋的配置详见本章第二节梁构件钢筋构造,见表 6-1-9。

梁构件侧部钢筋识图　　　　　表 6-1-9

侧部构造钢筋表示方法	识　　图
G2Φ14	KL4(2)300×400 Φ8@100/200(2) 2Φ20 G2Φ14 表示侧部构造钢筋
N2Φ14	KL4(2)300×400 Φ8@100/200(2) 2Φ20 N2Φ14 表示侧部受扭钢筋

8. 梁顶面标高高差(《11G101-1》第 28 页)

注写梁顶面相对于结构层楼面标高的高差值,该项为选注值,有标高差时注写,见表 6-1-10。

梁顶面标高高差识图　　　　　表 6-1-10

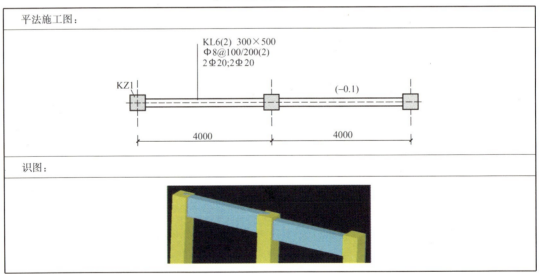

(四)梁构件原位标注识图

1. 梁支座上部纵筋,含该部位通长筋在内的所有纵筋(《11G101-1》第 28 页)

(1)认识梁构件支座上部纵筋

梁支座上部纵筋,是指标注该位置的所有纵筋,包括集中标注的上部通长筋,见图 6-1-11,要理解原位标注的纵筋与集中标注的纵筋的关系。

施工效果图,见图 6-1-12。

(2)梁支座上部纵筋识图

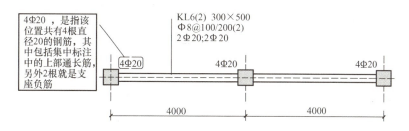

图 6-1-11 认识梁支座上部纵筋

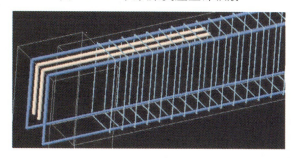

图 6-1-12 梁支座上部纵筋

梁支座上部纵筋识图，见表 6-1-11。

梁支座上部纵筋识图　　　　　　　表 6-1-11

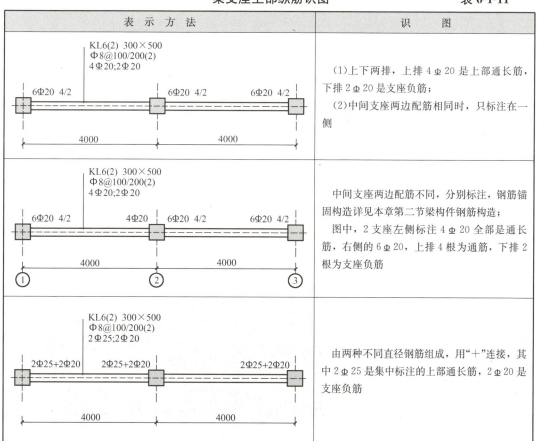

表 示 方 法	识 图
	(1) 上下两排，上排 4Φ20 是上部通长筋，下排 2Φ20 是支座负筋； (2) 中间支座两边配筋相同时，只标注在一侧
	中间支座两边配筋不同，分别标注，钢筋锚固构造详见本章第二节梁构件钢筋构造； 图中，2 支座左侧标注 4Φ20 全部是通长筋，右侧的 6Φ20，上排 4 根为通筋，下排 2 根为支座负筋
	由两种不同直径钢筋组成，用"+"连接，其中 2Φ25 是集中标注的上部通长筋，2Φ20 是支座负筋

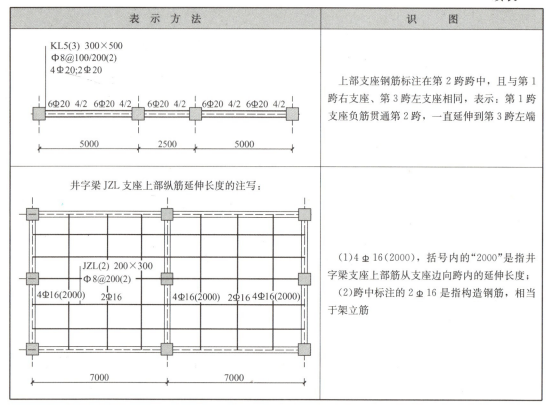

2. 原位标注下部钢筋识图(《11G101-1》第 29 页)

如果梁构件集中标注中,没有标注下部通长筋,则在每跨原位标注各跨的下部钢筋,见表 6-1-12。

原位标注下部钢筋识图　　　　　　表 6-1-12

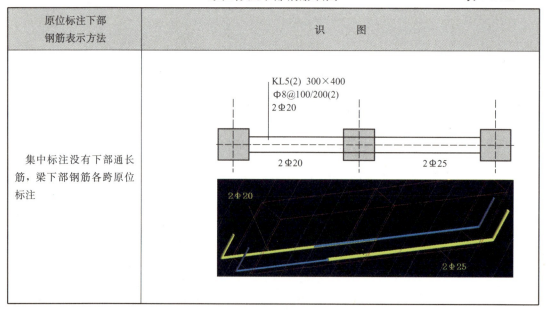

续表

原位标注下部钢筋表示方法	识 图
下部不伸入支座钢筋(括号内注写的数字表示不伸入支座的钢筋根数)	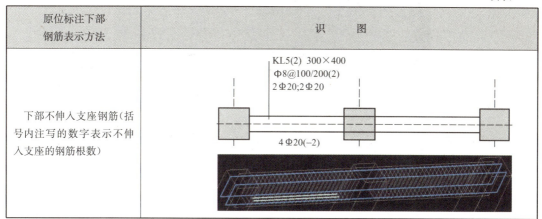

3. 附加箍筋或吊筋(《11G101-1》第30页)

主、次梁交叉位置,次梁支撑在主梁上,因此,应在主梁上配置附加箍筋或附加吊筋,平法标注是直接在平面图相应位置的主梁上,引注总配筋值。

(1)附加箍筋

附加箍筋的平法标注,见图6-1-13,表示每边各加3根,共6根附加箍筋,2肢箍。附加箍筋的间距,以及与主梁本身的箍筋的关系,详见本章第二节钢筋构造。

一般地,在主次梁相交,要么采用附加箍筋构造,要么采用附加吊筋构造,一般不会既有附加箍筋又有附加吊筋。

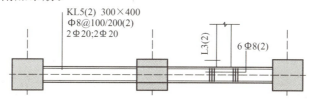

图 6-1-13 附加箍筋平法标注

(2)附加吊筋

附加吊筋的平法标注,见图6-1-14,表示2根直径14的吊筋。

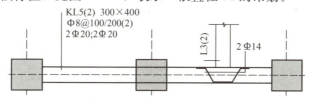

图 6-1-14 附加吊筋平法标注

附加吊筋施工效果图,见图6-1-15。

(3)悬挑端配筋信息

悬挑端若与梁集中标注的配筋信息不同,则在原位进行标注,见图6-1-16。

4. 原位标注修正内容(《11G101-1》第29页)

当梁上集中标注的内容不适用于某跨或某外伸部位时,将其修正内容原位标注在该跨

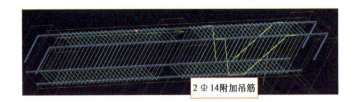

图 6-1-15　附加吊筋施工效果图

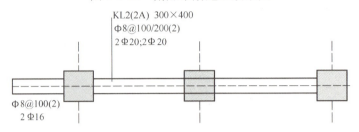

图 6-1-16　悬挑端配筋信息

或该外伸部位。如图 6-1-17 所示，KL1 集中标注的上部通长筋为 2Φ20，第 3 跨上部跨中原位修正为 3Φ20，表示第 3 跨上部有 3 根贯通本跨。

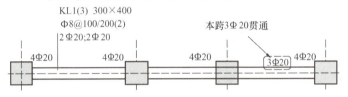

图 6-1-17　原位标注修正内容

思　考　与　练　习

1. 填写表 6-1-13 中构件代号的构件名称。

练　习　1　　　　　　表 6-1-13

构件代号	构件名称	构件代号	构件名称
KL		KZL	
WKL		JZL	
L		XL	

2. 描述图 6-1-18 中箍筋标注的含义。

3. 描述图 6-1-19 中箍筋标注的含义。

4. 描述图 6-1-20 所示钢筋的含义。

5. 描述图 6-1-21 所示钢筋的含义。

6. 描述图 6-1-22 所示钢筋的含义。

7. 绘制图 6-1-23 中 2、3 支座的支座负筋的钢筋示意图。

8. 描述图 6-1-24 中第 1 跨跨中标注的"4Φ20"的含义。

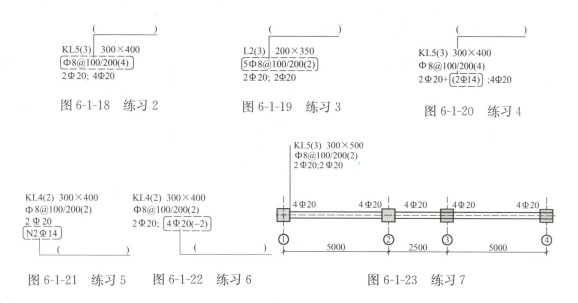

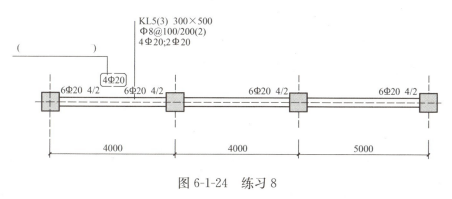

图 6-1-24 练习 8

第二节 梁构件钢筋构造

上一节讲解了梁构件的平法识图,就是如何阅读梁构件平法施工图。本节讲解梁构件的钢筋构造,是指梁构件的各种钢筋在实际工程中可能出现的各种构造情况,位于《11G101-1》第 79~91 页。

(1)本节以楼层框架梁 KL 为主进行展开讲解,其余梁 WKL、KZL、XL、JZL、L 主要讲解重点需要注意的;

(2)本节主要讲解抗震构件,比如抗震楼层框架梁、抗震屋面框架梁。

一、梁构件的钢筋种类

1. 梁构件钢筋骨架

梁构件的钢筋骨架,见图 6-2-1。
梁构件的钢筋骨架中具体钢筋种类,见表 6-2-1。

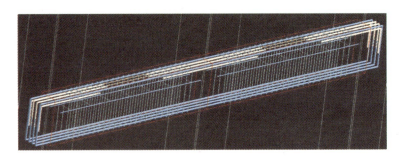

图 6-2-1 梁构件钢筋骨架

梁构件主要钢筋种类　　　　　　　　　　　　　　表 6-2-1

梁构件种类	梁构件钢筋种类		
楼层框架梁 KL 屋面框架梁 WKL 非框架梁 L 框支梁 KZL 井字梁 JZL 悬挑梁 XL	纵向钢筋	上	上部通长筋
		中	侧部构造或受扭钢筋
		下	下部通长/非通长筋
		左	左端支座钢筋(支座负筋)
		中	跨中钢筋(架立筋)
		右	右端支座钢筋
	箍筋		
	附加钢筋	附加箍筋、吊筋等	

2.《11G101-1》梁构件钢筋构造知识体系

《11G101-1》第 79～91 页讲述的是梁构件的钢筋构造,本书按构件组成、钢筋组成的思路,将梁构件的钢筋总结为表 6-2-2 所示的内容,整理出钢筋种类后,再一种钢筋一种钢筋整理其各种构造情况,这也是本书一直强调的精髓,就是 G101 平法图集的学习方法——系统梳理。

梁构件钢筋构造知识体系　　　　　　　　　　　　表 6-2-2

《11G101-1》梁构件钢筋构造知识体系		
构件及钢筋		《11G101-1》页码
楼层框架梁 KL	抗震楼层框架梁纵筋一般构造	第 79 页
	非抗震楼层框架梁纵筋一般构造	第 81 页
	不伸入支座的下部钢筋构造	第 87 页
	中间支座变截面钢筋构造	第 84 页
	一级抗震时箍筋构造	第 85 页
	二～四级抗震时箍筋构造	第 85 页
	非抗震时箍筋构造	第 85 页
	侧部钢筋、附加吊筋或箍筋	第 87 页
屋面框架梁 WKL	抗震屋面框架梁纵筋一般构造	第 80、59 页
	非抗震屋面框架梁纵筋一般构造	第 82、64 页
	不伸入支座的下部钢筋构造	第 87 页
	中间支座变截面钢筋构造	第 84 页
	一级抗震时箍筋构造	第 85 页
	二～四级抗震时箍筋构造	第 85 页
	非抗震时箍筋构造	第 85 页
	侧部钢筋、附加吊筋或箍筋	第 87 页

续表

《11G101-1》梁构件钢筋构造知识体系	
构件及钢筋		《11G101-1》页码
非框架梁 L	纵筋、箍筋	第86、88页
井字梁 JZL	纵筋、箍筋	第91页
框支梁 KZL	纵筋、箍筋	第90页
纯悬挑梁 XL	纵筋、箍筋	第89页

二、抗震楼层框架梁钢筋构造

(一)抗震楼层框架梁钢筋骨架

抗震楼层框架梁钢筋骨架,见表6-2-3。

抗震楼层框架梁钢筋骨架　　　　表6-2-3

抗震楼层框架梁钢筋骨架			
纵筋	上部通长筋(或还有架立筋)		
	侧部钢筋	侧部构造钢筋	
		侧部受扭钢筋	
	下部钢筋	通长钢筋	
		非通长钢筋	
	支座负筋		
箍筋			
附加吊筋或箍筋			

(二)上部通长筋钢筋构造

1. 上部通长筋钢筋构造总述,见表6-2-4。

上部通长筋钢筋构造总述　　　　表6-2-4

抗震楼层框架梁上部通长筋的锚固与连接			《11G101-1》页码
上部通长筋锚固	端支座	直锚	第79页
		弯锚	第79页
	中间支座变截面	斜弯通过	第84页
		断开锚固	第84页
	悬挑端		第89页
上部通长筋连接	直径相同		第79页
	直径不相同		

2. 端支座锚固(《11G101-1》第79页)

上部通长筋端支座锚固,钢筋构造见表6-2-5。

上部通长筋端支座锚固构造　　　　表 6-2-5

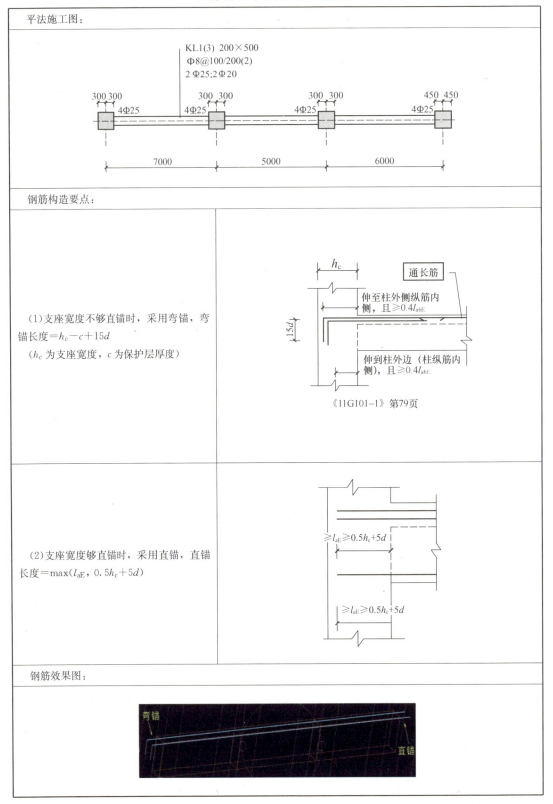

平法施工图：

钢筋构造要点：

(1) 支座宽度不够直锚时，采用弯锚，弯锚长度 $=h_c-c+15d$
（h_c 为支座宽度，c 为保护层厚度）

《11G101-1》第79页

(2) 支座宽度够直锚时，采用直锚，直锚长度 $=\max(l_{aE}, 0.5h_c+5d)$

钢筋效果图：

3. 中间支座变截面($c/h_c \geqslant 1/6$)（《11G101-1》第 84 页、《06G901-1》第 2-16 页）

抗震框架梁中间支座变截面($c/h_c \geqslant 1/6$)，上部通长筋构造见表 6-2-6。

上部通长筋中间支座变截面构造($c/h_c \geqslant 1/6$)　　表 6-2-6

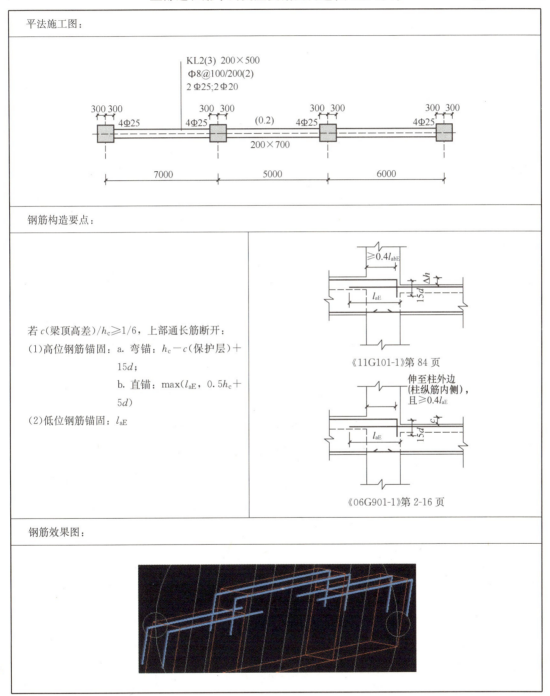

4. 中间支座变截面($c/h_c < 1/6$)（《11G101-1》第 84 页）

抗震框架梁中间支座变截面($c/h_c < 1/6$)，上部通长筋构造见表 6-2-7。

上部通长筋中间支座变截面构造（$c/h_c < 1/6$）　　　表 6-2-7

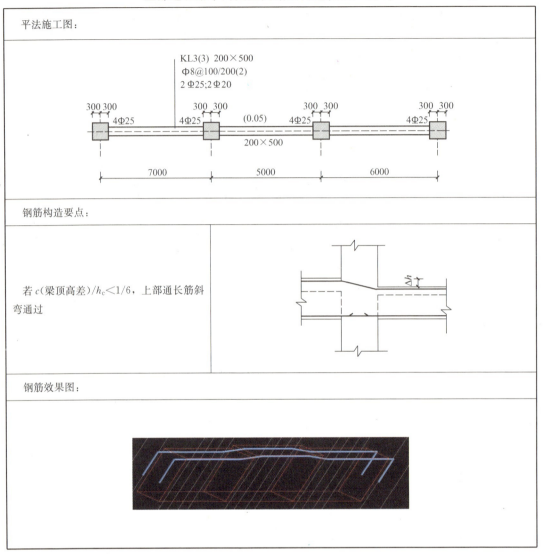

5. 中间支座变截面（梁宽度不同）（《11G101-1》第 84 页）

抗震框架梁中间支座变截面（梁宽度不同），上部通长筋构造见表 6-2-8。

上部通长筋中间支座变截面构造（梁宽度不同）　　　表 6-2-8

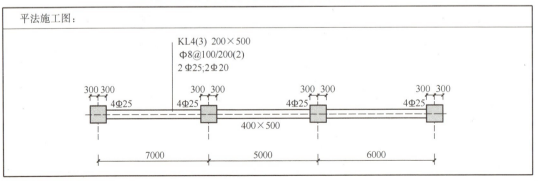

续表

钢筋构造要点：	
宽出的钢筋锚固： (1)直锚：$\max(l_{aE}, 0.5h_c+5d)$ (2)弯锚：$h_c-c+15d$	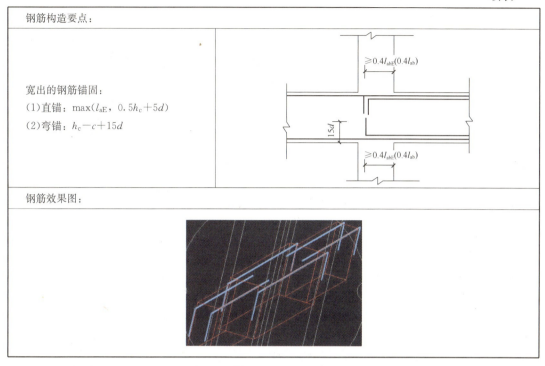
钢筋效果图：	

6. 悬挑端（$l < 4h_b$）（《11G101-1》第89页）

上部通长筋，悬挑端构造见表6-2-9。

上部通长筋悬挑端构造　　　　　表6-2-9

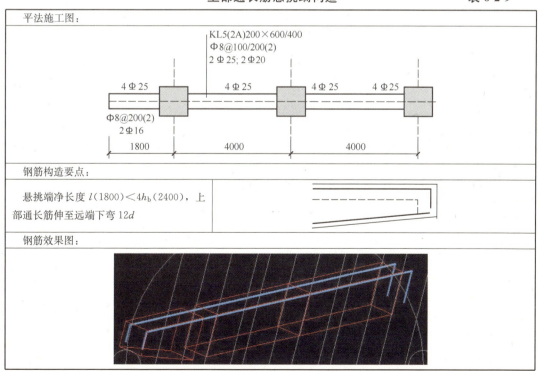

平法施工图：
钢筋构造要点：
悬挑端净长度 $l(1800) < 4h_b(2400)$，上部通长筋伸至远端下弯 $12d$
钢筋效果图：

7. 悬挑端（$l \geqslant 4h_b$）（《11G101-1》第 89 页）

上部通长筋，悬挑端构造见表 6-2-10。

上部通长筋悬挑端构造 表 6-2-10

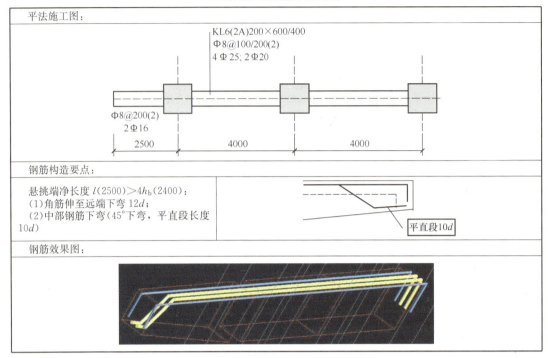

8. 上部通长筋连接（由不同直径的钢筋连接组成）（《11G101-1》第 79 页）

（1）上部通长筋的连接情况

上部通长筋的连接分两种情况，一是直径相同，二是直径不相同，见表 6-2-11。

上部通长筋连接情况 表 6-2-11

上部通长筋连接情况	
直径相同	跨中 1/3 的范围连接 （注意：本书纵向钢筋的连接不考虑钢筋的连接位置，只按定尺长度计算接头个数）
直径不相同	通长筋与支座负筋搭接 l_{lE}

（2）上部通长筋由不同直径的钢筋组成，连接构造见表 6-2-12。

上部通长筋连接构造 表 6-2-12

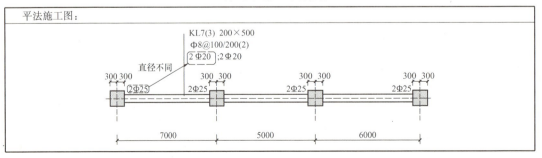

续表

钢筋构造要点：
上部通长筋与支座负筋搭接，搭接长度 l_{lE} 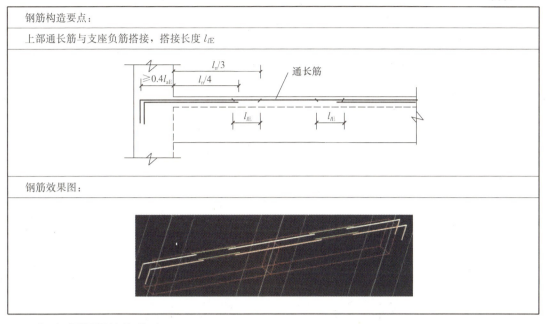
钢筋效果图：

(三) 侧部钢筋构造

1. 侧部钢筋构造总述

见表 6-2-13。

侧部钢筋构造总述　　　　　　　　　　　表 6-2-13

侧部钢筋锚固与搭接		《11G101-1》页码
侧部构造钢筋	锚固 15d	《11G101-1》第 87 页
	搭接 15d	
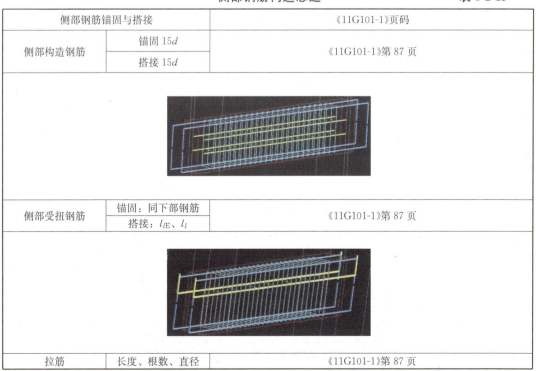		
侧部受扭钢筋	锚固：同下部钢筋	《11G101-1》第 87 页
	搭接：l_{lE}、l_l	
拉筋	长度、根数、直径	《11G101-1》第 87 页

2. 侧部构造钢筋锚固(《11G101-1》第 87 页)

侧部构造钢筋锚固，见表 6-2-14。

侧部构造钢筋锚固构造　　　　　表 6-2-14

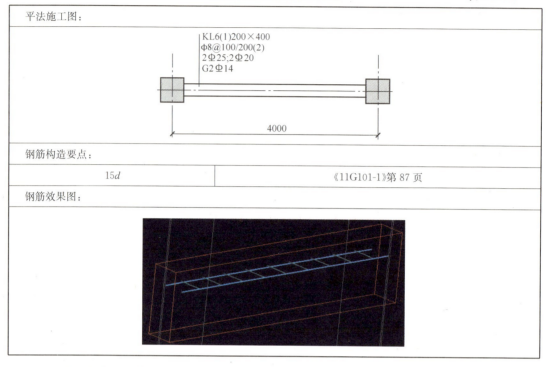

钢筋构造要点:		
	15d	《11G101-1》第 87 页

3. 侧部构造钢筋搭接(《11G101-1》第 87 页)

侧部构造钢筋搭接，见表 6-2-15。

侧部构造钢筋搭接构造　　　　　表 6-2-15

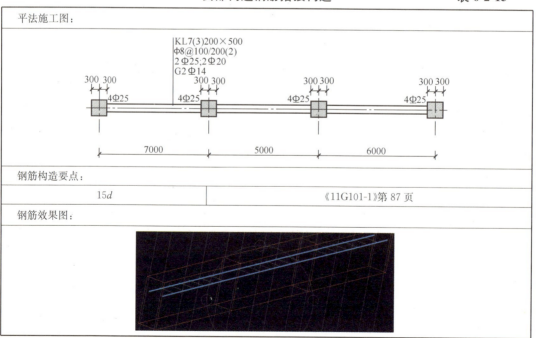

钢筋构造要点:		
	15d	《11G101-1》第 87 页

4. 侧部钢筋的拉筋构造（《11G101-1》第 87、56 页）

侧部钢筋的拉筋构造，见表 6-2-16。

侧部钢筋的拉筋构造　　　　　表 6-2-16

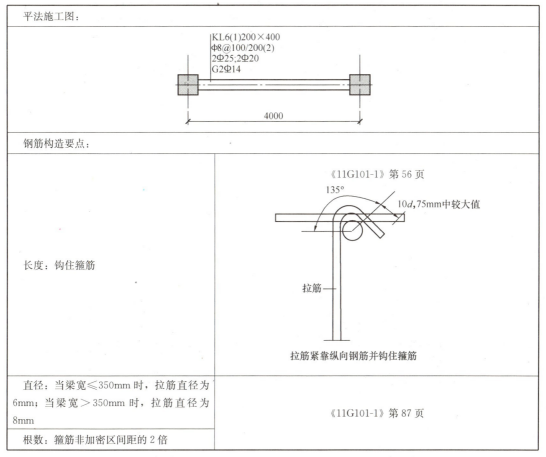

注：侧部受扭钢筋的锚固同下部钢筋，此处不单独讲解。

（四）抗震楼层框架梁下部钢筋构造

1. 下部钢筋锚固连接构造总述

（1）通长与非通长下部钢筋

下部钢筋有"通长筋"和"非通长筋"两种情况，见表 6-2-17。

通长与非通长下部钢筋　　　　　表 6-2-17

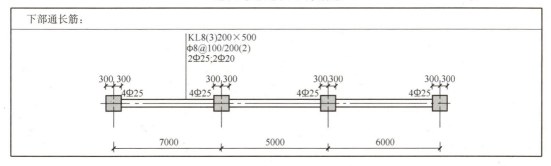

续表

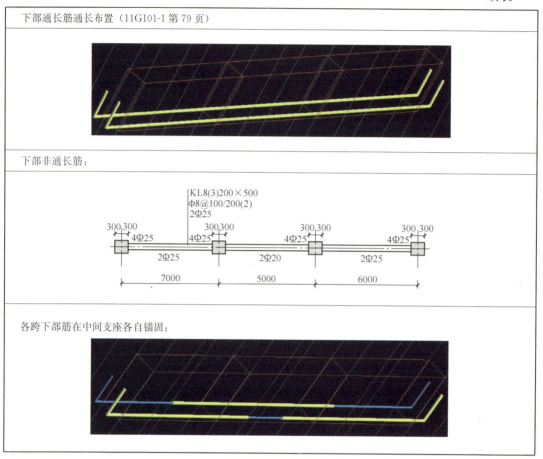

(2) 下部钢筋的锚固连接情况

抗震楼层框架梁下部钢筋锚固连接情况，见表 6-2-18。

注：与上部通长筋相同的构造，此处不再重复讲解，此处只讲解与上部通长筋不同的构造：中间支座锚固、悬挑端。

下部钢筋锚固连接构造　　　　　　表 6-2-18

抗震楼层框架梁下部筋的锚固与连接			《11G101-1》页码
锚固	端支座	直　锚	第 79 页（同上部通长筋）
		弯　锚	第 79 页（同上部通长筋）
	中间支座变截面	斜弯通过	第 84 页（同上部通长筋）
		断开锚固	第 84 页（同上部通长筋）
	中间支座锚固		第 79 页
	下部不伸入支座钢筋		第 87 页
	悬挑端		第 89 页
连接	本书不考虑钢筋的连接位置，只按定尺长度计算接头个数		第 79 页

2. 中间支座锚固（《11G101-1》第79页）

抗震楼层框架梁下部钢筋中间支座锚固构造，见表6-2-19。

抗震楼层框架梁下部钢筋中间支座锚固构造　　表6-2-19

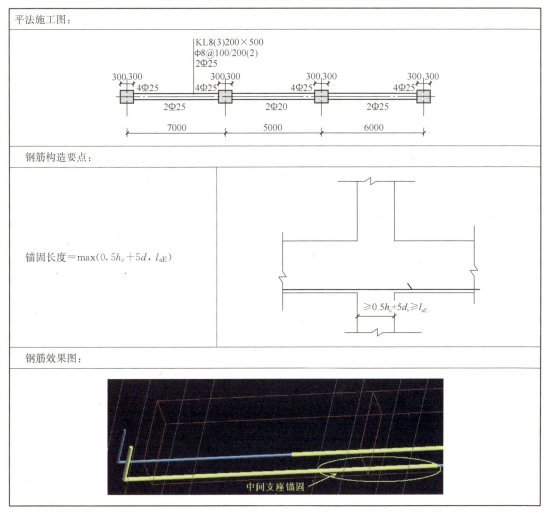

3. 下部不伸入支座钢筋（《11G101-1》第87页）

抗震楼层框架梁下部不伸入支座钢筋构造，见表6-2-20。

抗震楼层框架梁下部不伸入支座钢筋构造　　表6-2-20

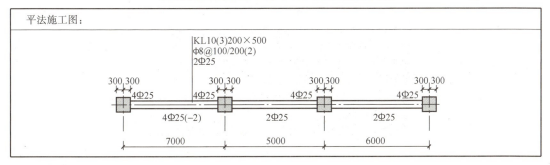

续表

钢筋构造要点:	
下部不伸入支座钢筋，端部距支座边 $0.1l_n$（l_n 指本跨的净跨长度）	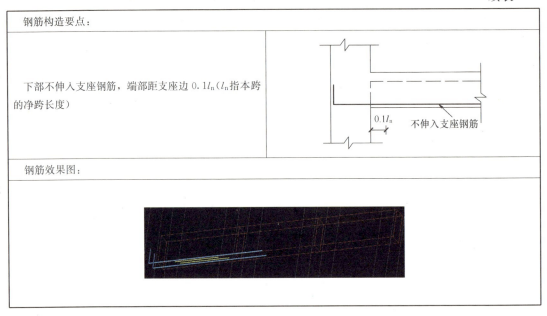
钢筋效果图:	

4. 悬挑端下部钢筋（《11G101-1》第 89 页）

悬挑端下部钢筋构造，见表 6-2-21。

悬挑端下部钢筋构造　　　　表 6-2-21

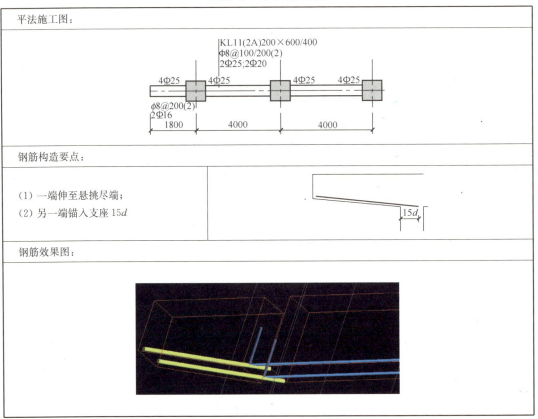

平法施工图:	
钢筋构造要点:	
(1) 一端伸至悬挑尽端； (2) 另一端锚入支座 15d	
钢筋效果图:	

（五）抗震楼层框架梁支座负筋构造

1. 支座负筋构造总述

支座负筋构造总述，见表6-2-22。

支座负筋构造总述　　　　　　　表6-2-22

抗震楼层框架梁支座负筋		《11G101-1》页码
支座负筋	一般情况	第79页
	三排支座负筋	
	支座两边配筋不同	第84页
	上排无支座负筋	
	贯通小跨	第28页
	设计注写了支座负筋的延伸长度	第31页

2. 支座负筋（一般情况）（《11G101-1》第79页）

支座负筋（一般情况），见表6-2-23。

支座负筋（一般情况）　　　　　　　表6-2-23

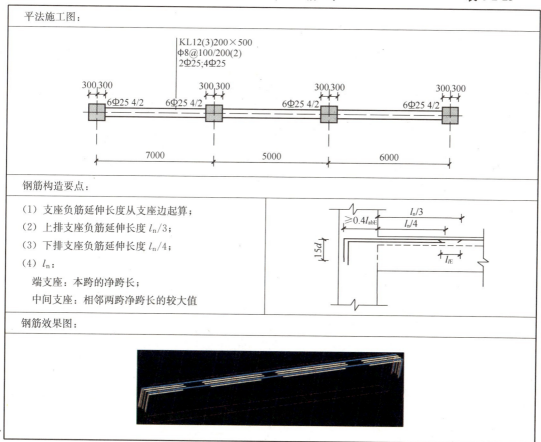

平法施工图：
（图示：KL12(3)200×500，Φ8@100/200(2)，2Φ25;4Φ25，各支座6Φ25 4/2，跨度7000、5000、6000）
钢筋构造要点：
(1) 支座负筋延伸长度从支座边起算；
(2) 上排支座负筋延伸长度 $l_n/3$；
(3) 下排支座负筋延伸长度 $l_n/4$；
(4) l_n：
端支座：本跨的净跨长；
中间支座：相邻两跨净跨长的较大值
钢筋效果图：

3. 三排支座负筋

三排支座负筋，见表6-2-24。

三 排 支 座 负 筋　　　　表 6-2-24

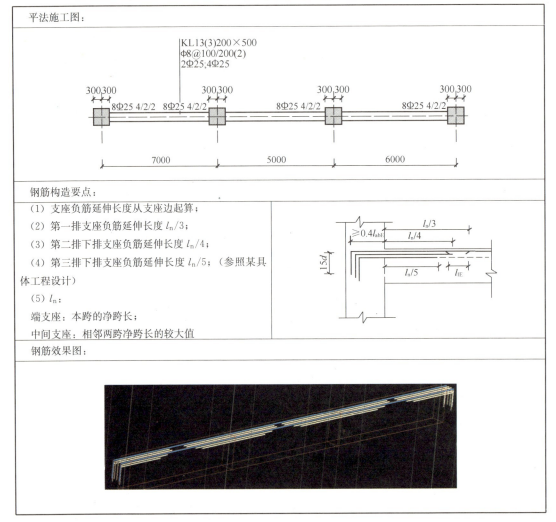

钢筋构造要点：
(1) 支座负筋延伸长度从支座边起算；
(2) 第一排支座负筋延伸长度 $l_n/3$；
(3) 第二排下支座负筋延伸长度 $l_n/4$；
(4) 第三排下支座负筋延伸长度 $l_n/5$；（参照某具体工程设计）
(5) l_n：
端支座：本跨的净跨长；
中间支座：相邻两跨净跨长的较大值

4. 支座两边配筋不同（《11G101-1》第 84 页）

支座两边配筋不同，见表 6-2-25。

支座两边配筋不同　　　　表 6-2-25

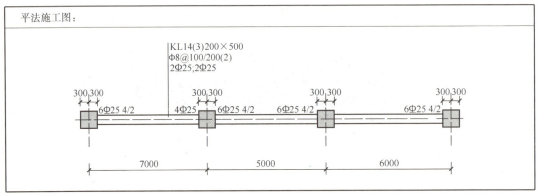

续表

钢筋构造要点：	
多出的支座负筋在中间支座锚固，锚固长度同上部通长筋端支座锚固（弯锚 $h_c-c+15d$、直锚 $\max[l_{aE}, 0.5h_c+5d]$）。	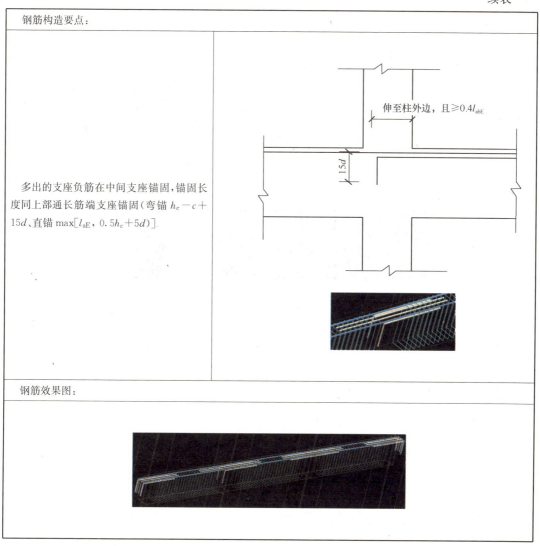
钢筋效果图：	

5. 上排无支座负筋

上排无支座负筋，见表 6-2-26。

上排无支座负筋　　　　表 6-2-26

平法施工图：

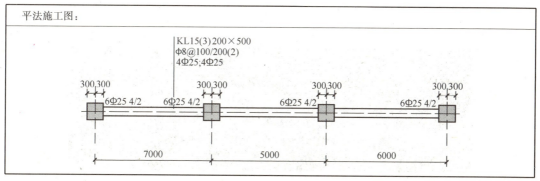

钢筋构造要点:	
当上排全部是通长筋时,第二排支座负筋的延伸长度取 $l_n/3$,依此类推(参照某具体工程设计)	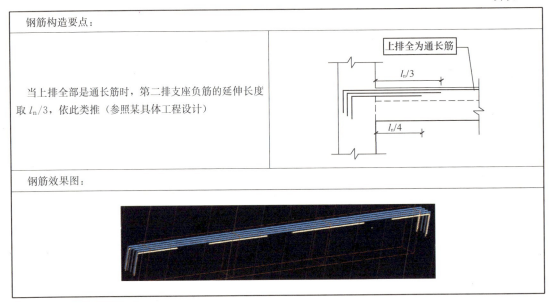
钢筋效果图:	

6. 贯通小跨

支座负筋贯通小跨,见表 6-2-27。

支座负筋贯通小跨　　　　表 6-2-27

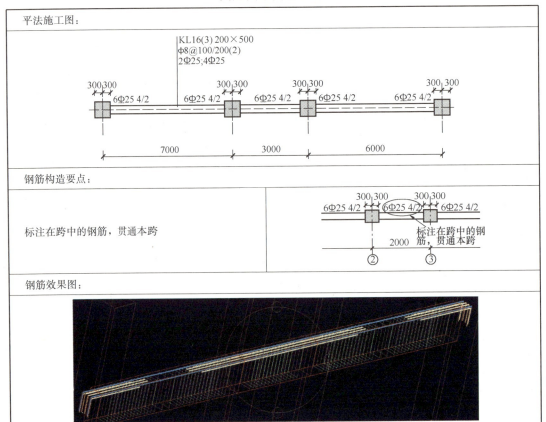

(六)架立筋钢筋构造(《11G101-1》第81页)

架立筋钢筋构造,见表6-2-28。

架立筋钢筋构造　　　　　　　　　　　　表6-2-28

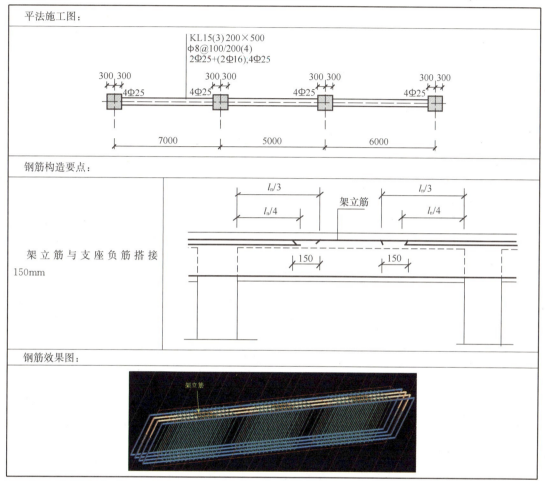

(七)箍筋(《11G101-1》第85页)

抗震楼层框架梁箍筋构造,见表6-2-29。

抗震楼层框架梁箍筋构造　　　　　　　　　　表6-2-29

箍筋长度:
$= [(b-2\times c-d)+(h-2\times c-d)]\times 2+2\times 1.9d$

注:本书中双肢箍长度计算,按箍筋中心线长度计算,本书第四章条形基础中对箍筋长度计算已有详细讲解

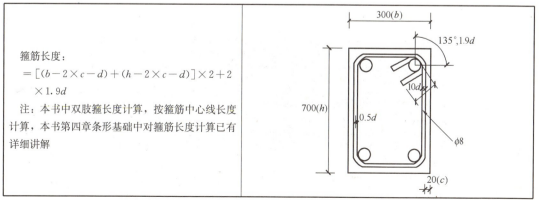

箍筋根数： (1) 起步距离 50mm； (2) 箍筋加密区长度： 一级抗震箍筋加密区长度≥$2h_b$≥500mm； 二～四级抗震箍筋加密区长度≥$1.5h_b$≥500mm	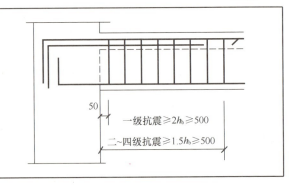

（八）附加吊筋（《11G101-1》第87页）

附加吊筋构造，见表 6-2-30。

附加吊筋构造　　　　表 6-2-30

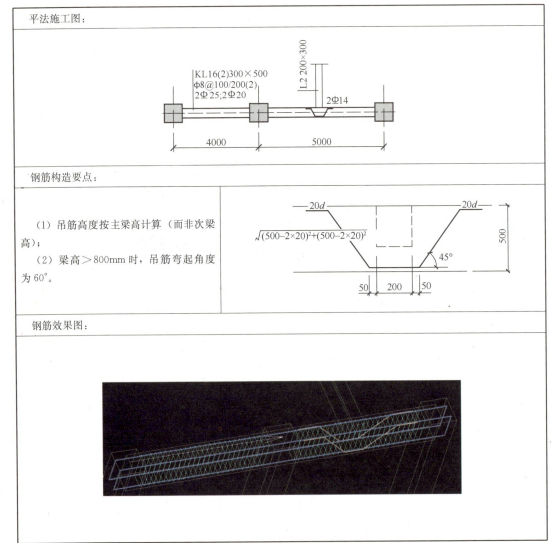

（九）附加箍筋（《11G101-1》第87页）

附加箍筋构造，见表6-2-31。

附　加　箍　筋　构　造　　　　　表 6-2-31

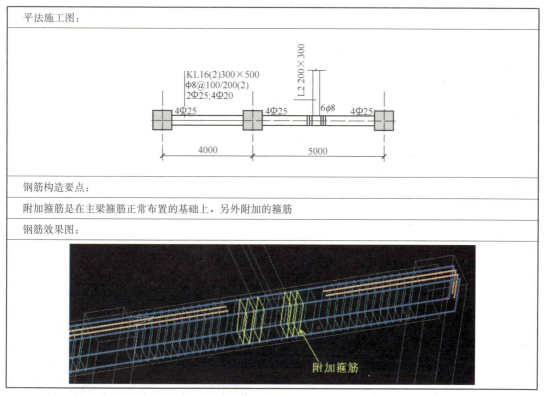

前面讲解了抗震楼层框架梁 KL 的钢筋构造，以下讲解其他梁构件的钢筋构造，不再一种钢筋一种钢筋进行讲解，而是以抗震楼层框架 KL 为基础，讲解与之不同的重点需要注意的构造要点。

三、抗震屋面框架梁 WKL 钢筋构造

1. 抗震楼层框架梁与抗震屋面框架梁区别

抗震 KL 与抗震 WKL 钢筋构造的主要区别，见表6-2-32。

抗震 KL 与抗震 WKL 的区别　　　　　表 6-2-32

抗震 KL 与抗震 WKL 的区别	《11G101-1》页码
（1）上部与下部纵筋锚固方式不同	第79、80页
（2）上部与下部纵筋具体锚固长度不同	
（3）中间支座梁顶有高差时锚固不同	第84页

2. 抗震屋面框架梁上部纵筋端支座钢筋锚固构造

抗震屋面框架梁上部纵筋端支座钢筋锚固构造，有两种构造做法，见表6-2-33。

抗震 WKL 上部纵筋端支座钢筋锚固构造　　　表 6-2-33

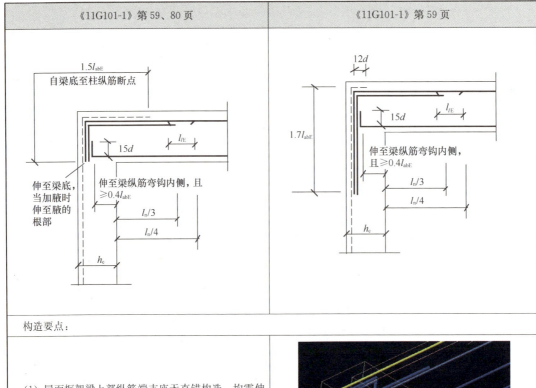

构造要点：

(1) 屋面框架梁上部纵筋端支座无直锚构造，均需伸到柱对边下弯；
(2) 屋面框架梁上部纵筋伸至柱对边下弯，有两种构造，一是下弯至梁位置，二是下弯 $1.7l_{abE}$；
(3) 上述两种构造，根据实际情况进行选用，需要注意的是，无论选择哪种构造，相应的框架柱 KZ 柱顶构造就要与之配套，右图所示的构造就是错误的

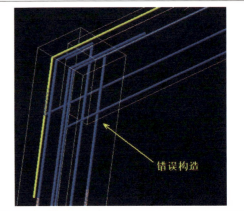

错误构造

3. 抗震屋面框架梁下部纵筋端支座钢筋锚固构造

抗震屋面框架梁下部纵筋端支座构造，见表 6-2-34。

抗震 WKL 下部纵筋端支座构造　　　表 6-2-34

平法施工图：

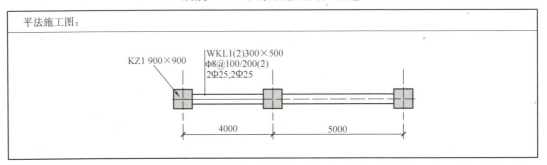

续表

钢筋构造要点：	
屋面框架梁下部纵筋端支座锚固： (1) 直锚：max（$0.5h_c+5d$, l_{abE}） (2) 弯锚：$h_c-c+15d$	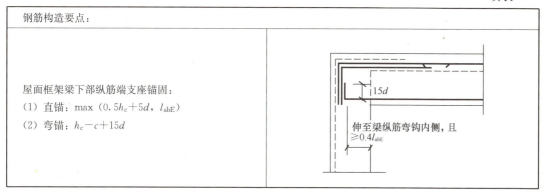

4. 中间支座变截面（《11G101-1》第 84 页）

抗震 WKL 中间支座变截面，见表 6-2-35。

抗震 WKL 中间支座变截面钢筋构造　　表 6-2-35

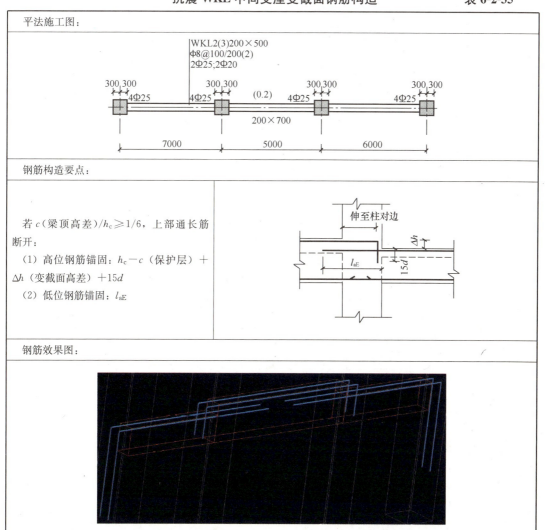

四、非框架梁 L 及井字梁 JZL 钢筋构造

1. 非框架梁 L 及井字梁 JZL 钢筋骨架

抗震楼层框架梁钢筋骨架,见表 6-2-36。

非框架梁 L 及井字梁 JZL 钢筋骨架　　　　表 6-2-36

非框架梁 L 及井字梁 JZL 钢筋骨架	
上部钢筋	上部通长筋
	支座负筋
	架立筋
下部钢筋	通长钢筋
	非通长钢筋
箍筋	

2. 上部钢筋端支座、中间支座变截面断开锚固构造

上部钢筋端支座、中间支座变截面断开锚固构造,见表 6-2-37。

上部钢筋端支座、中间支座变截面锚固构造　　　　表 6-2-37

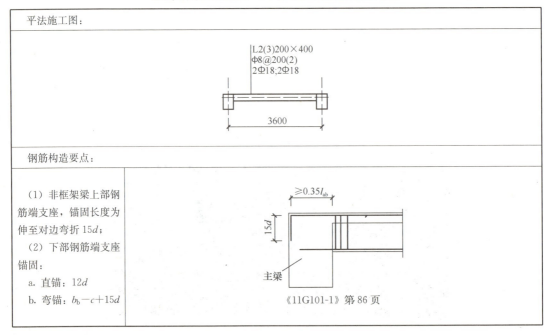

平法施工图:

L2(3)200×400
Φ8@200(2)
2Φ18;2Φ18

3600

钢筋构造要点:

(1) 非框架梁上部钢筋端支座,锚固长度为伸至对边弯折 $15d$;

(2) 下部钢筋端支座锚固:
 a. 直锚:$12d$
 b. 弯锚:$b_b - c + 15d$

≥0.35l_{ab}

$15d$

主梁

《11G101-1》第 86 页

续表

（3）中间支座变截面（梁顶有高差），高位钢筋锚固长度：伸至支座对边弯折 $l_a + \Delta h$（高差）； （4）中间支座变截面（梁顶有高差），低位钢筋锚固长度：l_a	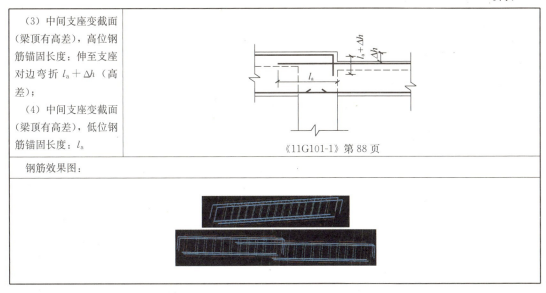 《11G101-1》第 88 页
钢筋效果图：	

3. 支座负筋、架立筋、下部钢筋、箍筋

支座负筋、架立筋、下部钢筋、箍筋构造，见表 6-2-38。

支座负筋、架立筋、下部钢筋、箍筋构造　　　　表 6-2-38

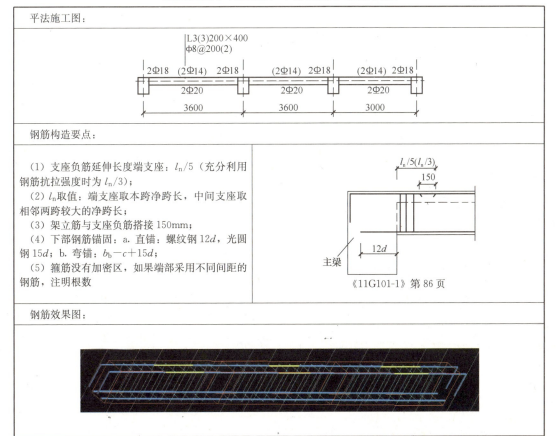

钢筋构造要点：	
（1）支座负筋延伸长度端支座：$l_n/5$（充分利用钢筋抗拉强度时为 $l_n/3$）； （2）l_n 取值：端支座取本跨净跨长，中间支座取相邻两跨较大的净跨长； （3）架立筋与支座负筋搭接 150mm； （4）下部钢筋锚固：a. 直锚：螺纹钢 $12d$，光圆钢 $15d$；b. 弯锚：$b_b - c + 15d$； （5）箍筋没有加密区，如果端部采用不同间距的钢筋，注明根数	《11G101-1》第 86 页

思 考 与 练 习

1. 在表 6-2-39 中为正确的计算公式画对勾。

练 习 1　　　　　　　　　　表 6-2-39

KL 上部通长筋端支座弯锚长度	为正确的计算公式画对勾
$h_c - c + 15d$	
$0.4 l_{aE} + 15d$	
$\max(l_{aE}, h_c - c + 15d)$	
$\max(l_{aE}, 0.4 l_{aE} + 15d)$	

2. 列出图 6-2-2 中上部通长筋的长度计算公式_____。

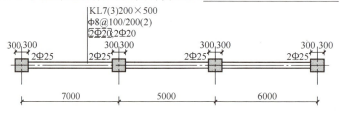

图 6-2-2　练习 2

3. 列出图 6-2-3 中各跨下部钢筋的长度计算公式。

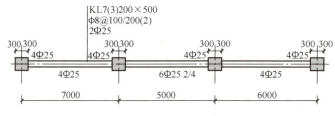

图 6-2-3　练习 3

4. 列出图 6-2-4 中第 1 跨左端支座负筋的长度计算公式。

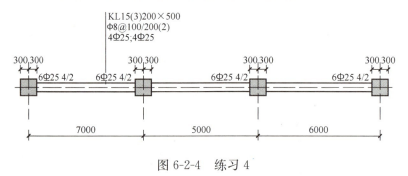

图 6-2-4　练习 4

第三节　梁构件钢筋实例计算

上一节讲解了梁构件的平法钢筋构造，本节就这些钢筋构造情况举实例计算。

本小节所有构件的计算条件，见表6-3-1。

钢筋计算条件　　　　　　　　　表6-3-1

计算条件	值
混凝土强度	C30
抗震等级	一级抗震
纵筋连接方式	对焊（除特殊规定外，本书的纵筋钢筋接头只按定尺长度计算接头个数，不考虑钢筋的实际连接位置）
钢筋定尺长度	9000mm
h_c	柱宽
h_b	梁高

一、KL 钢筋计算实例

1. 平法施工图

KL1 平法施工图，见图 6-3-1。

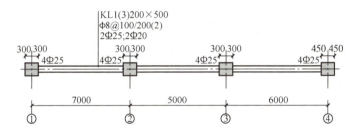

图 6-3-1　KL1 平法施工图

2. 钢筋计算

(1) 计算参数

钢筋计算参数，见表 6-3-2。

KL1 钢筋计算参数　　　　　　　　　表6-3-2

参　　数	值	出　　处
柱保护层厚度 c	20mm	《11G101-1》第54页
梁保护层	20mm	《11G101-1》第54页
l_{aE}	$34d$	参见本书附录表
双肢箍长度计算公式	$(b-2c-d) \times 2 + (h-2c-d) \times 2 + (1.9d+10d) \times 2$	
箍筋起步距离	50mm	《11G101-1》第85页

(2) 钢筋计算过程

见表 6-3-3。

KL1 钢筋计算过程　　　　　　　　　表 6-3-3

钢　筋	计　算　过　程	说　明
上部通长筋 2Φ25	判断两端支座锚固方式： 左端支座 $600 < l_{aE}$，因此左端支座内弯锚 右端支座 $900 > l_{aE}$，因此右端支座内直锚 上部通长筋长度： $= 7000+5000+6000-300-450+(600-20+15d)+\max(34d, 450+5d)$ $= 7000+5000+6000-300-450+(600-20+15×25)+\max(34×25, 450+5×25)$ $= 19055\text{mm}$ 接头个数 $=19055/9000-1=2$ 个	本书只计算接头个数，不考虑实际连接位置，小数值均向上进位
支座1负筋 2Φ25	左端支座锚固同上部通长筋； 跨内延伸长度 $l_n/3$ 支座负筋长度： $=600-20+15d+(7000-600)/3$ $=600-20+15×25+(7000-600)/3$ $=3089\text{mm}$	l_n：端支座为该跨净跨值，中间支座为支座两边较大的净跨值
支座2负筋 2Φ25	计算公式=两端延伸长度+h_c 长度 $=2×(7000-600)/3+600$ $=4867\text{mm}$	
支座3负筋 2Φ25	计算公式=两端延伸长度+h_c 长度 $=2×(6000-750)/3+600$ $=4100\text{mm}$	
支座4负筋 2Φ25	右端支座锚固同上部通长筋； 跨内延伸长度 $l_n/3$ 支座负筋长度： $=\max(34×25, 300+5×25)$ 　$+(6000-750)/3$ $=2600\text{mm}$	

续表

钢 筋	计 算 过 程	说 明
下部通长筋 2Φ20	判断两端支座锚固方式： 左端支座 $600<l_{aE}$，因此左端支座内弯锚；右端支座 $900>l_{aE}$，因此右端支座内直锚 下部通长筋长度： $=7000+5000+6000-300-450+(600-20+15d)+\max(34d, 450+5d)$ $=7000+5000+6000-300-450+(600-20+15\times20)+\max(34\times20, 450+5\times20)$ $=18810\text{mm}$ 接头个数$=18810/9000-1=2$ 个	
箍筋长度	双肢箍长度计算公式 $=(b-2c-d)\times2+(h-2c-d)\times2$ $+(1.9d+10d)\times2$ 箍筋长度 $=(200-2\times20-8)\times2+(500-2\times20-8)\times2+2\times11.9\times8$ $=1398\text{mm}$	
每跨箍筋根数	箍筋加密区长度$=2\times500=1000\text{mm}$	一级抗震箍筋加密区为 2 倍梁高
	第一跨$=21+21=42$ 根 　加密区根数$=2\times[(1000-50)/100+1]=$ 21 根 　非加密区根数$=(7000-600-2000)/200-1=21$ 根	
	第二跨$=21+11=32$ 根 　加密区根数$=2\times[(1000-50)/100+1]=21$ 根 　非加密区根数$=(5000-600-2000)/200-1=11$ 根	
	第三跨$=21+16=37$ 根 　加密区根数$=2\times[(1000-50)/100+1]=21$ 根 　非加密区根数$=(6000-750-2000)/200-1=16$ 根	
	总根数$=42+32+37=111$ 根	

续表

钢 筋	计 算 过 程	说 明
钢筋效果图	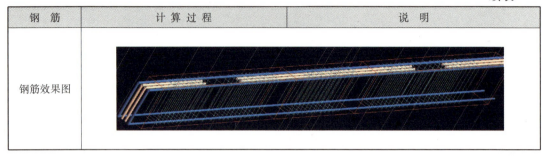	

二、WKL 钢筋计算实例

1. 平法施工图

WKL1 平法施工图，见图 6-3-2。

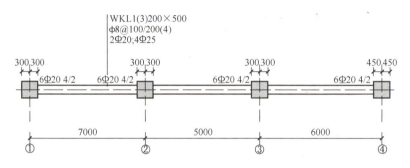

图 6-3-2　WKL1 平法施工图

2. 钢筋计算

（1）计算参数

钢筋计算参数，见表 6-3-4。

WKL1 钢筋计算参数　　　　表 6-3-4

参　　数	值	出　　处
柱保护层厚度 c	20mm	11G101-1 第 54 页
梁保护层	20mm	《11G101-1》第 54 页
l_{aE}/l_{abE}	34d/33d	参见本书附录表
双肢箍长度计算公式	$(b-2c-d)\times2+(h-2c-d)\times2+(1.9d+10d)\times2$	
箍筋起步距离	50mm	《11G101-1》第 85 页
锚固方式	采用"梁包柱"锚固方式	《11G101-1》第 59 页

（2）钢筋计算过程，见表 6-3-5。

WKL1 钢筋计算过程

表 6-3-5

钢　筋	计　算　过　程	说　明
上部通长筋 2Φ20	按梁包柱锚固方式，两端均伸至端部下弯 $1.7l_{abE}$	
	上部通长筋长度： $=7000+5000+6000+300+450-40+2\times1.7l_{abE}$ $=7000+5000+6000+300+450-40+2\times1.7\times33\times20$ $=20954$mm	
	接头个数$=20954/9000-1=2$个	本书只计算接头个数，不考虑实际连接位置，小数值均向上进位
支座1负筋 上排 2Φ20 下排 2Φ20	左端支座锚固同上部通长筋； 跨内延伸长度：上排 $l_n/3$；下排 $l_n/4$	l_n：端支座为该跨净跨值，中间支座为支座两边较大的净跨值
	上排支座负筋长度： $=1.7l_{abE}+(7000-600)/3+600-20$ $=1.7\times33\times20+(7000-600)/3+600-20$ $=3835$mm	
	下排支座负筋长度： $=1.7l_{abE}+(7000-600)/4+600-20$ $=1.7\times33\times20+(7000-600)/4+600-20$ $=3302$mm	
支座2负筋 上排 2Φ20 下排 2Φ20	计算公式=两端延伸长度+h_c	
	上排支座负筋长度 $=2\times(7000-600)/3+600$ $=4867$mm 下排支座负筋长度 $=2\times(7000-600)/4+600$ $=3800$mm	
支座3负筋 上排 2Φ20 下排 2Φ20	计算公式=两端延伸长度+h_c	
	上排支座负筋长度 $=2\times(6000-750)/3+600$ $=4100$mm 下排支座负筋长度 $=2\times(6000-750)/4+600$ $=3225$mm	

续表

钢　筋	计　算　过　程	说　明
支座4负筋 上排 2Φ20 下排 2Φ20	右端支座锚固同上部通长筋； 跨内延伸长度：上排 $l_n/3$；下排 $l_n/4$ 上排支座负筋长度： $=1.7l_{abE}+(6000-750)/3+900-20$ $=1.7\times33\times20+(6000-750)/3+900-20$ $=3752mm$ 下排支座负筋长度： $=1.7l_{abE}+(6000-750)/4+900-20$ $=1.7\times33\times20+(6000-750)/4+900-20$ $=3315mm$	
下部通长筋 4Φ25	左端支座弯锚：伸到对边弯折 $15d$ 上部通长筋长度： $=7000+5000+6000-300-450+(600-20)+15d+\max(34d,450+5\times25)$ $=7000+5000+6000-300-450+(600-20)+15\times25+\max(34\times25,450+5\times25)$ $=19055mm$ 接头个数$=19055/9000-1=2$个	右端支座直锚：$\max(l_{aE},0.5h_0+5d)$
箍筋长度 （4肢箍）	双肢箍长度计算公式 $=(b-2c-d)\times2+(h-2c-d)\times2+(1.9d+10d)\times2$ 外大箍筋长度 $=(200-2\times20-8)\times2+(500-2\times20-8)\times2+2\times11.9\times8$ $=1398mm$ 里小箍筋长度 $=2\times\{[(200-40-16-25)/3+25+8]+(500-50-8)\}+2\times11.9\times8$ $=1240mm$	"$(200-40-16-25)/3+25+8$"为中间小箍筋宽度，箍住中间两根纵筋

续表

钢筋	计算过程	说 明
每跨箍筋根数	箍筋加密区长度＝2×500＝1000mm	一级抗震箍筋加密区为2倍梁高
	第一跨＝21＋21＝42根 加密区根数＝2×[(1000－50)/100＋1]＝21根 非加密区根数＝(7000－600－2000)/200－1＝21根	
	第二跨＝21＋11＝32根 加密区根数＝2×[(1000－50)/100＋1]＝21根 非加密区根数＝(5000－600－2000)/200－1＝11根	
	第三跨＝21＋16＝37根 加密区根数＝2×[(1000－50)/100＋1]＝21根 非加密区根数＝(6000－750－2000)/200－1＝16根	
	总根数＝42＋32＋37＝111根	
钢筋效果图		

三、L钢筋计算实例

1. 平法施工图

L1平法施工图，见图6-3-3。

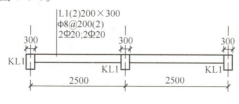

图6-3-3　L1平法施工图

2. 钢筋计算

（1）计算参数

钢筋计算参数，见表6-3-6。

L1 钢筋计算参数　　　　　　　　　　　　　　　表 6-3-6

参　　数	值	出　　处
梁保护层	20mm	《11G101-1》第 54 页
l_a	29d	《11G101-1》第 54 页
双肢箍长度计算公式	$(b-2c-d)\times2+(h-2c-d)\times2+(1.9d+10d)\times2$	
箍筋起步距离	50mm	《11G101-1》第 85 页

（2）钢筋计算过程

见表 6-3-7。

L1 钢筋计算过程　　　　　　　　　　　　　　　表 6-3-7

钢　筋	计 算 过 程	说　明
上部钢筋 2Φ20	两端支座锚固，伸至主梁外边弯折 15d 上部钢筋长度： ＝5000＋300－40＋2×15d ＝5000＋300－40＋2×15×20 ＝5860mm	
下部钢筋 2Φ20	两端支座锚固：12d 上部钢筋长度： ＝5000－300＋2×12d ＝5000－300＋2×12×20 ＝5180mm	
箍筋长度 （2 肢箍）	双肢箍长度计算公式 ＝$(b-2c-d)\times2+(h-2c-d)\times2+(1.9d+10d)\times2$ 箍筋长度 ＝$(200-2\times20-8)\times2+(300-2\times20-8)\times2+2\times11.9\times8$ ＝998mm 第一跨根数： ＝(2500－300－50)/200＋1 ＝12 根 第二跨根数： ＝(2500－300－50)/200＋1 ＝12 根	
钢筋效果图		

思 考 与 练 习

注：以下所有构件均为C30混凝土，一级抗震。

1. 计算图 6-3-4 中 KL2(3) 的钢筋工程量。

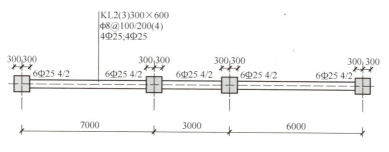

图 6-3-4　练习 1

2. 计算图 6-3-5 中 KL3(3) 的钢筋工程量。

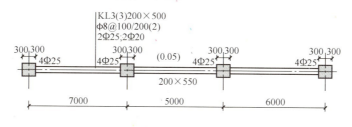

图 6-3-5　练习 2

3. 计算图 6-3-6 中 KL5(3) 的钢筋工程量。

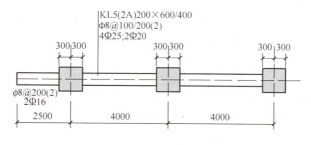

图 6-3-6　练习 3

第七章 柱构件

第一节 柱构件平法识图

一、G101 平法识图学习方法

1. G101 平法识图学习方法

G101 平法图集由"制图规则"和"构造详图"两部分组成,通过学习制图规则来识图,通过学习构造详图来了解钢筋的构造及计算。制图规则的学习,可以总结为以下三方面的内容,见图 7-1-1。一是该构件按平法制图有几种表达方式,二是该构件有哪些数据项,三是这些数据项具体如何标注。

2.《11G101-1》柱构件平法识图知识体系

(1)《11G101-1》柱构件的分类

《11G101-1》柱构件的分类及编号,见表 7-1-1。

图 7-1-1 G101 平法识图学习方法

柱构件分类　　　　　　　　表 7-1-1

柱构件种类	图示	柱构件种类	图示
框架柱 KZ 梁上柱 LZ		墙上柱 QZ	
框支柱 KZZ		芯柱 XZ	

(2)《11G101-1》柱构件平法识图知识体系

《11G101-1》第 8~12 页讲述的是柱构件的制图规则,知识体系如表 7-1-2 所示。

《11G101-1》柱构件平法识图知识体系　　　　　表 7-1-2

柱构件识图知识体系		《11G101-1》页码
平法表达方式	列表注写方式	第 8 页
	截面注写方式	第 10 页
数据项	编号	第 8~10 页
	起止标高	
	截面尺寸	
	配筋	

二、柱构件平法识图

（一）柱构件的平法表达方式

《11G101-1》中，柱构件的平法表达方式分"列表注写方式"和"截面注写方式"两种，在实际工程中，这两种表达方式都有应用，故本书这两种表达方式都进行讲解。

1. 柱构件列表注写方式（《11G101-1》第 8、9 页）

柱构件列表注写方式，是指在柱平面布置图上，分别在同一编号的柱中选择一个标注几何参数代号，在柱列表中注写柱编号、起止标高、几何尺寸、配筋的具体数值，并配以各种柱截面形状及其箍筋类型图。

柱列表注写方式与识图，见图 7-1-2。

如图 7-1-2，阅读列表注写方式表达的柱构件，要从 4 个方面结合和对应起来阅读，注意图 7-1-2 中箭头所指的对应关系，这 4 个方面的具体内容，见表 7-1-3。

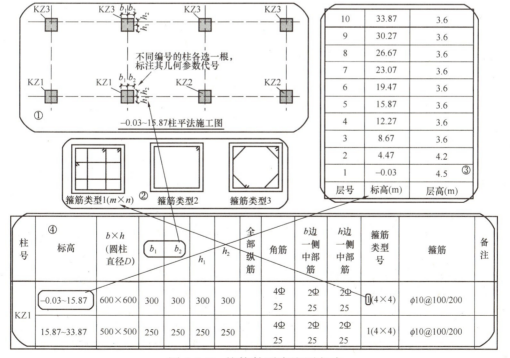

图 7-1-2　柱构件列表注写方式

柱列表注写方式与识图　　　　　　　表 7-1-3

柱构件列表注写方式	内　　容	说　　明
①	柱平面图	柱平面图上注明了本图适用的标高范围，比如图 7-1-2 中就注明了是"−0.03～15.87"的标高范围，根据这个标高范围，结合"层高与标高表"，就知道柱构件在标高上位于哪些楼层
②	层高与标高表	层高与标高表用于和柱平面图、柱列表对照使用
③	箍筋类型图	箍筋类型图列出本工程中要用到的各种箍筋组合方式，具体每个柱构件采用哪种，需要在柱列表中注明
④	柱列表	柱列表用于表达柱构件的各个数据，包括截面尺寸、标高、配筋等等

2. 柱截面注写方式及识图方法（《11G101-1》第 10 页）

柱构件截面注写方式，是在柱平面布置图的柱截面上，分别从同一编号的柱中选择一个截面，以直接注写截面尺寸和配筋具体数值的方式来表达柱平法施工图。

柱截面注写方式表示方法与识图，见图 7-1-3。

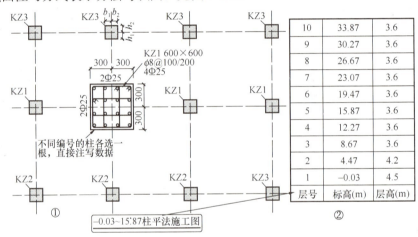

图 7-1-3　柱截面注写方式

如图 7-1-3 所示，柱截面注写方式的识图，从 2 个方面对照阅读，一是柱平面图，二是层高标高表。

3. 柱列表注写方式与截面注写方式的区别

为了便于理解，本书中，将柱列表注写方式与截面注写方式的区别稍作整理，见表 7-1-4，可以看出，截面注写方式不再单独注写箍筋类型图及柱列表，而是用直接在柱平面图上的截面注写，就包括列表注写中箍筋类型图及柱列表的内容。

柱列表注写方式与截面注写方式的区别　　　　　　　表 7-1-4

项　目	列表注写方式	截面注写方式	项　目	列表注写方式	截面注写方式
一	柱平面图	柱平面图＋截面注写	三	箍筋类型图	—
二	层高与标高表	层高与标高表	四	柱列表	

（二）柱列表注写方式识图要点

1. 截面尺寸

矩形截面尺寸用 $b×h$ 表示，$b=b_1+b_2$，$h=h_1+h_2$，圆形柱截面尺寸由"D"打头注写圆形柱直径，并且仍然用 b_1、b_2、h_1、h_2 表示圆形柱与轴线的位置关系，见图 7-1-4。

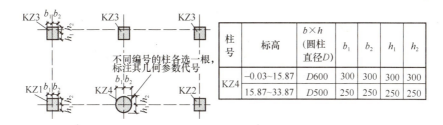

图 7-1-4　柱列表注写方式识图要点（一）

2. 芯柱

（1）首先，如果某柱带有芯柱，则在柱平面图引出注意芯柱编号。

（2）其次，芯柱的起止标高按设计标注。

见图 7-1-5。

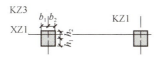

柱号	标高	b×h (圆柱直径D)	b_1	b_2	h_1	h_2	全部纵筋	角筋	b边一侧中部筋	h边一侧中部筋	箍筋
KZ3	−0.03~15.87	600×600	300	300	300	300		4Φ25	2Φ25	2Φ25	
XZ1	−0.03~8.67						8Φ25				φ10@200

图 7-1-5　芯柱识图

（3）芯柱截面尺寸、与轴线的位置关系：

芯柱截面尺寸不用标注，《11G101-1》第 67 页描述了芯的截面尺寸不小于柱相应边截面尺寸的 1/3，且不小于 250mm。

芯柱与轴线的位置与柱对应，不进行标注。

（4）芯柱配筋，由设计者确定。

3. 纵筋

如果角筋和各边中部钢筋直径相同，可在"全部纵筋"一列注写角筋及各边中部钢筋的总数，见表 7-1-5。

柱纵筋标注识图　　　　　　　　　　　　　　　　　　　表 7-1-5

柱号	标 高	b×h (圆柱直径 D)	b_1	b_2	h_1	h_2	全部纵筋	角筋	b边一侧中部筋	h边一侧中部筋
KZ1	−0.03~15.87	600×600	300	300	300	300		4Φ25	2Φ25	2Φ25
KZ2	−0.03~15.87	500×500	250	250	250	250	8Φ25			

4. 箍筋

箍筋间距区分加密与非加密时，用"/"隔开，当箍筋沿柱全高为一种间距时，则不使用"/"。

如果是圆柱的螺旋箍筋，以"L"打头注写箍筋信息。见表 7-1-6。

箍筋识图 表 7-1-6

柱号	标高	b×h（圆柱直径 D）	b_1	b_2	h_1	h_2	箍筋	备注
KZ1	-0.03~15.87	600×600	300	300	300	300	φ10@100/200	箍筋区分加密区非加密区
KZ2	-0.03~15.87	D500	250	250	250	250	Lφ10@100/200	采用螺旋箍筋
KZ3	-0.03~15.87	500×500	250	250	250	250	φ10@200	柱全高只有一种箍筋间距

（三）柱截面注写方式

识图要点

1. 芯柱

截面注写方式中，若某柱带有芯柱，则直接在截面注写中，注写芯柱编号及起止标高。见图 7-1-6，芯柱的构造尺寸按《03G101-1》第 46 页的说明。

2. 配筋信息

配筋信息的识图要点，见表 7-1-7。

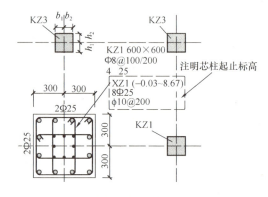

图 7-1-6 截面注写方式的芯柱表达

配筋信息识图要点 表 7-1-7

表示方法	识图	表示方法	识图
KZ1 600×600 φ8@100/200 12Φ25	如果纵筋直径相同，可以注写纵筋总数	KZ1 600×600 φ8@100/200 4Φ25 2Φ25 2Φ20	如果是非对称配筋，则每边注写实际的纵筋
KZ1 600×600 φ8@100/200 4Φ25 2Φ25	如果纵筋直径不同，先引出注写角筋，然后各边再注其纵筋，如果是对称配筋，则在对称的两边中，只注写其中一边即可		

其他识图要点同列表注写方式，此处不再重复。

思考与练习

1. 填写表7-1-8中构件代号的构件名称。

练 习 1　　　　　　　　　　　　　表7-1-8

构件代号	构件名称	构件代号	构件名称
KZ		KZZ	
LZ		XZ	
QZ			

2. 见图7-1-7，绘制KZ1在第3层和第8层的断面图，并绘制第5～6层位置的剖面图。

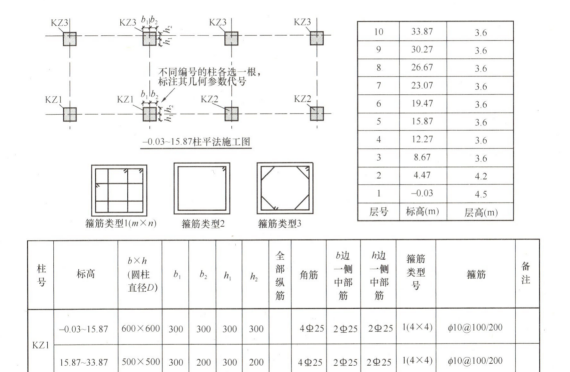

图 7-1-7　练习 2

第二节　框架柱构件钢筋构造

上一节讲解了柱构件的平法识图，就是如何阅读柱构件平法施工图。本节讲解柱构件（主要讲解框架柱 KZ）的钢筋构造，指柱构件的各种钢筋在实际工程中可能出现的各种构造情况，其他柱类型的钢筋构造，请读者对照此书的思路自行整理。

一、框架柱构件钢筋构造知识体系

框架柱构件的钢筋构造，分布在《11G101-3》、《11G101-1》中，本书按构件组成、钢筋组成的思路，将框架柱构件的钢筋总结为表 7-2-1 所示的内容，整理出钢筋种类后，再一种钢筋一种钢筋整理其各种构造情况，这也是本书一直强调的精髓，就是 G101 平法图集的学习方法——系统梳理。

框架柱构件钢筋种类　　　　　　　　　　　表 7-2-1

钢筋种类	构造情况		相关图集页码
纵筋	基础内柱插筋	独立基础、条形基础、承台内柱插筋	《11G101-3》第 59 页
		筏形基础（基础梁、基础平板）	《11G101-3》第 59 页
		大直径灌注桩	
		芯柱	
	梁上柱、墙上柱插筋		《11G101-1》第 66 页
	地下室框架柱		《11G101-1》第 58 页
	中间层	无截面变化	《11G101-1》第 57 页
		变截面	《11G101-1》第 60 页
		变钢筋	《11G101-1》第 57 页
	顶层	边柱、角柱	《11G101-1》第 59 页
		中柱	《11G101-1》第 60 页
箍筋	箍筋		《11G101-1》第 61、62 页
框架柱钢筋骨架			

二、基础内柱插筋构造

（一）基础内柱插筋构造总述

基础内柱插筋由基础内长度、伸出基础非连接区高度、错开连接高度三大部分组成，见图 7-2-1。

柱插筋底部弯折长度 $a=\max(6d, 150)$。

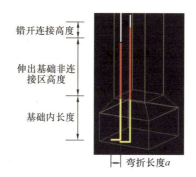

图 7-2-1　基础内柱插筋

（二）独立基础、条形基础、承台内柱插筋构造

1. 基础高度＜1200（《11G101-3》第 59 页）

独立基础、条形基础、承台内柱插筋构造（基础高度＜1200），见表 7-2-2。

独立基础、条形基础、承台内柱插筋（基础高度＜l_{aE}）　　　表 7-2-2

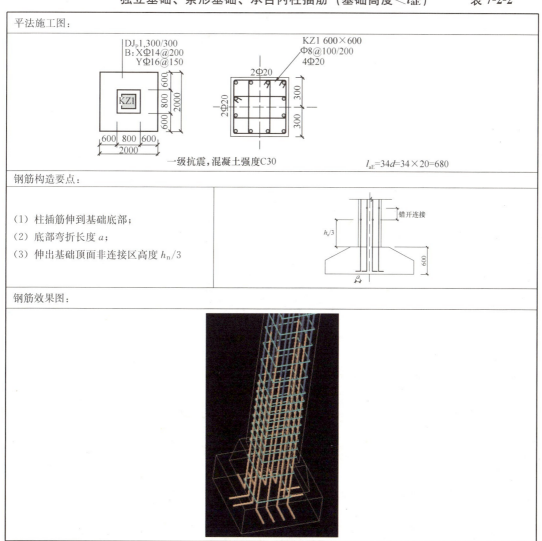

平法施工图：	
	DJ_p1,300/300　B:XΦ14@200　YΦ16@150　KZ1 600×600　Φ8@100/200　4Φ20　一级抗震，混凝土强度C30　$l_{aE}=34d=34×20=680$
钢筋构造要点：	（1）柱插筋伸到基础底部； （2）底部弯折长度 a； （3）伸出基础顶面非连接区高度 $h_n/3$
钢筋效果图：	

2. 基础高度≥1200（《11G101-6》第 59 页）

独立基础、条形基础、承台内柱插筋构造，见表 7-2-3。

独立基础、条形基础、承台内柱插筋（基础高度≥1200） 表 7-2-3

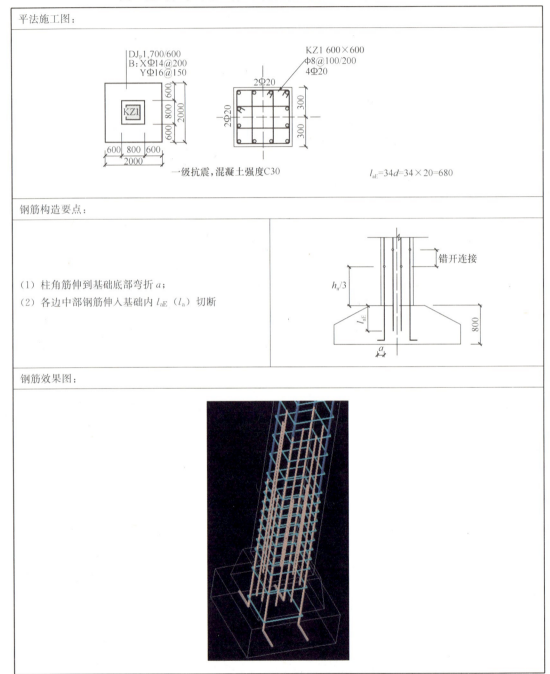

钢筋构造要点：

(1) 柱角筋伸到基础底部弯折 a；
(2) 各边中部钢筋伸入基础内 l_{aE} (l_a) 切断

钢筋效果图：

（三）筏形基础内柱插筋构造

1. 基础主梁内柱插筋构造（《11G101-3》第 59 页）

基础主梁内柱插筋构造，见表 7-2-4。

基础主梁内柱插筋　　　　　表 7-2-4

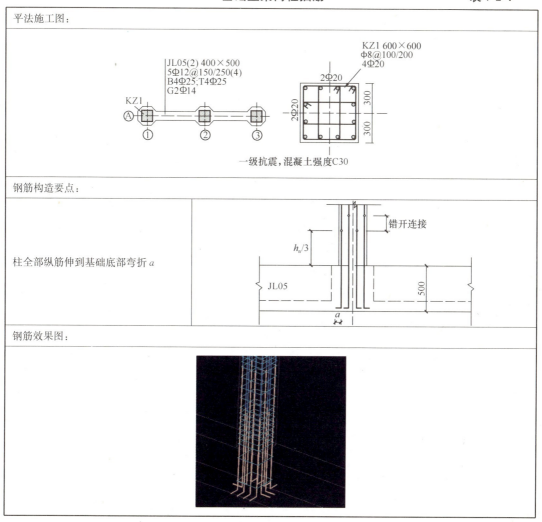

2. 筏基平板内柱插筋构造（《11G101-3》第 59 页）

筏基平板内柱插筋构造，见表 7-2-5。

筏基平板内柱插筋　　　　　表 7-2-5

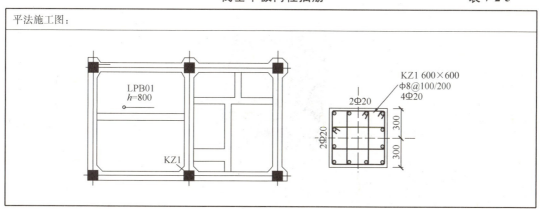

续表

钢筋构造要点:	
柱全部纵筋伸到基础底部弯折a	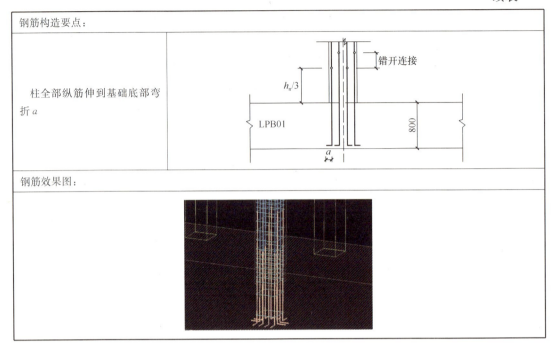
钢筋效果图:	

(四) 大直径灌注桩内柱插筋构造

大直径灌注内柱插筋构造,见表7-2-6。

大直径灌注桩内柱插筋 表7-2-6

钢筋构造要点:	
(1) 柱全部纵筋伸入灌注桩内 $\max(l_{aE}, 35d)$; (2) 底部弯折 $\max(6d, 150)$	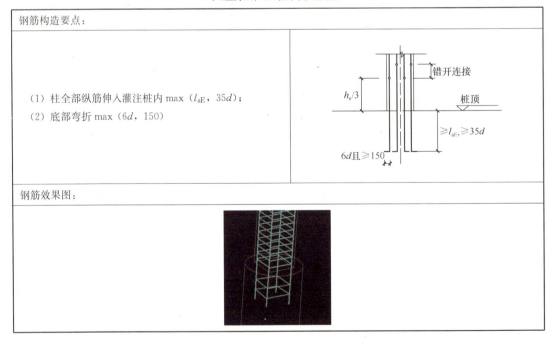
钢筋效果图:	

(五) 芯柱插筋构造

芯柱插筋构造,见表7-2-7。

芯 柱 插 筋　　　　　　　　　表 7-2-7

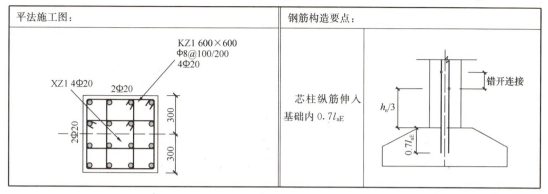

三、地下室框架柱钢筋构造

（一）认识地下室框架柱

1. 认识地下室框架柱

地下室框架柱是指地下室内的框架柱，它和楼层中的框架柱在钢筋构造上有所不同，所以单列进行讲解，地下室框架柱示意图，见图 7-2-2。

2. 基础结构和上部结构的划分位置

《11G101-1》第 57、58 页描述的"基础顶嵌固部位"就是指基础结构和上部结构的划分位置，见图 7-2-3。

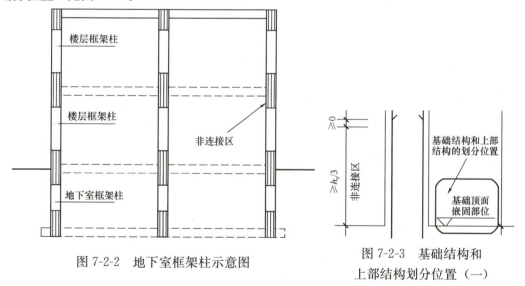

图 7-2-2　地下室框架柱示意图

图 7-2-3　基础结构和
上部结构划分位置（一）

有地下室时，基础结构和上部结构的划分位置，《11G101-1》第 58 页描述为：地下室顶面。

（二）地下室框架柱钢筋构造

1. 上部结构嵌固部位在地下室顶面

地下室框架柱（上部结构嵌固部位在地下室顶面）钢筋构造，见表 7-2-8。

地下室框架柱（上部结构嵌固部位在地下室顶面）钢筋构造　　表 7-2-8

平法施工图：

层　号	顶标高	层高	顶梁高
2	7.2	3.6	700
1	3.6	3.6	700
-1	±0.00	4.2	700
-2	-4.2	4.2	700
基础	-8.4	基础厚800	—

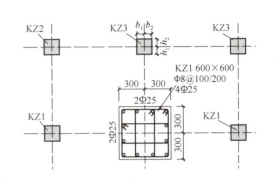

钢筋构造要点：《11G101-1》第58页

(1) 本例中，上部结构的嵌固位置，即基础结构和上部结构的划分位置，在地下室顶面；

(2) 上部结构嵌固位置，柱纵筋非连接区高度为 $h_n/3$；

(3) 地下室各层纵筋非连接区高度为 max（$h_n/6$，h_c，500）；

(4) 地下室顶面非连接区高度为 $h_n/3$

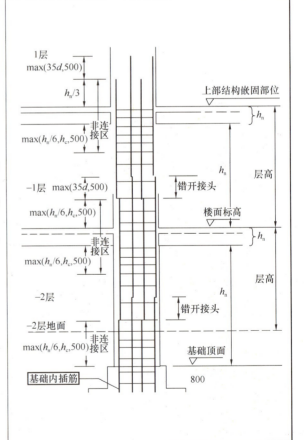

2. 上部结构嵌固部位在基础顶面

地下室框架柱（上部结构嵌固部位在基础顶面）钢筋构造，见表7-2-9。

地下室框架柱（上部结构嵌固部位在地下一层或基础顶面）钢筋构造　　表 7-2-9

平法施工图：				
层号	顶标高	层高	顶梁高	
2	7.2	3.6	700	
1	3.6	3.6	700	
−1	±0.00	4.2	700	
−2	−4.2	4.2	700	
基础	−8.4	基础厚 800	—	

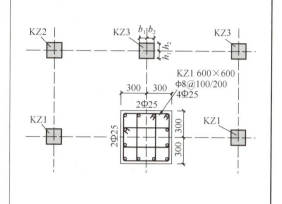

钢筋构造要点：《11G101-1》第 57 页

(1) 本例中，上部结构的嵌固位置，即基础结构和上部结构的划分位置，基础顶面；
(2) 上部结构嵌固位置，柱纵筋非连接区高度为 $h_n/3$；
(3) 地下室各层纵筋非连接区高度为 $\max(h_n/6, h_c, 500)$；
(4) 地下室顶面非连接区高度为 $\max(h_n/6, h_c, 500)$；

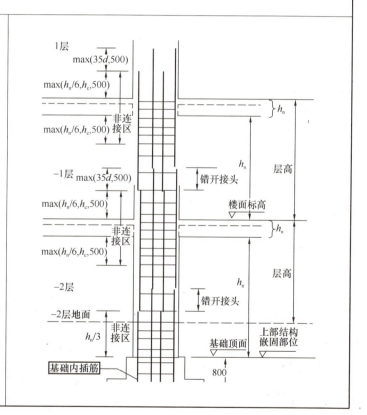

四、中间层柱钢筋构造

楼层中框架柱钢筋的基本构造，见表 7-2-10，此处讲解除了基本构造以外的变截面和变钢筋的构造。

1. 楼层中框架柱纵筋基本构造

楼层中框架柱纵筋基本构造，见表 7-2-10。

楼层中框架柱纵筋基本构造　　　　　表7-2-10

钢筋构造要点：
低位钢筋长度＝本层层高－本层下端非连接区高度＋伸入上层的非连接区高度 高位钢筋长度＝本层层高－本层下端非连接区高度－错开接头高度＋伸入上层非连接区高度＋错开接头高度 非连接区高度取值： 楼层中：max $(h_n/6, h_c, 500)$ 基础顶面嵌固部位：$h_n/3$

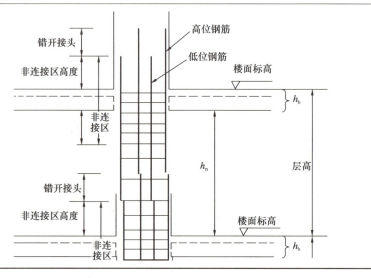

2. 框架柱中间层变截面钢筋构造（一）（《11G101-1》第60页）

框架柱中间层变截面（$\Delta/h_b > 1/6$），钢筋构造见表7-2-11。

框架柱中间层变截面（$\Delta/h_b > 1/6$）钢筋构造　　　　　表7-2-11

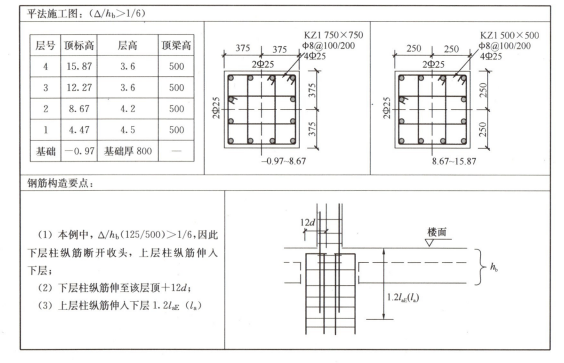

平法施工图：（$\Delta/h_b > 1/6$）

层号	顶标高	层高	顶梁高
4	15.87	3.6	500
3	12.27	3.6	500
2	8.67	4.2	500
1	4.47	4.5	500
基础	－0.97	基础厚800	—

钢筋构造要点：

(1) 本例中，$\Delta/h_b(125/500) > 1/6$，因此下层柱纵筋断开收头，上层柱纵筋伸入下层；
(2) 下层柱纵筋伸至该层顶＋12d；
(3) 上层柱纵筋伸入下层1.2l_{aE}（l_a）

续表

钢筋效果图:
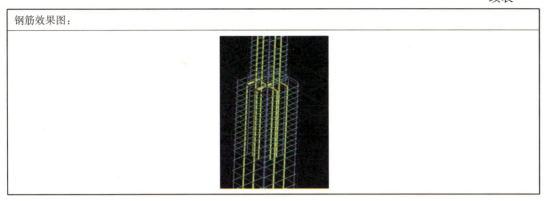

3. 框架柱中间层变截面钢筋构造（二）（《11G101-1》第 60 页）

框架柱中间层变截面（$\Delta/h_b \leqslant 1/6$），钢筋构造见表 7-2-12。

框架柱中间层变截面（$\Delta/h_b \leqslant 1/6$）钢筋构造　　表 7-2-12

平法施工图：($\Delta/h_b \leqslant 1/6$)					
层号	顶标高	层高	顶梁高		
4	15.87	3.6	500		
3	12.27	3.6	500		
2	8.67	4.2	500		
1	4.47	4.5	500		
基础	−0.97	基础厚 800	—		

钢筋构造要点：
本例中，Δ/h_b(50/500)<1/6，因此下层柱纵筋斜弯连续伸入上层，不断开

钢筋效果图：
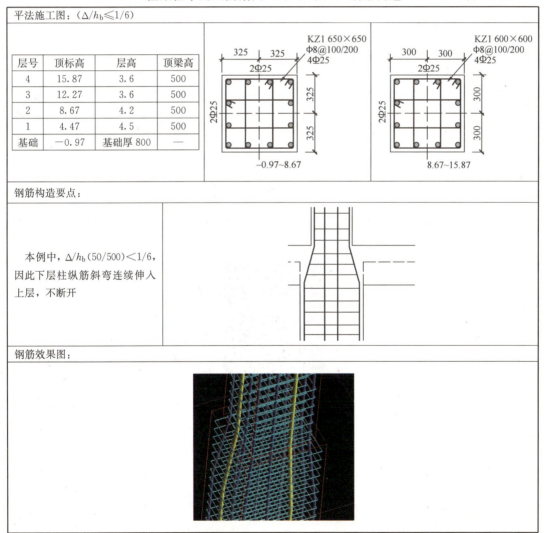

4. 上柱钢筋比柱钢筋根数多（《11G101-1》第57页）

上柱钢筋比下柱钢筋根数多，钢筋构造见表7-2-13。

上层柱比下层柱钢筋多的钢筋构造　　　　表 7-2-13

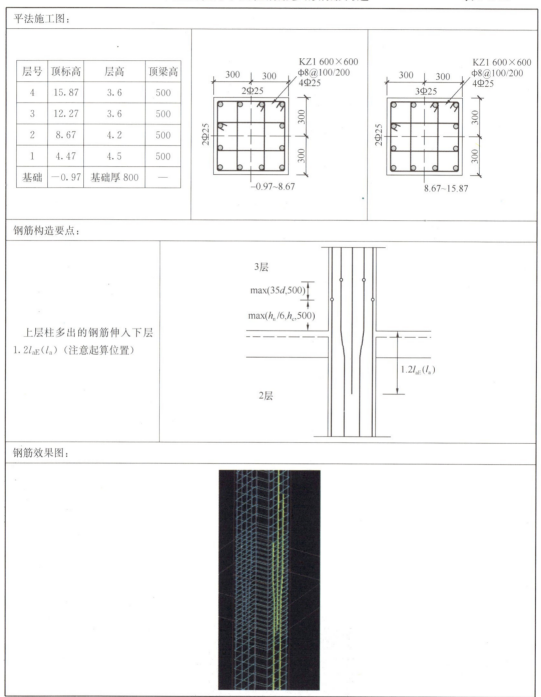

5. 下柱钢筋比上柱钢筋根数多（《11G101-1》第57页）

下柱钢筋比上柱钢筋根数多，钢筋构造见表7-2-14。

下柱钢筋比上柱钢筋多的钢筋构造   表 7-2-14

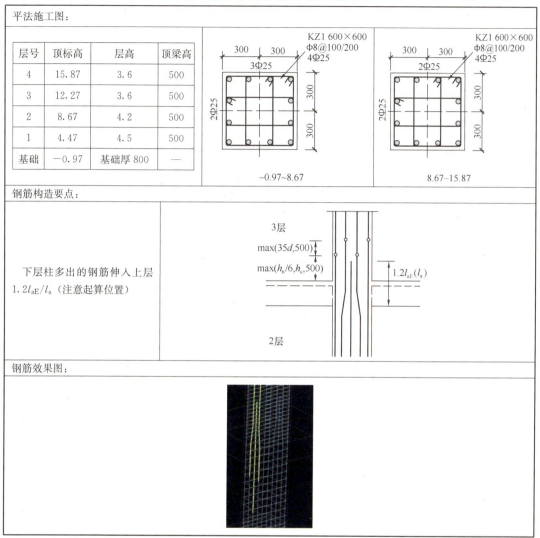

钢筋构造要点： 下层柱多出的钢筋伸入上层 $1.2l_{aE}/l_a$（注意起算位置）

6. 上柱钢筋比下柱钢筋直径大（《11G101-1》第 57 页）

上柱钢筋比下柱钢筋直径大，钢筋构造见表 7-2-15。

上柱钢筋比下柱钢筋直径大的钢筋构造   表 7-2-15

平法施工图：

层号	顶标高	层高	顶梁高
4	15.87	3.6	500
3	12.27	3.6	500
2	8.67	4.2	500
1	4.47	4.5	500
基础	−0.97	基础厚 800	—

续表

钢筋构造要点：	
上层较大直径钢筋伸入下层的上端非连接区与下层较小直径的钢筋连接	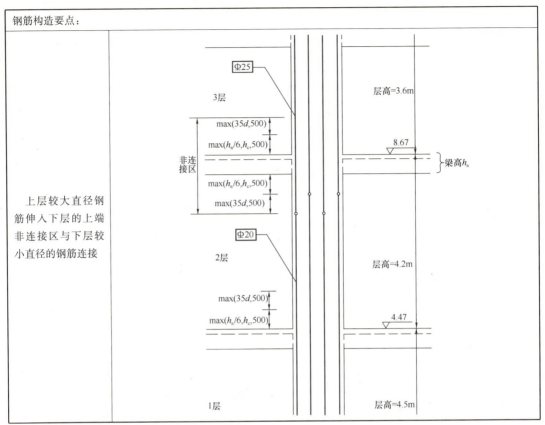

五、顶层柱钢筋构造

1. 顶层边柱、角柱与中柱

框架柱顶层钢筋构造，要区分边柱、角柱和中柱，见图 7-2-4。

边柱、角柱和中柱，钢筋构造知识体系，见表 7-2-16。

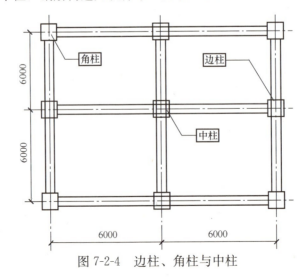

图 7-2-4 边柱、角柱与中柱

边柱、角柱和中柱钢筋构造知识体系 　　　　表 7-2-16

柱 类 型	钢筋构造分类	说　　明
边柱	（1）外侧钢筋	一条边为外侧边，三条边为内侧边
角柱	（2）内侧钢筋	两条边为外侧边，两条边为内侧边
中柱	全部纵筋	
外侧钢筋与内侧钢筋示意图		

2. 顶层中柱钢筋构造（一）（《11G101-1》第 60 页）

顶层中柱钢筋构造（一）见表 7-2-17。

顶层中柱钢筋构造（一） 　　　　表 7-2-17

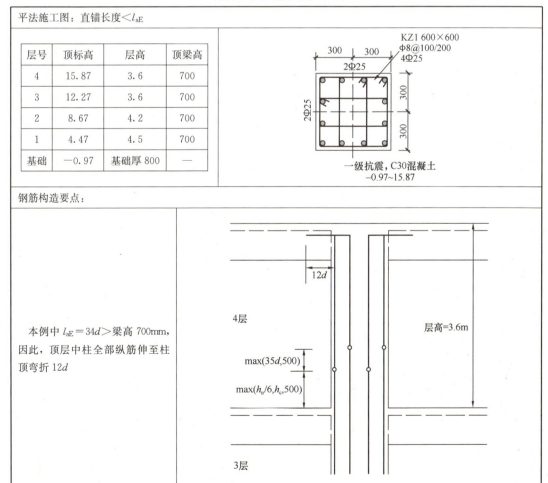

平法施工图：直锚长度 $<l_{aE}$

层号	顶标高	层高	顶梁高
4	15.87	3.6	700
3	12.27	3.6	700
2	8.67	4.2	700
1	4.47	4.5	700
基础	−0.97	基础厚 800	—

钢筋构造要点：

本例中 $l_{aE}=34d>$梁高 700mm，因此，顶层中柱全部纵筋伸至柱顶弯折 $12d$

续表

钢筋效果图：
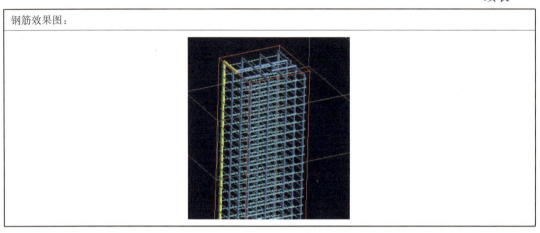

3. 顶层中柱钢筋构造（二）（《11G101-1》第 60 页）

顶层中柱钢筋构造（二）见表 7-2-18。

顶层中柱钢筋构造（二)　　　　表 7-2-18

平法施工图：直锚长度 $\geqslant l_{aE}$				
层号	顶标高	层高	顶梁高	
4	15.87	3.6	900	
3	12.27	3.6	700	
2	8.67	4.2	700	
1	4.47	4.5	700	
基础	－0.97	基础厚 800	—	

KZ1 600×600
Φ8@100/200
4Φ25
2Φ25
2Φ25
一级抗震，C30 混凝土
－0.97～15.87

钢筋构造要点：
本例中 $l_{aE}=34d <$ 梁高 900mm，因此，顶层中柱全部纵筋伸至柱顶，且 $\geqslant l_{aE}$（l_a）

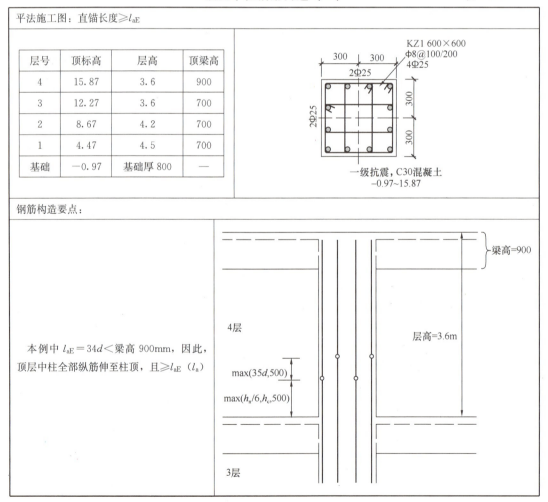

续表

钢筋效果图：

4. 顶层边柱、角柱钢筋构造

顶层边柱和角柱的钢筋构造，都是要区分内侧钢筋和外侧钢筋，它们的区别是角柱有两条外侧边，边柱只有一条外侧边。

(1) 顶层边柱、角柱钢筋构造形式

顶层边柱、角柱的钢筋构造有两种形式，见表7-2-19，进行钢筋算量时，选用哪一种，要根据实际施工图确定，不过，不管选用哪一种构造形式，注意屋面框架梁钢筋要与之匹配。

顶层角柱钢筋构造形式　　　　　　　　　表 7-2-19

构造形式 1	构造形式 2
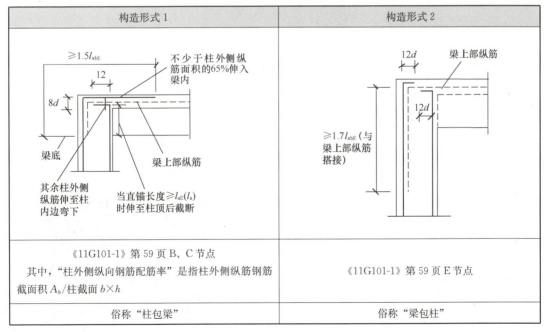	
《11G101-1》第 59 页 B、C 节点 其中，"柱外侧纵向钢筋配筋率"是指柱外侧纵筋钢筋截面积 A_s/柱截面 $b×h$	《11G101-1》第 59 页 E 节点
俗称"柱包梁"	俗称"梁包柱"

(2) 顶层角柱钢筋构造

本书，以《11G101-1》第 59 页 B 节点为例，讲解顶层角柱钢筋构造，见表 7-2-20。

顶层角柱钢筋构造

表 7-2-20

平法施工图：

层号	顶标高	层高	顶梁高
4	15.87	3.6	700
3	12.27	3.6	700
2	8.67	4.2	700
1	4.47	4.5	700
基础	−0.97	基础厚 800	—

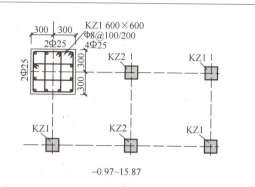

−0.97~15.87

外侧钢筋与内侧钢筋分解：

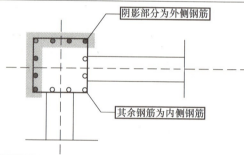

1号筋	●	不少于65%的柱外侧钢筋伸入梁内 7×65%=5根
2号筋	○	其余外侧钢筋中，位于第一层的，伸至柱内侧边下弯8d，共1根
3号筋	●	其余外侧钢筋中，位于第二层的，伸至柱内侧边，共1根
4号筋	○	内侧钢筋，共5根

钢筋构造要点与钢筋效果图：

（1）65%的柱外侧纵筋（5根）从梁起算收头 $1.5l_{aE}$（l_a）

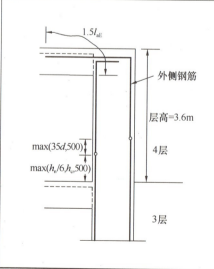
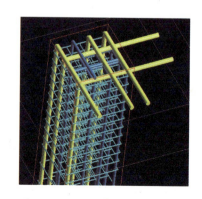

续表

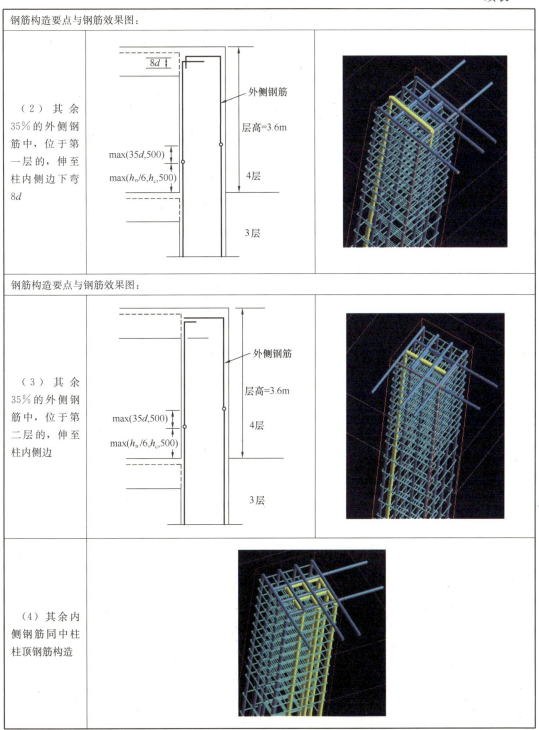

六、框架柱箍筋构造

框架柱箍筋构造,见表 7-2-21。

框架柱箍筋构造　　表 7-2-21

箍筋长度：	
箍筋长度在本书第四章条形基础构件中已详细讲解，此处不再重复	矩形封闭箍筋长度 $= 2\times[(b-2c-d)+(h-2c-d)] + 2\times 11.9d$
箍筋根数（加密区范围）：	
1. 基础内箍筋根数：间距≤500 且不少于两道矩形封闭箍筋 （注意：基础内箍筋为非复合箍） 2. 当柱外侧钢筋保护层厚度≤$5d$ 时，基础高度应设置锚固横向箍筋	间距≤500，且不少于两道矩形封闭箍 《11G101-3》第 59 页
箍筋根数（加密区范围）：	
地下室框架柱箍筋根数：加密区为地下室框架柱纵筋非连接区高度	《11G101-1》第 58 页
嵌固部位：箍筋加密区高度为 $h_n/3$	《11G101-1》第 61 页
中间节点高度：当与框架柱相连的框架梁高度或标高不同，注意节点高度的范围	节点高度范围：$\max(h_n/6, h_c, 500)$
节点区起止位置：框架柱箍筋在楼层位置分段进行布置，楼面位置起步距离为 50mm	《11G101-1》第61页：箍筋连续布置 《06G901-11》第2-16页：箍筋在楼层位置分段设置
特殊情况： 短柱全高加密	《11G101-1》第 62 页

思考与练习

1. 在图 7-2-5 中填空，框架柱插筋在基础内长度。
2. 在图 7-2-6 中填空，地下室框架柱纵筋的非连接区。
3. 绘制出图 7-2-7 中 KZ1 在二层中的上边和下边最中间那根纵筋的构造示意图。
4. 根据图 7-2-8 中 KZ1 的相关条件，计算其纵筋伸入顶层梁内的长度。
5. 根据表 7-2-22 所示的条件，计算框架柱首层的 $h_n =$ _____。

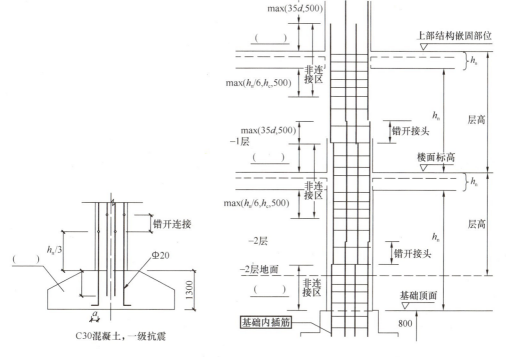

图 7-2-5　练习 1　　　　　图 7-2-6　练习 2

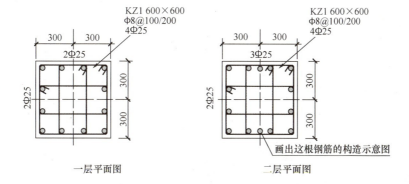

图 7-2-7　练习 3

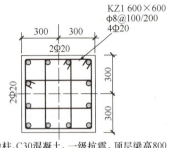

图 7-2-8　练习 4

练习 5　　　表 7-2-22

层号	顶标高	层高	顶梁高
4	15.87	3.6	700
3	12.27	3.6	700
2	8.67	4.2	700
1	4.47	4.5	700
基础	−0.97	基础厚800	—

第三节　框架柱构件钢筋实例计算

上一节讲解了框架柱构件的平法钢筋构造，本节就这些钢筋构造情况举实例计算。本小节所有构件的计算条件，见表 7-3-1。

钢筋计算条件　　　表 7-3-1

计 算 条 件	值	计 算 条 件	值
混凝土强度	C30	h_c	柱长边尺寸
纵筋连接方式	电渣压力焊	h_b	梁高
抗震等级	一层抗震		

1. 平法施工图

KZ1 平法施工图，见表 7-3-2。

KZ1 平法施工图　　　表 7-3-2

层 号	顶标高	层 高	顶梁高
3	10.80	3.6	700
2	7.20	3.6	700
1	3.60	4.2	700
−1	±0.00	4.2	700
筏板基础	−4.20	基础厚800	—

注：嵌固部位在地下室顶面

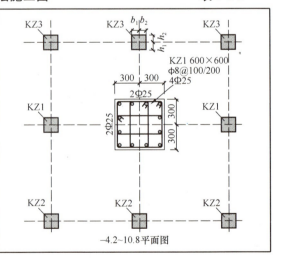

2. 钢筋计算

（1）计算参数

钢筋计算参数，见表 7-3-3。

KZ1 钢筋计算参数　　　　　　　　　　　　　　　　　　　　　　表 7-3-3

参　数	值	出　处
柱保护层厚度 c	20mm	《11G101-1》第 54 页
l_{aE}	$34d$	参见本书附录表
双肢箍长度计算公式	$(b-2c-d)\times 2+(h-2c-d)\times 2+(1.9d+10d)\times 2$	
箍筋起步距离	50mm	《06G901-1》第 2-16 页
筏板基础顶面非连接区高度	$\max(h_n/6, h_c, 500)$	《11G101-1》第 58 页
地下室顶面非连接区高度	$h_n/3$	《11G101-1》第 58 页
接头错开高度	$\max(35d, 500)$	《11G101-1》第 58 页
基础底部保护层	40mm	《11G101-3》第 55 页

（2）钢筋计算过程

见表 7-3-4。

KZ1 钢筋计算过程　　　　　　　　　　　　　　　　　　　　　　表 7-3-4

钢　筋	计　算　过　程	说　明
基础内插筋	基础底部弯折长度 $a=15d$	《11G101-3》第 59 页
	筏板基础顶面非连接区高度： $=\max(h_n/6, h_c, 500)$ $=\max[(4200-700)/6, 600, 500]$ $=600\text{mm}$	《08G101-5》第 53、54 页
	基础内插筋（低位） $=800-40+\max(h_n/6, h_c, 500)+15d$ $=800-40+600+15\times 25$ $=1735\text{mm}$	
	基础内插筋（高位） $=800-40+\max(h_n/6, h_c, 500)+15d+\max(35d, 500)$ $=800-40+600+15\times 25+\max(35\times 25, 500)$ $=2585\text{mm}$	
−1 层	伸出地下室顶面的非连接区高度 $=h_n/3$ $=(4200-700)/3$ $=1167\text{mm}$	
	−1 层纵筋长度（低位） $=4200-600+1167$ $=4767\text{mm}$ （"600"是筏板基础顶面非连接区高度）	
	−1 层纵筋长度（高位） $=4200-600-\max(35d, 500)+1167+\max(35d, 500)$ $=4767\text{mm}$	

续表

钢 筋	计 算 过 程	说 明
1层	伸入2层的非连接区高度 $=\max(h_n/6,\ h_c,\ 500)$ $=\max[(3600-700)/6,\ 600,\ 500]$ $=600mm$	
	1层纵筋长度(低位) $=4200-1167+600mm$ $=3633mm$	
	1层纵筋长度(高位) $=4200-1167-\max(35d,\ 500)+600+\max(35d,\ 500)$ $=3633mm$	
2层	伸入3层的非连接区高度 $=\max(h_n/6,\ h_c,\ 500)$ $=\max((3600-700)/6,\ 600,\ 500)$ $=600mm$	
	2层纵筋长度(低位) $=3600-600+600$ $=3600mm$	
	2层纵筋长度(高位) $=3600-600-\max(35d,\ 500)+600+\max(35d,\ 500)$ $=3600mm$	
3层(顶层)	(屋面框架梁高度700)$<l_{aE}(34\times25)$ 因此,柱顶钢筋伸至顶部混凝土保护层位置,弯折$12d$	
	3层纵筋长度(低位) $=3600-600-20+12\times25$ $=3280mm$	
	3层纵筋长度(高位) $=3600-600-35\times25-20+12\times25$ $=2405mm$	

续表

钢 筋	计 算 过 程	说 明
箍筋	外大箍筋长度 $=2\times[(600-2\times20-8)+(600-2\times20-8)]$ $\quad+2\times11.9\times8$ $=2398\text{mm}$	矩形箍筋及复合箍筋的计算，已在本书第四章条形基础构件实例计算中进行详细讲解
	竖向里小箍筋长度 $=2\times\{[(600-2\times20-16-25)/3+25+8]$ $\quad+(600-2\times20-8)\}+2\times11.9\times8$ $=1706\text{mm}$	"$[(600-2\times20-16+25)/3+25+8]$"为竖向小箍筋的宽度，箍住中间两根纵筋
	横向里小箍筋长度 $=2\times\{[(600-2\times20-8-25)/3+25+8]$ $\quad+(600-2\times20-8)\}+2\times11.9\times8$ $=1706\text{mm}$	$(600-2\times30-25)/3+25+8$
	箍筋根数： 筏板基础内：2根矩形封闭箍	筏板基础内矩形封闭箍
	一1层箍筋根数：$7+14+11=32$ 根 下端加密区根数$=(600-50)/100+1=7$ 根 上端加密区根数$=(700+600-50)/100+1=14$ 根 中间非加密区根数$=(4200-600-700-600)/200$ $\quad-1=11$ 根	
	1层箍筋根数：$13+14+8=35$ 根 下端加密区根数$=(1167-50)/100+1=13$ 根 上端加密区根数$=(700+600-50)/100+1=14$ 根 中间非加密区根数$=(4200-1167-700-600)/200$ $\quad-1=8$ 根	1层下端非连接高度为1167，上端非连接高度为：梁高 $700+\max(h_n/6, h_c, 500)$
	2、3层箍筋根数：$7+14+8=29$ 根 下端加密区根数$=(600-50)/100+1=7$ 根 上端加密区根数$=(700+600-50)/100+1=14$ 根 中间非加密区根数$=(3600-600-700-600)/200$ $\quad-1=8$ 根	2、3层箍筋根数相同

思考与练习

1. 计算表 7-3-5 中 KZ1 的钢筋。

练 习 1　　　　　　　　　　　　　　　　　　　　　　　表 7-3-5

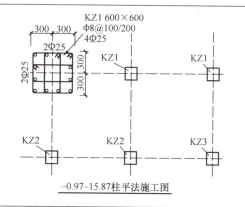

层号	顶标高	层高	顶梁高
4	15.87	3.6	700
3	12.27	3.6	700
2	8.67	4.2	700
1	4.47	4.5	700
基础	−0.97	基础厚800	—

KZ1 平法施工图

−0.97~15.87柱平法施工图

2. 计算表 7-3-6 中 KZ2 的钢筋。

练 习 2　　　　　　　　　　　　　　　　　　　　　　　表 7-3-6

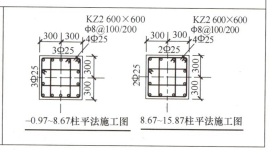

层号	顶标高	层高	顶梁高
4	15.87	3.6	500
3	12.27	3.6	500
2	8.67	4.2	500
1	4.47	4.5	500
基础	−0.97	基础厚800	—

平法施工图

−0.97~8.67柱平法施工图　　8.67~15.87柱平法施工图

第八章 板 构 件

第一节 板构件平法识图

注：在实际工程中，有梁楼盖板的应用较多，因此本章主要讲解有梁楼盖板，对于无梁楼盖板，读者可对照本书讲解的系统梳理的方法自行学习。

一、G101 平法识图学习方法

1. G101 平法识图学习方法

G101 平法图集由"制图规则"和"构造详图"两部分组成，通过学习制图规则来识图，通过学习构造详图来了解钢筋的构造及计算。制图规则的学习，可以总结为以下三方面的内容（图 8-1-1）：一是该构件按平法制图有几种表达方式；二是该构件有哪些数据项；三是这些数据项具体如何标注。

图 8-1-1 G101 平法识图学习方法

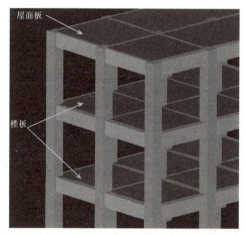

图 8-1-2 板的分类（楼板与屋面板）

2.《11G101-3》板构件平法识图知识体系

（1）《11G101-3》板构件的分类

1）从板所在标高位置，可以将板分为楼板和屋面板，见图 8-1-2，楼板和屋面板的平法表达方式及钢筋构造相同，因此，本书不专门区分楼板与屋面板，都简称板构件。

2）根据板的组成形式，可以分为有梁楼盖板和无梁楼盖板，见图 8-1-3、图 8-1-4。

无梁楼盖板是由柱直接支撑板的一种

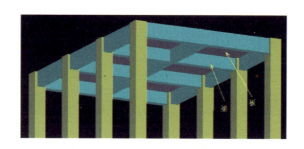

图 8-1-3　有梁楼盖板

图 8-1-4　无梁楼盖板

楼盖体系，在柱与板之间，根据情况设计柱帽。无梁楼盖板中的板由柱上板带与跨中板带，见图 8-1-5。

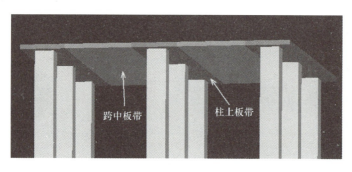

图 8-1-5　柱上板带与跨中板带

3）根据板的平面位置，可以将板分为普通板、延伸悬挑板、纯悬挑板，见图 8-1-6。

注意：图 8-1-6 中，延伸悬挑板和纯悬挑板的外形是一样的，只是它们钢筋构造不同，延伸悬挑板的上部受力筋应与相邻跨内板的上部纵筋连通配筋，具体见本章第二节板构件钢筋构造。而纯悬挑板的上部受力筋则是相对独立的。

（2）《11G101-1》板构件平法识图知识体系

《11G101-1》第 36~52 页讲述的是板构件的制图规则，知识体系如表 8-1-1 所示。

图 8-1-6　普通板与悬挑板

《11G101-1》板构件平法识图知识体系　　　　　　　　　　表 8-1-1

板构件平法识图知识体系			《11G101-1》页码
平法表达方式	平面注写的表达方式（注：板构件只有一种表达方式）		第36～52页
数 据 项	编号		第36～52页
	板厚		
	贯通纵筋		
	板支座上部非贯通纵筋		
	板面标高不同时的标高高差		
	纯悬挑板上部受力钢筋		
有梁楼盖板数据标注方式	集中标注	编号	第36、37页
		构件尺寸	
		贯通纵筋（单层或双层）	
		板面标高高差（选注）	
	原位标注	板支座上部非贯通纵筋（支座负筋）	第37～40页
		纯悬挑板上部受力筋（选注）	
无梁楼盖板数据标注方式	集中标注	板带编号	第42页
		板带厚、板带宽	
		箍筋（选注，有暗梁时需要）	
		贯通纵筋	
	原位标注	板带支座上部非贯通纵筋（支座负筋）	第43、44页
楼板相关构造	纵筋加强带 后浇带 柱帽 局部升降板 板加腋 板开洞 板翻边 局部加强筋 悬挑阴角附加筋 悬挑阳角放射筋 抗冲切箍筋 抗冲切弯起筋		第46～52页

二、有梁楼盖板平法识图

（一）板构件的平法表达方式

《11G101-1》中，板构件的平法表达方式为平面表达方式，不像梁构件分为平面注写和截面注写两种平法表达方式。

板构件的平面表达方式，就是在板平面布置图上，直接标注板构件的各数据项。具体标注时，按"板块"分别标注其集中标注和原位标注的数据项。

板构件的平面表达方式,见图 8-1-7。

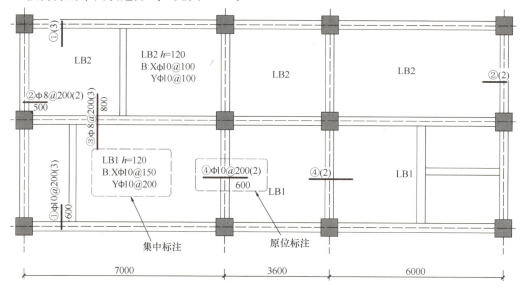

图 8-1-7 板平面表达方式

"X"和"Y"向的确定:

两向轴网正交布置时,图面从左至右为 X 向,从下至上为 Y 向;

轴网向心布置时,切向为 X 向,径向为 Y 向。

(二)集中标注识图

有梁楼盖板的集中标注,按"板块"进行划分,就类似前面章节讲解筏形基础时的"板区"(《11G101-3》第 33 页)。《11G101-1》第 36 页描述了"板块"的概念:普通楼盖,两向(X 和 Y 两个方向)均以一跨为一块板;密肋形楼盖,两向主梁一跨为一块板,见图 8-1-8。

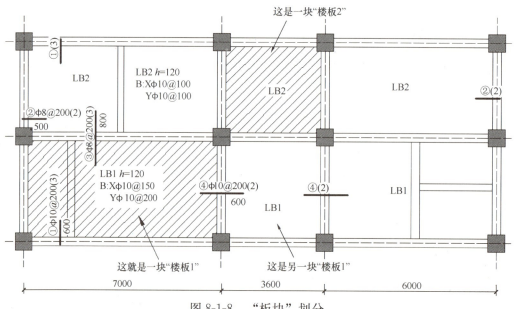

图 8-1-8 "板块"划分

1. 集中标注的内容

有梁楼盖板的集中标注，见图 8-1-9，包括板编号、板厚、配筋三项必注内容。

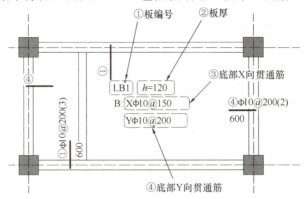

图 8-1-9　有梁楼盖板集中标注内容

2. 板编号识图

板构件的编号由"代号"＋"序号"组成，板构件的代号，见表 8-1-2。

板 构 件 代 号　　　　　　　　　表 8-1-2

代　号	构 件 名 称	代　号	构 件 名 称
LB	楼板	XB	纯悬挑板
WB	屋面板		

3. 贯通筋识图

板构件的贯通纵筋，有"单层"／"双层"、"单向"／"双向"的配置方式，见表 8-1-3。

贯 通 筋 识 图　　　　　　　　　表 8-1-3

情　况	贯通筋表示方法	识　　图
情况 1	B：Xϕ10@150 　Yϕ10@180	(1) 单层配筋，只是底部贯通纵筋，没有板顶部贯通纵筋； (2) 双向配筋，X 和 Y 向均有底部贯通纵筋
情况 2	B：X&Yϕ10@150	(1) 单层配筋，只是底部贯通纵筋，没有板顶部贯通纵筋； (2) 双向配筋，X 和 Y 向均有底部贯通纵筋； (3) X 和 Y 向配筋相同，用"&"连接
情况 3	B：X&Yϕ10@150 T：X&Yϕ10@150	(1) 双层配筋，既有板底贯通纵筋，又有板顶贯通纵筋； (2) 双向配筋，底部和顶部均为双向配筋
情况 4	B：X&Yϕ10@150 T：Xϕ10@150	(1) 双层配筋，既有板底贯通纵筋，又有板顶贯通纵筋； (2) 板底为双向配筋； (3) 板顶部为单向配筋，只是 X 向板顶贯通纵筋

表 8-1-3 中第 4 种情况，板顶部钢筋只有 X 向贯通筋，那么 Y 向呢？这些 X 向的钢筋又如何连接起来呢？这里就要用到"分布筋"了。

《11G101-1》第 41 页的实例中，有这么一句话："注：未注明分布筋为 ϕ8@250"，实际工程中，板构件施工图，都会注明分布筋的规格。

因此，表 8-1-3 中第 4 种情况，板顶部的 X 向贯通纵筋，就要用"分布筋"来进行连接。

（三）原位标注识图

1. 认识有梁楼盖板原位标注

有梁楼盖板原位标注的顶部非贯通纵筋，见图 8-1-10，包括钢筋编号、配筋信息、连续布置的跨数、自支座中心线向跨内的延伸长度四项数据。

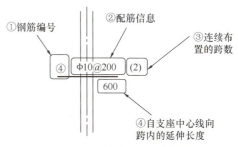

图 8-1-10　有梁楼盖板原位标注

2. "连续布置的跨数"识图

原位标注的板上部非贯通纵筋（支座负筋）按梁跨进行标注，见图 8-1-11。

根据图 8-1-11，注意理解有梁楼盖板的集中标注与原位标注的划分方式，集中标注按"板块"划分，原位标注与"板块"无关，按梁跨布置。

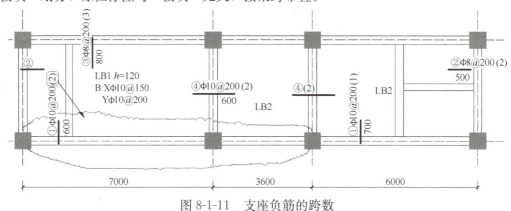

图 8-1-11　支座负筋的跨数

3. 顶部非贯通纵筋"延伸长度"识图

顶部非贯通纵筋"延伸长度"的识图，见表 8-1-4。

"延伸长度"识图　　　　　　表 8-1-4

顶部非贯通筋表示方法	识　图　要　点
④Φ10@200(2)　600　600　600	（1）延伸长度是指自支座中心线向跨内的延伸长度； （2）当支座两侧对称时，延伸长度只需注写在一侧；当支座两侧不对称时，分别注写两侧的延伸长度
④Φ10@200(2)　600	伸至延伸板一侧的板顶非贯通筋，直接伸至尽端，不再注写延伸长度（这一侧伸至尽端，不标注延伸长度）

(四) 相关构造识图

板构件的相关构造，包括：纵筋加强带、后浇带、柱帽、局部升降板、板加腋、板开洞、板翻边、板挑檐、局部加强筋、悬挑阴角附加筋、悬挑阳角放射筋、抗冲切箍筋、抗冲切弯起筋，其平法表达方式均采用"直接引注"法，就是在板平面图上，直接用引出线引出标注这些相关构造。

对板构件相关构造的识图，本书不一一展开讲解，请直接阅读《04G101-4》即可，本书只以"板洞"为例，略为讲解，见图 8-1-12。

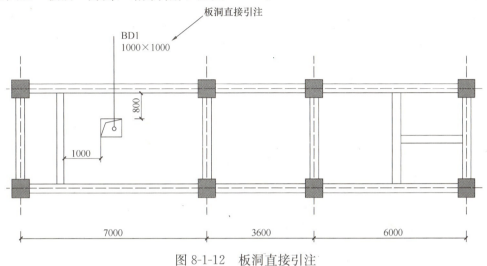

图 8-1-12 板洞直接引注

思 考 与 练 习

1. 填写表 8-1-5 中构件代号的构件名称。

练 习 1　　　　　　　　　　　　　　　　　　　　表 8-1-5

构 件 代 号	构 件 名 称
LB	
WB	
ZSB	
KZB	
XB	

2. 见图 8-1-13 中填空。

3. 见图 8-1-14，请描述 LB1 的板顶部钢筋构造。

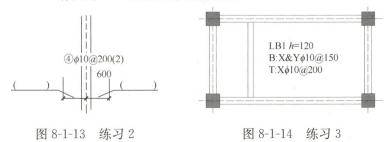

图 8-1-13 练习 2　　　　图 8-1-14 练习 3

第二节 现浇板（楼板/屋面板）钢筋构造

上一节讲解了板构件的平法识图，就是如何阅读板构件的平法施工图。本节讲解板构件的钢筋构造，是指板构件的各种钢筋在实际工程中可能出现的各种构造情况，位于《11G101-1》第92～106页。

板构件分"有梁板"和"无梁板"，本书主要讲解有梁板构件中的主要钢筋构造。

一、板构件钢筋构造知识体系

《11G101-1》第92～106页讲述的是板构件的钢筋构造，本书按构件组成、钢筋组成的思路，将板构件的钢筋总结为表8-2-1所示的内容，整理出钢筋种类后，再一种钢筋一种钢筋地整理其各种构造情况，这也是本书一直强调的精髓，就是G101平法图集的学习方法——系统梳理。

板构件钢筋构造知识体系　　　　　　　　　　　　　　　表 8-2-1

钢筋种类	钢筋构造情况	《11G101-1》页码
板底筋	端部及中间支座锚固	第92页
	悬挑板	第95页
	局部升降板	第99、100页
板顶筋	端部锚固	第92页
	悬挑板	第95页
	局部升降板	第99、100页
支座负筋及分布筋	端支座负筋	第92页
	中间支座负筋	
	跨板支座负筋	
其他钢筋	板开洞	第101、102页
	悬挑阳角附加筋	第103页
	悬挑阴角附加筋	第104页
	温度筋	第94页
板钢筋骨架示意图	（图示：支座负筋分布筋、板底X向钢筋、支座负筋、板底Y向钢筋）	

二、板底筋钢筋构造

（一）端部锚固构造及根数构造（《11G101-1》第92页）

板底筋端部锚固构造，见表8-2-2。

板底筋端部锚固构造　　　　　表 8-2-2

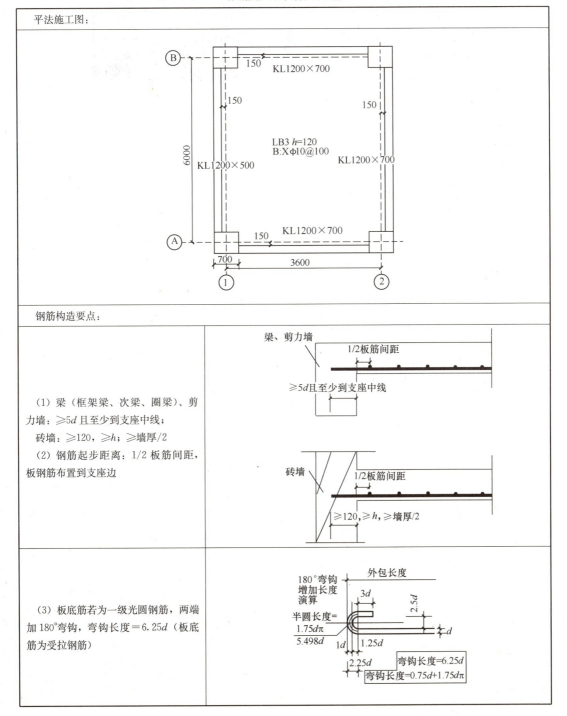

续表

钢筋效果图:

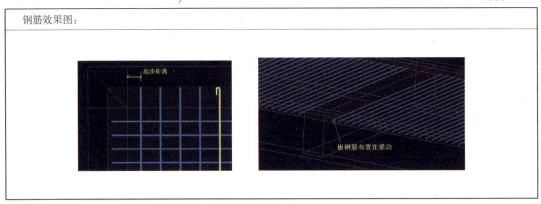

(二)中间支座锚固构造(《11G101-1》第92页)

板底筋中间支座锚固构造,见表8-2-3。

板底筋中间支座锚固　　　　表8-2-3

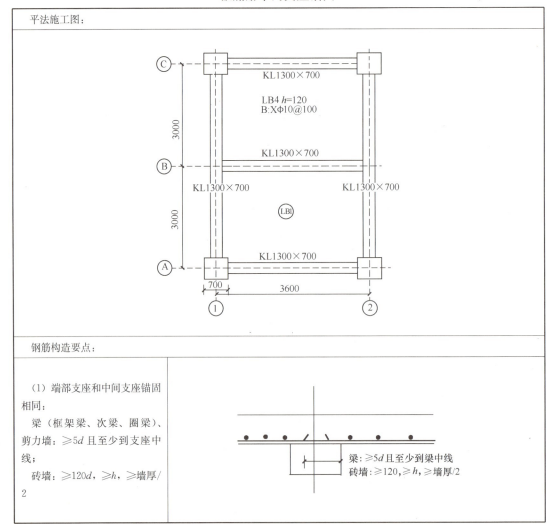

钢筋构造要点:

(1)端部支座和中间支座锚固相同:

梁(框架梁、次梁、圈梁)、剪力墙:$\geq 5d$ 且至少到支座中线;

砖墙:$\geq 120d$,$\geq h$,$\geq$墙厚/2

钢筋构造要点:	
（2）板底筋按"板块"分别锚固，也可以通长布置； （3）一级光圆钢筋两端加180°弯钩（板底筋为受拉钢筋）	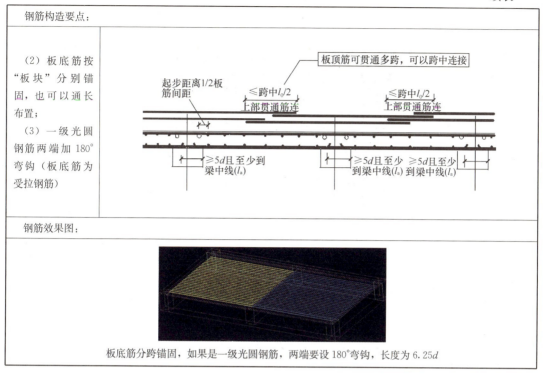
钢筋效果图:	
	板底筋分跨锚固，如果是一级光圆钢筋，两端要设180°弯钩，长度为6.25d。

（三）悬挑板底部构造筋构造（《11G101-1》第95页）

延伸悬挑板底部构造钢筋，见表8-2-4。

延伸悬挑板底部构造钢筋　　　　　　　　　　　　　表8-2-4

平法施工图:
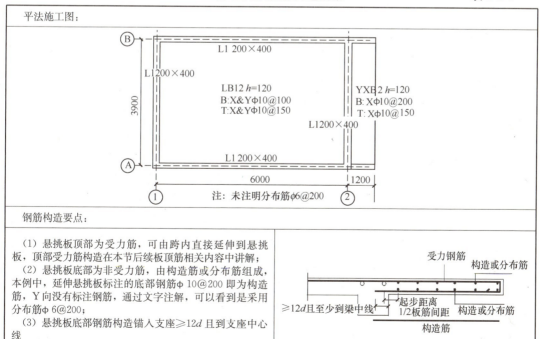
钢筋构造要点:
（1）悬挑板顶部为受力筋，可由跨内直接延伸到悬挑板，顶部受力筋构造在本节后续板顶筋相关内容中讲解； （2）悬挑板底部为非受力筋，由构造筋或分布筋组成，本例中，延伸悬挑板标注的底部钢筋φ10@200 即为构造筋，Y向没有标注钢筋，通过文字注解，可以看到是采用分布筋φ6@200； （3）悬挑板底部钢筋构造锚入支座≥12d且到支座中心线

续表

钢筋效果图:

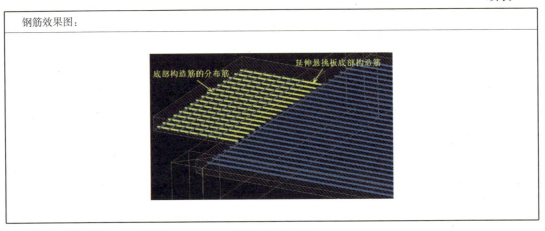

三、板顶筋钢筋构造

(一)端部锚固构造及根数构造(《11G101-1》第92页)

板顶筋端部锚固构造,见表8-2-5。

板顶筋端部锚固构造　　　　表 8-2-5

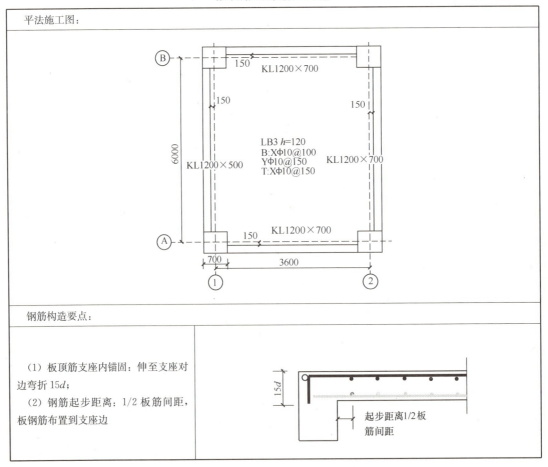

钢筋构造要点:

(1) 板顶筋支座内锚固:伸至支座对边弯折 $15d$;
(2) 钢筋起步距离:1/2 板筋间距,板钢筋布置到支座边

续表

钢筋效果图:
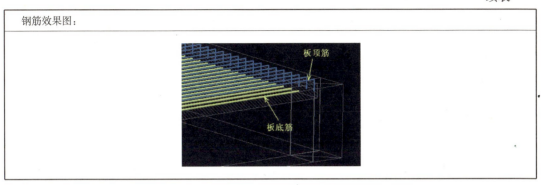

（二）板顶贯通筋中间连接（相邻跨配筋相同）（《11G101-1》第92页）

板顶贯通筋中间连接构造，见表8-2-6。

板顶贯通筋中间连接构造（一）　　　　　表8-2-6

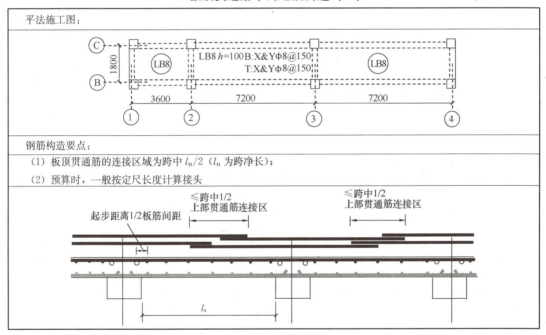

钢筋构造要点：
(1) 板顶贯通筋的连接区域为跨中 $l_n/2$（l_n 为跨净长）；
(2) 预算时，一般按定尺长度计算接头

（三）板顶贯通筋中间连接（相邻跨配筋不同）（《11G101-1》第92页）

板顶贯通筋中间连接构造，见表8-2-7。

板顶贯通筋中间连接构造（二）　　　　　表8-2-7

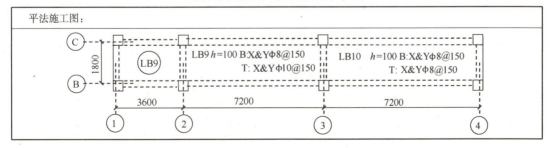

续表

钢筋构造要点:
相邻两跨板顶贯通筋配筋不同时,配筋较大的伸至配筋较小的跨中 $l/3$ 范围内连接

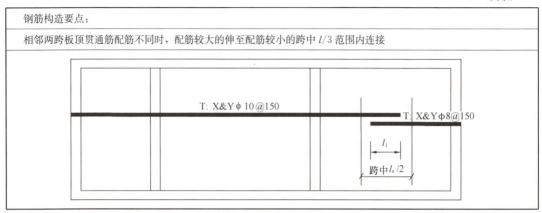

(四) 悬挑板顶部构造筋构造(《11G101-1》第95页)

延伸悬挑板顶部构造钢筋,见表8-2-8。

悬挑板顶部构造钢筋   表8-2-8

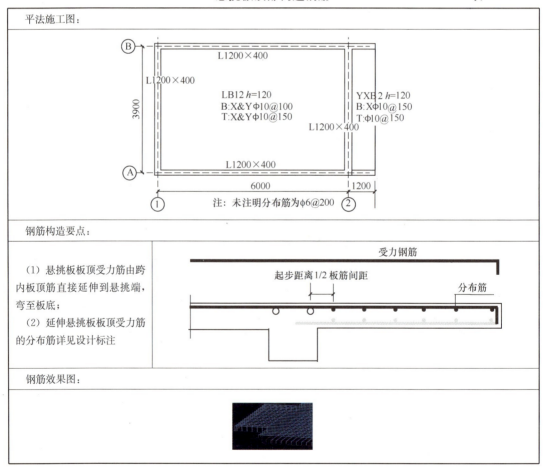

(五) 板顶筋和同向支座负筋重叠,隔一布一(《11G101-1》第40页)

板顶筋和同向支座负筋重叠,隔一布一,见表8-2-9。

板顶筋和支座负筋隔一布一　　　　表 8-2-9

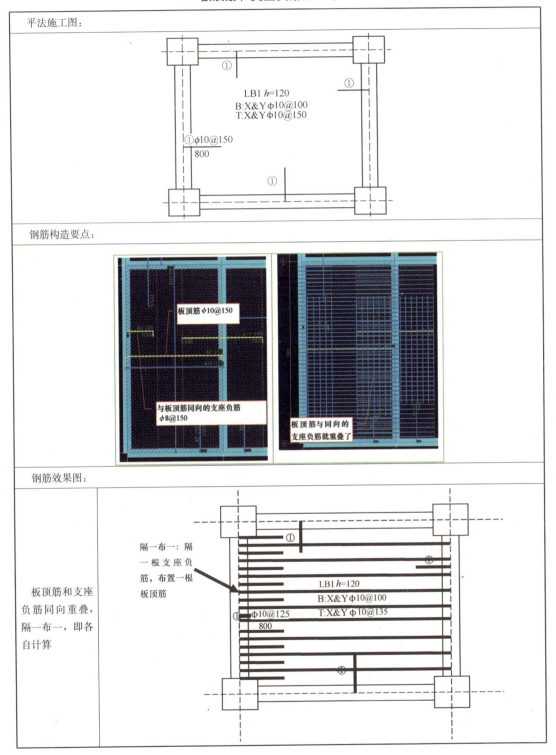

(六) 板顶筋和支座负筋相互替代对方分布筋

板顶筋和支座负筋相互替代对方分布筋，见表 8-2-10。

板顶筋和支座负筋相互替代对方分布筋　　　　表 8-2-10

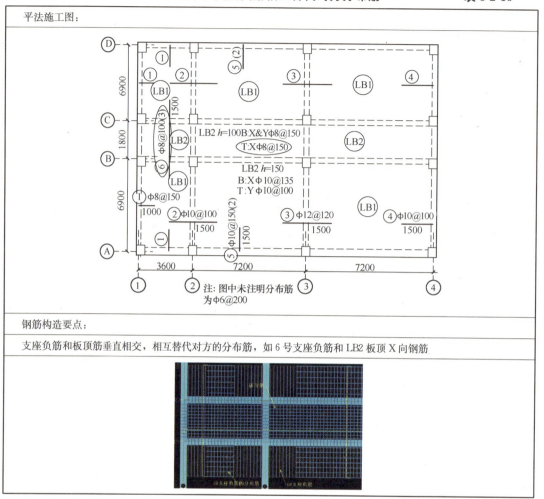

钢筋构造要点：

支座负筋和板顶筋垂直相交，相互替代对方的分布筋，如 6 号支座负筋和 LB2 板顶 X 向钢筋

四、支座负筋构造

（一）中间支座负筋一般构造（《11G101-1》第 92 页）

中间支座负筋一般构造，见表 8-2-11。

中间支座负筋一般构造　　　　表 8-2-11

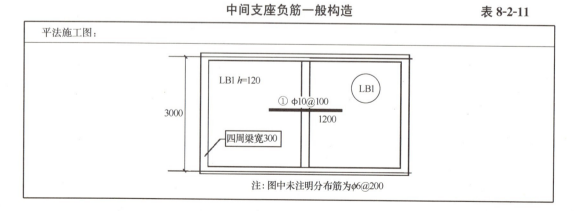

续表

钢筋构造要点:
(1) 中间支座负筋的延伸长度是指自支座中心线向跨内的长度； (2) 弯折长度为 $h-30$，也就是板厚减上下保护层； (3) 支座负筋分布筋： 　　长度：支座负筋的布置范围； 　　根数：从梁边起步布置

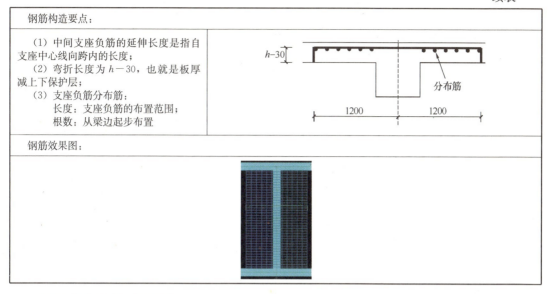

钢筋效果图:

（二）转角处分布筋扣减

转角处分布筋扣减，见表 8-2-12。

转角处分布筋扣减　　　　　　　　表 8-2-12

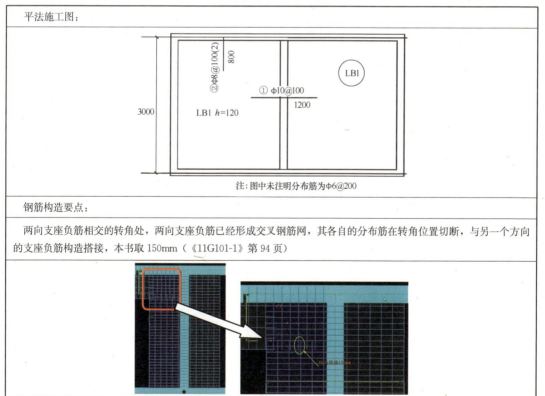

平法施工图:
注：图中未注明分布筋为 φ6@200

钢筋构造要点:
两向支座负筋相交的转角处，两向支座负筋已经形成交叉钢筋网，其各自的分布筋在转角位置切断，与另一个方向的支座负筋构造搭接，本书取 150mm（《11G101-1》第 94 页）

（三）板顶筋替代支座负筋分布筋

板顶筋替代支座负筋分布筋，见表 8-2-13。

| 板顶筋替代支座负筋分布筋 | 表 8-2-13 |

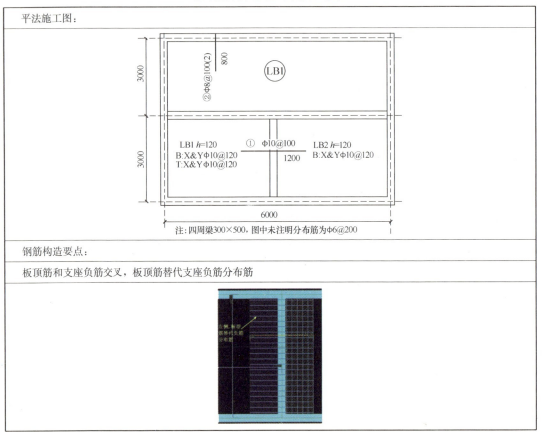

钢筋构造要点：

板顶筋和支座负筋交叉，板顶筋替代支座负筋分布筋

五、其他钢筋

（一）板开洞（《11G101-1》第101、102页）

板开洞钢筋构造，见表8-2-14。

| 板开洞钢筋构造 | 表 8-2-14 |

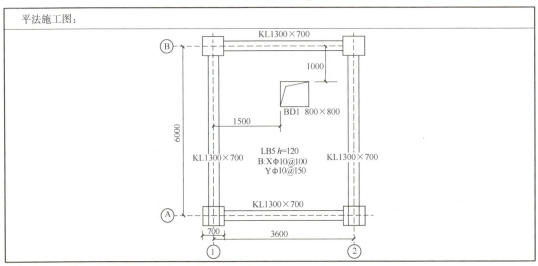

续表

钢筋构造要点:	
(1) 洞口补强筋: 板洞小于 300mm 时,不设补强筋 大于 300mm 但不大于 1000mm 时,洞边增加补强筋,规格和长度按设计标注,设计未注明时,按不小于 12mm 且不小于洞边被截断的纵筋的 50% 配置。环向上下各配置一根直径不小于 10 的钢筋补强。	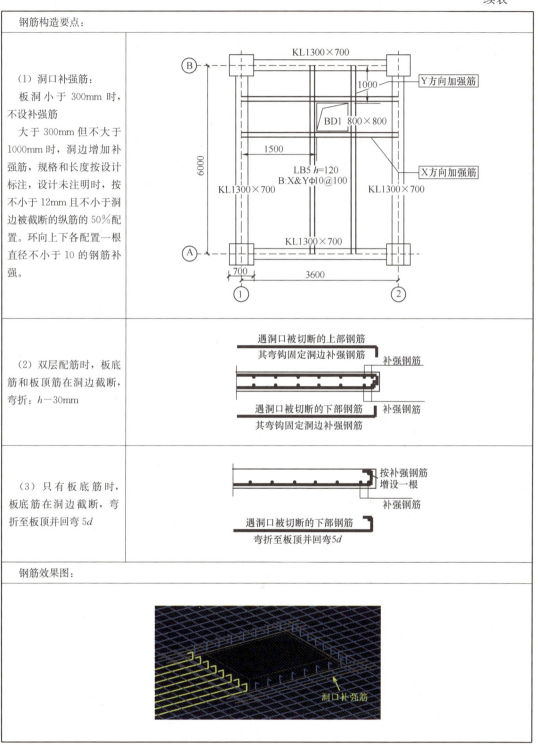
(2) 双层配筋时,板底筋和板顶筋在洞边截断,弯折:$h-30mm$	
(3) 只有板底筋时,板底筋在洞边截断,弯折至板顶并回弯 $5d$	

钢筋效果图:

(二)温度筋、悬挑阴角补充附加筋

温度筋、悬挑阴角补充附加筋,见表 8-2-15。

温度筋、悬挑阴角补充附加筋 表 8-2-15

钢筋构造要点：	
（1）温度筋：当板跨度较大，板厚较厚，既没有配置板顶受力筋时，为防止板混凝土受温度变化发行开裂，在板顶部设置温度构造筋，两端与支座负筋连接； （2）温度筋的设置由设计标注； （3）温度筋与受力筋搭接 l_l	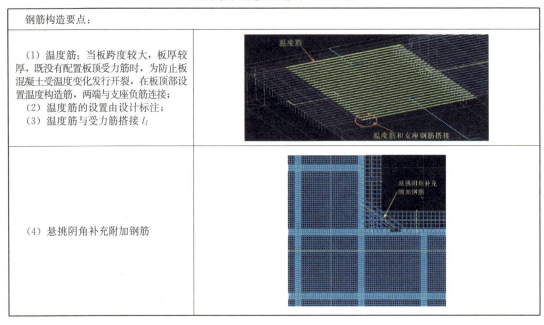
（4）悬挑阴角补充附加钢筋	

思 考 与 练 习

1. 在图 8-2-1 中填空，板底筋锚固长度。

2. 在图 8-2-2 中填空，板顶筋锚固长度及起步距离。

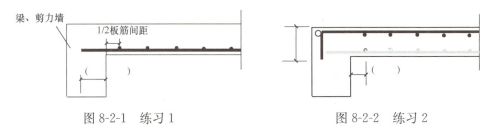

图 8-2-1　练习 1　　　　　　　图 8-2-2　练习 2

3. 在图 8-2-3 中填空，支座负筋的延伸长度。

4. 计算图 8-2-4 中①号支座负筋的分布筋根数。

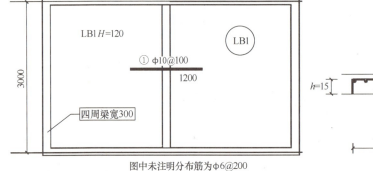

图中未注明分布筋为 φ6@200

图 8-2-3　练习 3

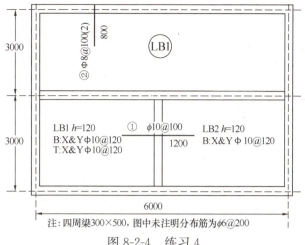

图 8-2-4 练习 4

第三节 板构件钢筋实例计算

上一节讲解了板构件的平法钢筋构造,本节就这些钢筋构造情况举实例计算。

本小节所有构件的计算条件,见表 8-3-1。

钢筋计算条件　　　　　　　　　　表 8-3-1

计算条件	值
抗震等级	板为非抗震构件
混凝土强度	C30
纵筋连接方式	板顶筋:绑扎搭接 板底筋:分跨锚固
钢筋定尺长度	9000mm

一、实例施工图

本实例为完整的一层楼的现浇板平法施工图(有梁板),见图 8-3-1,各轴线居中,梁

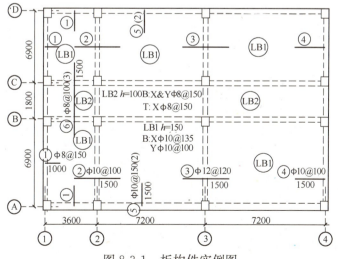

图 8-3-1 板构件实例图

宽均为 300mm，未注明分布筋为 φ6@250。

二、实例算量

(一) 实例图分析
1. 板构件划分

此实例是按《11G101-4》制图规则设计的平法施工图，按板块进行编号，相同配置的板编为同一编号。在钢筋计算过程中，虽为同一编号，但板块的尺寸不同，要分别计算，因此，这里再将各个板块和位置进行整理，见表8-3-2。

实例图分析　　　　　　　　　　　　　表 8-3-2

板块编号整理	位置说明	板块编号整理	位置说明
LB1	①～②轴/Ⓐ～Ⓑ轴板	LB1-5	③～④轴/Ⓒ～Ⓓ轴板
LB1-1	②～③轴/Ⓐ～Ⓑ轴板	①～②轴 LB2	①～②轴/Ⓑ～Ⓒ轴板
LB1-2	③～④轴/Ⓐ～Ⓑ轴板	②～③轴 LB2	②～③轴/Ⓑ～Ⓒ轴板
LB1-3	①～②轴/Ⓒ～Ⓓ轴板	③～④轴 LB2	③～④轴/Ⓑ～Ⓒ轴板
LB1-4	②～③轴/Ⓒ～Ⓓ轴板		

2. 计算参数

钢筋计算参数，见表8-3-3。

板钢筋计算参数　　　　　　　　　　　　　表 8-3-3

参　　数	值	出　　处
支座保护层厚度 c/板保护层	20mm/15mm	《11G101-1》第 54 页
l_a	$l_a=1\times l_{ab}=30d$	《11G101-1》第 54 页
l_l	$1.2\ l_a$	《11G101-1》第 55 页
起步距离	1/2 钢筋间距	《11G101-1》第 92 页

(二) 板底、板顶钢筋计算

板底筋计算，见表8-3-4。

板底、板顶筋计算　　　　　　　　　　　　　表 8-3-4

钢　　筋	计 算 过 程	说　　明
LB1、LB1-3 板底筋 X 向	长度=3600+2×6.25×10 =3725mm	(1) 板底筋锚固长度≥5d 且到梁中线，本例中，梁宽300，到梁中线均大于 5d，故都按锚至轴线； (2) 钢筋起步距离 1/2 间距
	根数=(6900-2×150-135)/135+1 =49 根	
LB1、LB1-3 板底筋 Y 向	长度=6900+2×6.25×10 =7025mm	
	根数=(3600-2×150-100)/100+1 =33 根	
LB1-1、LB1-2、LB1-4 轴、LB1-5 板底 X 向	长度=7200+2×6.25×10 =7325mm	
	根数=(6900-2×150-135)/135+1 =49 根	

续表

钢　筋	计　算　过　程	说　明
LB1-1、LB1-2、LB1-4 轴、LB1-5 板底 Y 向	长度＝6900＋2×6.25×10 ＝7025mm	（1）板底筋锚固长度≥5d 且到梁中线，本例中，梁宽300，到梁中线均大于5d，故都按锚至轴线； （2）钢筋起步距离1/2间距
	根数＝(7200－2×150－100)/100＋1 ＝69 根	
①～②轴 LB2 板底筋 Y 向	长度＝1800＋2×6.25×10 ＝1925mm	
	根数＝(3600－2×150－150)/150＋1 ＝22 根	
①～②轴 LB2 板底筋 X 向	长度＝3600＋2×6.25×10 ＝3725mm	
	根数＝(1800－2×150－150)/150＋1 ＝10 根	
②～③轴；③～④轴 LB2 板底筋 Y 向	长度＝1800＋2×6.25×10 ＝1925mm	
	根数＝(7200－2×150－150)/150＋1 ＝46 根	
②～③轴；③～④轴 LB2 板底筋 X 向	长度＝7200＋2×6.25×10 ＝7325mm	
	根数＝(1800－2×150－150)/150＋1 ＝10 根	
LB2 板顶 X 向筋	长度＝7200×2＋3600＋2×（150－20＋15×8） ＝18500mm 搭接数量＝18500/9000－1＝2 钢筋总长度＝18500＋2×1.2×30×8 ＝19076mm	LB2 板顶无 Y 向受力筋，由 6# 支座负筋替代其分布筋
	根数＝(1800－2×150－150)/150＋1 ＝10 根	

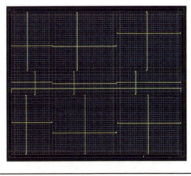

（三）支座负筋计算

1. ①轴/Ⓐ～Ⓑ轴、①轴/Ⓒ～Ⓓ轴

①轴/Ⓐ～Ⓑ轴、①轴/Ⓒ～Ⓓ轴支座负筋计算，见表 8-3-5。

①轴/Ⓐ～Ⓑ轴、①轴/Ⓒ～Ⓓ轴支座负筋计算　　　　表 8-3-5

钢　筋	计算过程	说　明
支座负筋	长度＝1000＋150－20＋15×8＋(150－30)＝1370mm	(1)端支座负筋,端部伸到梁外边下弯15d; (2)本例中端支座负筋的标注长度是指总平直段长度
	根数＝(6900－300－2×75)/150＋1＝44 根	
支座负筋分布筋	长度＝6900－1000－1500＋2×150＝4700mm	
	根数＝(1000－150－125)/250＋1＝4 根	分布筋两端截断,与另一方向梁上的支座负筋搭接

2. ②轴/Ⓐ～Ⓑ轴、②轴/Ⓒ～Ⓓ轴

②轴/Ⓐ～Ⓑ轴、②轴/Ⓒ～Ⓓ轴支座负筋计算,见表 8-3-6。

②轴/Ⓐ～Ⓑ轴、②轴/Ⓒ～Ⓓ轴支座负筋计算　　　　表 8-3-6

钢　筋	计算过程	说　明
支座负筋	长度＝1500×2＋2×(150－30)＝3240mm	1500 是指支座中心线向跨内的延伸长度
	根数＝(6900－300－2×50)/100＋1＝66 根	
支座负筋分布筋	左侧分布筋长度＝6900－1000－1500＋2×150＝4700mm 右侧分布筋长度＝6900－1500－1500＋2×150＝4200mm 一侧根数＝(1500－150－125)/250＋1＝6 根 两侧根数＝2×6＝12 根	分布筋两截断,与另一方向梁上的支座负筋搭接
	两侧分布筋长度不同	

3. ③轴/Ⓐ～Ⓑ轴、③轴/Ⓒ～Ⓓ轴

③轴/Ⓐ～Ⓑ轴、③轴/Ⓒ～Ⓓ轴支座负筋计算，见表8-3-7。

③轴/Ⓐ～Ⓑ轴、③轴/Ⓒ～Ⓓ轴支座负筋计算　　　表8-3-7

钢　筋	计　算　过　程	说　明
支座负筋	长度＝1500×2＋2×(150－30) 　　＝3240mm	1500是指支座中心线向跨内的延伸长度
支座负筋	根数＝(6900－300－2×60)/120＋1 　　＝55根	
支座负筋分布筋	分布筋长度＝6900－1500－1500＋2×150 　　　　＝4200mm	分布筋两端截断，与另一方向梁上的支座负筋搭接
支座负筋分布筋	一侧根数＝(1500－150－125)/250＋1 　　　＝6根 两侧根数＝2×6＝12根	

4. ④轴/Ⓐ～Ⓑ轴、④轴/Ⓒ～Ⓓ轴

④轴/Ⓐ～Ⓑ轴、④轴/Ⓒ～Ⓓ轴支座负筋计算，见表8-3-8。

④轴/Ⓐ～Ⓑ轴、④轴/Ⓒ～Ⓓ轴支座负筋计算　　　表8-3-8

钢　筋	计　算　过　程	说　明
支座负筋	长度＝1500－20＋15×10＋(150－30) 　　＝1750mm	(1)端支座负筋，端部伸到梁外边下弯15d； (2)本例中端支座负筋的标注长度是指总平直段长度
支座负筋	根数＝(6900－300－2×50)/100＋1 　　＝66根	

续表

钢 筋	计 算 过 程	说 明
支座负筋分布筋	长度＝6900－1500－1500＋2×150 ＝4200mm	分布筋两端截断，与另一方向梁上的支座负筋搭接
	根数＝(1500－150－125)/250＋1 ＝6根	

5. Ⓐ轴/①～②轴、Ⓓ轴/①～②轴

Ⓐ轴/①～②轴、Ⓓ轴/①～②轴支座负筋计算，见表 8-3-9。

Ⓐ轴/①～②轴、Ⓓ轴/①～②轴支座负筋计算　　　表 8-3-9

钢 筋	计 算 过 程	说 明
支座负筋	长度＝1000－20＋15×8＋(150－30) ＝1220m	(1)端支座负筋，端部伸到梁外边下弯 15d； (2)本例中端支座负筋标注长度是指总平直段长度
	根数＝(3600－300－2×75)/150＋1 ＝22根	
支座负筋分布筋	长度＝3600－1000－1500＋2×150 ＝1400mm	分布筋两端截断，与另一方向梁上的支座负筋搭接
	根数＝(1000－150－125)/250＋1 ＝4根	

6. Ⓐ轴/②～③轴、Ⓐ轴/③～④轴、Ⓓ轴/②～③轴、Ⓓ轴/③～④轴

Ⓐ轴/②～③轴、Ⓐ轴/③～④轴、Ⓓ轴/②～③轴、Ⓓ轴/③～④轴支座负筋计算，见表 8-3-10。

Ⓐ轴/②～③轴、Ⓐ轴/③～④轴、Ⓓ轴/②～③轴、Ⓓ轴/③～④轴支座负筋计算

表 8-3-10

钢 筋	计 算 过 程	说 明
支座负筋	长度＝1500－20＋15×10＋(150－30) ＝1750mm	(1)端支座负筋，端部伸到梁外边下弯15d； (2)本例中端支座负筋标注长度是指总平直段长度
	根数＝(7200－300－2×75)/150＋1 ＝46 根	
支座负筋分布筋	长度＝7200－1500－1500＋2×150 ＝4500mm	分布筋两端截断，与另一方向梁上的支座负筋搭接
	根数＝(1500－150－125)/250＋1 ＝6 根	

7. Ⓑ轴/Ⓒ轴跨板支座负筋

Ⓑ轴/Ⓒ轴跨板支座负筋计算，见表 8-3-11。

Ⓑ轴/Ⓒ轴跨板支座负筋计算

表 8-3-11

钢 筋	计 算 过 程	说 明
支座负筋	长度＝1800＋1500×2＋2×(150－30) ＝5040mm	1500是指支座中心线向跨内的延伸长度
	根数＝(7200×2＋3600－600－300－2×50)/ 100＋1＝171 根	
支座负筋分布筋	分布筋长度（①～②轴） ＝3600－1500－1000＋2×150 ＝1400mm 分布筋长度（②～③、③～④轴） ＝7200－1500－1500＋2×150 ＝4500mm	分布筋两端截断，与另一方向梁上的支座负筋搭接
	一侧根数 ＝(1500－150－125)/250＋1 ＝6 根 两侧根数＝2×6＝12 根	中间1800宽度范围内没有分布筋，因为该位置板顶筋和支座负筋相互交叉，相互替代对方的分布筋

思 考 与 练 习

1. 计算图 8-3-2 中板构件的所有钢筋（未注明分布筋为 φ6@250）。

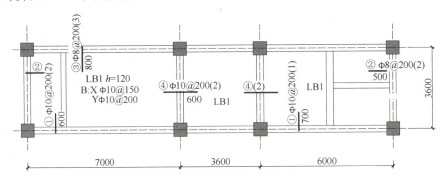

图 8-3-2　练习 1

第九章 剪力墙构件

第一节 剪力墙构件平法识图

一、G101 平法识图学习方法

1. G101 平法识图学习方法

G101 平法图集由"制图规则"和"构造详图"两部分组成,通过学习制图规则来识图,通过学习构造详图来了解钢筋的构造及计算。制图规则的学习,可以总结为以下三方面的内容,见图 9-1-1。一是该构件按平法制图有几种表达方式,二是该构件有哪些数据项,三是这些数据项具体如何标注。

图 9-1-1　G101 平法识图学习方法

2.《11G101-1》剪力墙构件平法识图知识体系

（1）剪力墙构件的组成

剪力墙构件不是一个独立的构件,而是由墙身、墙梁、墙柱共同组成,见表 9-1-1。

剪力墙构件组成　　　　　　　　　　　　　表 9-1-1

剪力墙构件组成		图示
墙身	墙身	剪力墙墙身

续表

剪力墙构件组成		图　　示
墙柱	第一个角度：端柱、暗柱	
	第二个角度：约束性柱、构造性柱	
墙梁	连梁	
	暗梁	
	边框梁	

墙柱中的端柱与暗柱，见图 9-1-2。

连梁、暗梁和边框梁，见图 9-1-3。

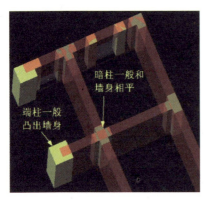

图 9-1-2　端柱与暗柱　　　　图 9-1-3　连梁、暗梁和边框梁

（2）《11G101-1》剪力墙构件平法识图知识体系

《11G101-1》第 13～24 页讲述的是剪力墙构件的制图规则，知识体系如表 9-1-2 所示。

《11G101-1》剪力墙构件平法识图知识体系　　　表 9-1-2

板构件识图知识体系			《11G101-1》页码
平法表达方式	列表注写方式		第 13～16 页
	截面注写方式		第 17 页
数据项	墙身	墙身编号	第 13～24 页
		各段起止标高	
		配筋（水平筋、竖向筋、拉筋）	
	墙柱	墙柱编号	
		各段起止标高	
		配筋（纵筋和箍筋）	
	墙梁	墙梁编号	
		所在楼层号	
		顶标高高差	
		截面尺寸	
		配筋（顶部、底部纵筋、箍筋）	
		附加钢筋（交叉暗撑、斜向交叉钢筋等）	

续表

板构件识图知识体系			《11G101-1》页码
列表注写数据标注方式	墙身	墙身平面图：墙身编号	第14页
		墙身表：各段起止标高	
		墙身表：配筋（水平筋、竖向筋、拉筋）	
	墙柱	墙柱平面图：墙柱编号	第13、14页
		墙柱表：各段起止标高	
		墙柱表：配筋（纵筋和箍筋）	
	墙梁	墙梁平面图：墙梁编号	第15、16页
		墙梁表：所在楼层号	
		墙梁表：顶标高高差（选注）	
		墙梁表：截面尺寸	
		墙梁表：配筋	
		墙梁表：附加钢筋（选注）	
截面注写数据标注方式	在剪力墙平面布置图上，以直接在墙身、墙柱、墙梁上注写截面尺寸和配筋具体数值的方式来表示在剪力墙平法施工图		第17页
洞口	无论采用列表注写还是截面注写，剪力墙洞口均可以剪力墙平面图上原位表达，表达的内容包括：洞口编号、几何尺寸、洞口中心相对标高、洞口每边补强钢筋		第18、19页

二、剪力墙构件平法识图

（一）剪力墙构件的平法表达方式

《11G101-1》中，剪力墙构件的平法表达方式分列表注写和截面注写两种形式。

1. 剪力墙构件列表注写方式

剪力墙构件的列表注写方式，是分别在"墙身表"、"墙柱表"、"墙梁表"中对应剪力墙平面布置图上的编号，用绘制截面配筋图并注写几何尺寸及配筋具体数值的方式，来表达剪力墙平法施工图。

剪力墙列表注写方式识图方法，就是剪力墙平面图与墙身表、墙柱表、墙梁表对照阅读，见图9-1-4。

剪力墙列表注写方式实例，见图9-1-5。

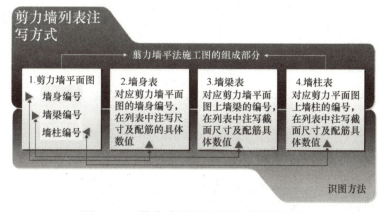

图9-1-4　剪力墙列表注写方式识图方法

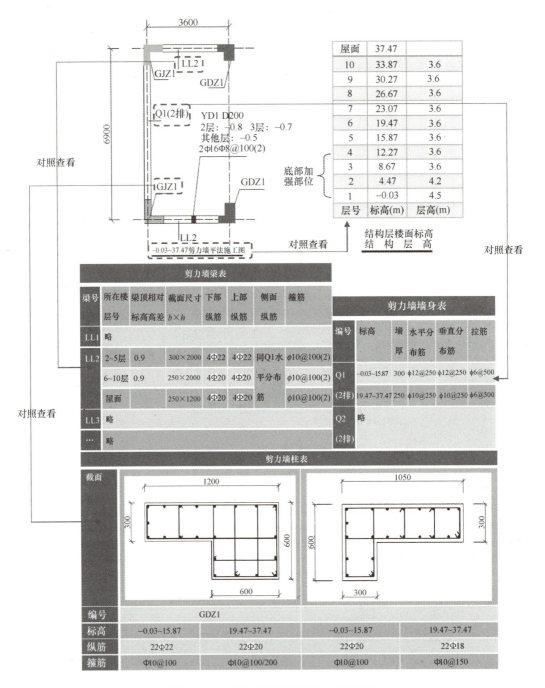

图 9-1-5 剪力墙列表注写方式示例

2. 剪力墙截面注写方式

剪力墙截面注写方式,是在剪力墙平面布置图上,以直接在墙柱、墙梁、墙身上注写截面尺寸和配筋具体数值的方式,来表达剪力墙平法施工图。

剪力墙截面注写方式,见图 9-1-6。

(二)剪力墙平法识图要点

前面讲解了剪力墙的平法表达方式分列表注写和截面注写两种方式,这两种表达方式

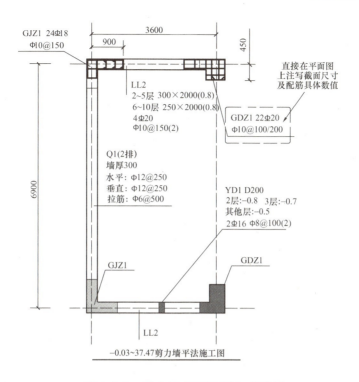

图 9-1-6　剪力墙截面注写方式示例

的表达的数据项是相同，这里，就讲解这些数据项具体在阅读和识图时要点。

1. 结构层高及楼面标高识图要点

对于一、二级抗震设计的剪力墙结构，有一个"底部加强部位"，哪里是"底部加强部位"呢？就注写在"结构层高与楼面标高"表中，见图 9-1-7。

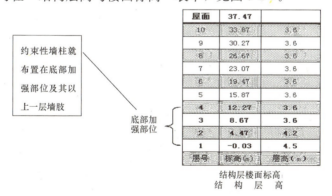

图 9-1-7　底部加强部位

2. 墙梁识图要点

墙梁的识图要点为：墙梁标高与墙身标高的关系，见图 9-1-8。

图 9-1-8 中，各层的连梁 LL2 都位于什么标高位置呢？通过对照连梁表与结构层高标高表，就能理解，这也要求阅读者具有一定的空间理解能力，将平面表示的结构施工图，想象出空间的建筑物。

图 9-1-8 中 LL2 与墙身的标高识图，见表 9-1-3。

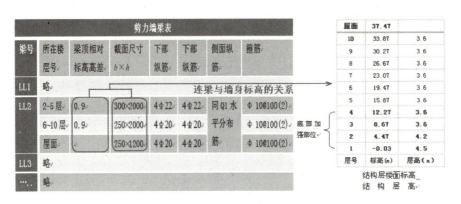

图 9-1-8　墙梁表的识图要点

墙梁与墙身标高识图　　　　　　　　　　　　　表 9-1-3

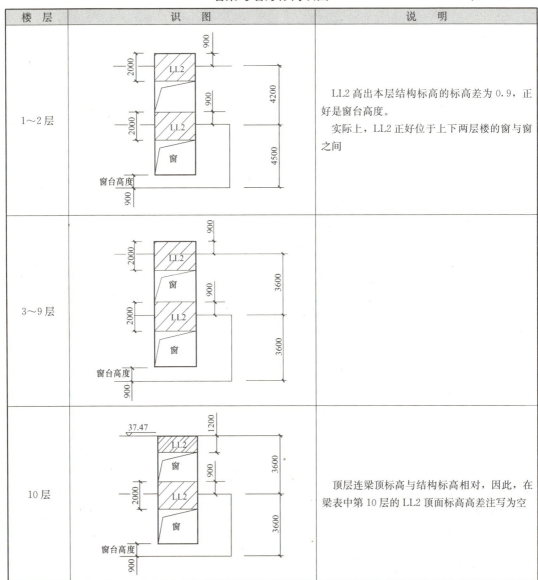

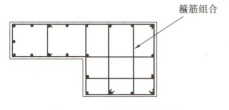

图 9-1-9 墙柱箍筋组合

3. 墙柱识图要点

（1）墙柱箍筋组合

剪力墙的墙柱箍筋往往是复合箍筋，那么，识图时，就要注意箍筋的组合，也就是要注意什么是一根箍筋，只有分清了一根箍筋，才能计算其长度，见图 9-1-9。

（2）墙柱的分类

剪力墙的墙梁分为连梁、暗梁、边框梁，这三种墙梁比较容易区分，本小节前面讲解剪力墙构件组成时就进行了讲解。

《11G101-1》第 13 页墙柱的代号，见表 9-1-4，对这 10 种代号的墙柱，如何分类呢？本书将剪力墙的墙柱从两个角度划分，一个角度分为端柱和暗柱，另一个角度分为约束性柱和构造性柱。

《11G101-1》第 13 页墙柱的代号　　　　　　　　　表 9-1-4

《11G101-1》第 13 页墙柱的代号			
墙柱类型	代号	墙柱类型	代号
约束边缘构件	YBZ	构造边缘构件	GBZ
非边缘暗柱	AZ	护壁柱	FBZ

剪力墙墙柱的分类，见表 9-1-5。

墙 柱 的 分 类　　　　　　　　　表 9-1-5

墙 柱 分 类		说　　明
第一个角度：端柱与暗柱	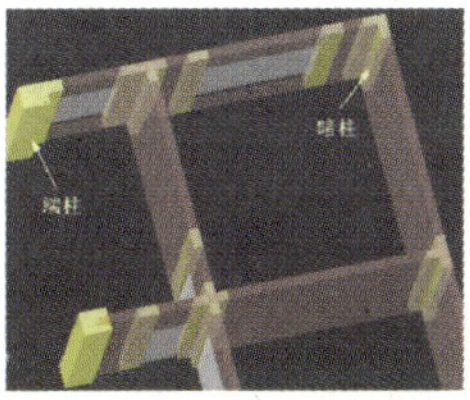 （图示：端柱、暗柱）	端柱： (1) 端柱外观一般凸出墙身； (2) 剪力墙中的端柱的钢筋计算同框架柱。 暗柱： (1) 暗柱外观一般同墙身相平； (2) 剪力墙中的暗柱的钢筋计算基本同墙身竖向筋，在基础内的插筋略有不同
第二个角度：约束性柱与构造性柱	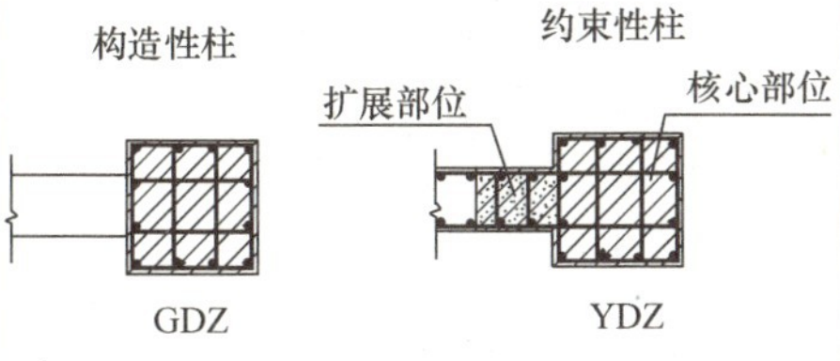 （图示：构造性柱 GDZ、约束性柱 YDZ，扩展部位、核心部位）	约束性柱以 Y 打头，用于一、二级抗震结构的底部加强部位及其以上一层墙肢

4. 墙身识图要点

墙身识图要点，要注意墙身与墙柱及墙梁的位置关系，见图 9-1-10。

图 9-1-10 的剪力墙平法施工图，这时以①轴线为例，绘制出其剖面图，见图 9-1-11。

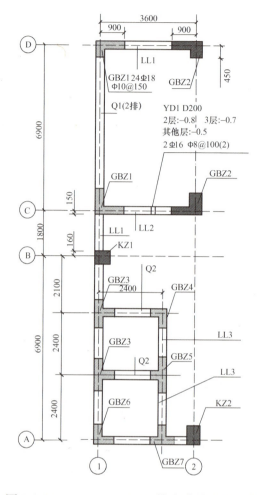

图 9-1-10 −0.03～37.47 剪力墙平法施工图

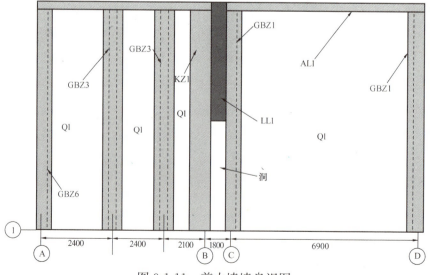

图 9-1-11 剪力墙墙身识图

思考与练习

1. 填写表 9-1-6 中构件代号的构件名称。

练 习 1　　　　　　　　　　　　　　　　　表 9-1-6

构 件 代 号	构 件 名 称	构 件 代 号	构 件 名 称
Q		BKL	
LL		GBZ	
AL		YBZ	

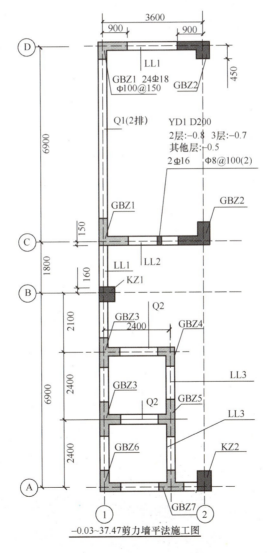

图 9-1-12　练习 2

2. 见图 9-1-12，绘制①～②轴/Ⓐ轴、①～②轴/Ⓓ轴的剖面图。

267

第二节 剪力墙构件钢筋构造

上一节讲解了剪力墙构件的平法识图,就是如何阅读剪力墙构件平法施工图。本节讲解剪力墙构件的钢筋构造,指剪力墙构件的各种钢筋在实际工程中可能出现的各种构造情况。

一、剪力墙构件钢筋构造知识体系

本书按构件组成、钢筋组成的思路,将剪力墙构件的钢筋总结为表 9-2-1 所示的内容,整理出钢筋种类后,再一种钢筋一种钢筋整理其各种构造情况,这也是本书一直强调的精髓,就是 G101 平法图集的学习方法——系统梳理。

剪力墙构件钢筋知识体系 表 9-2-1

钢筋种类	钢筋构造情况		相关图集页码
墙身钢筋	墙身水平筋长度	端部锚固	《11G101-1》第 68、69 页
		转角处构造	《11G101-1》第 68、69 页
	墙身水平筋根数	基础内根数	《11G101-3》第 59 页
		楼层中根数	《11G101-1》第 70 页
	墙身竖向筋长度	基础内插筋	《11G101-3》第 58 页
		中间层	《11G101-1》第 70 页
		顶层	《11G101-1》第 70 页
	墙身竖向筋根数		《12G901-1》第 3-2、3-3 页
	拉筋		《12G901-1》第 3-22
墙梁钢筋	连梁	纵筋	《11G101-1》第 74 页
		箍筋	
	暗梁	纵筋	《11G101-1》第 75 页
		箍筋	
	边框梁	纵筋	《11G101-1》第 75 页
		箍筋	
墙柱钢筋	端柱	纵筋	《11G101-1》第 70 页
		箍筋	
	暗柱	纵筋	《11G101-1》第 73 页
		箍筋	
钢筋示意图			

二、墙身钢筋构造

(一) 墙身水平筋构造

1. 墙身水平筋构造总述

墙身水平筋构造总述，见表 9-2-2。

墙身水平筋构造总述　　　　　　　　　　　　　表 9-2-2

墙身水平筋构造总述		
端部锚固	端柱	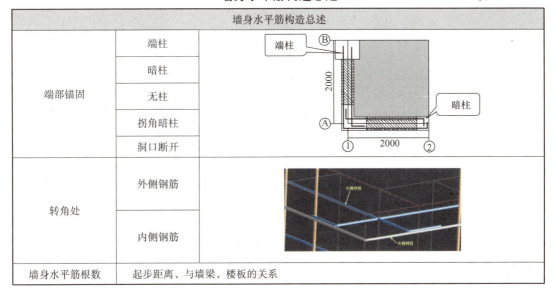
	暗柱	
	无柱	
	拐角暗柱	
	洞口断开	
转角处	外侧钢筋	
	内侧钢筋	
墙身水平筋根数	起步距离、与墙梁、楼板的关系	

2. 墙身水平筋暗柱锚固

墙身水平筋暗柱锚固构造，见表 9-2-3。

墙身水平筋暗柱锚固构造　　　　　　　　　　　表 9-2-3

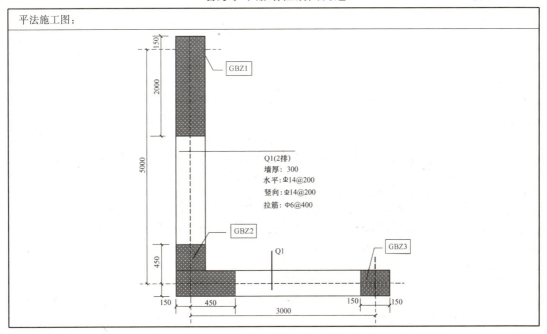

续表

钢筋构造要点：（以内侧钢筋为例）	
（1）墙身水平筋暗柱锚固：伸至对边弯折15d	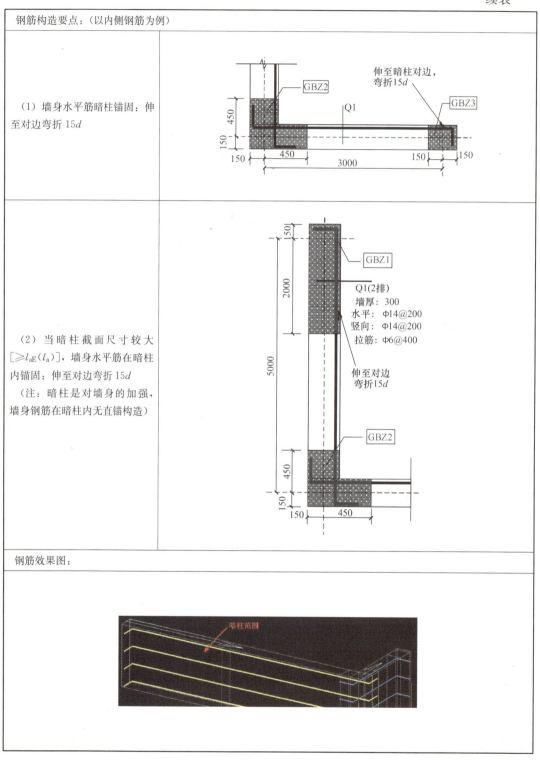
（2）当暗柱截面尺寸较大$[\geqslant l_{aE}(l_a)]$，墙身水平筋在暗柱内锚固：伸至对边弯折15d（注：暗柱是对墙身的加强，墙身钢筋在暗柱内无直锚构造）	

钢筋效果图：

3. 墙身水平筋端柱锚固（弯锚）

墙身水平筋端柱锚固构造（弯锚），见表9-2-4。

墙身水平筋端柱锚固构造（弯锚）   表 9-2-4

平法施工图：

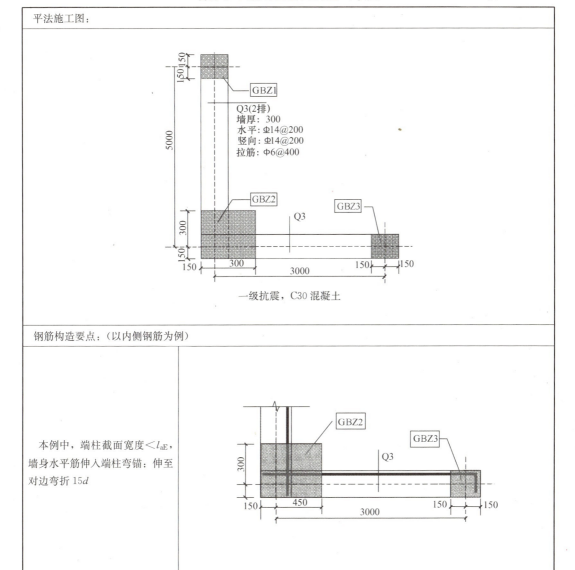

一级抗震，C30 混凝土

钢筋构造要点：（以内侧钢筋为例）

本例中，端柱截面宽度＜l_{aE}，墙身水平筋伸入端柱弯锚：伸至对边弯折 $15d$

钢筋效果图：

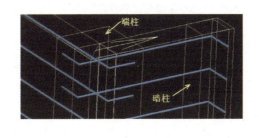

4. 墙身水平筋端柱锚固（直锚）

墙身水平筋端柱锚固构造（直锚），见表 9-2-5。

墙身水平筋端柱锚固构造（直锚）　　　表 9-2-5

平法施工图：
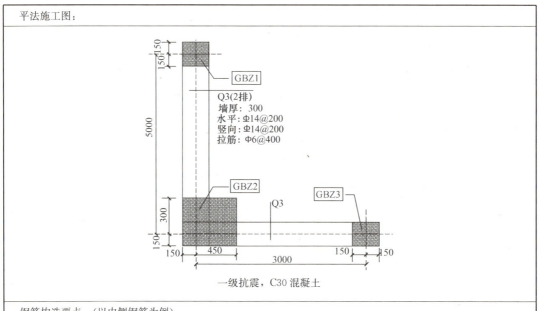 一级抗震，C30 混凝土
钢筋构造要点：（以内侧钢筋为例）
本例中，端柱截面宽度$\geq l_{aE}$（l_a），墙身水平筋伸入端柱直锚：伸至对边（《11G101-1》第 69 页） 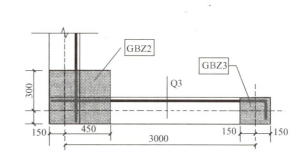
钢筋效果图：
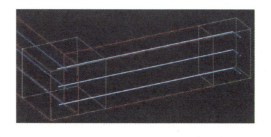

5. 墙身水平筋锚固（拐角暗柱）（《06G901-1》第 3-7 页）

墙身水平筋锚固构造（拐角暗柱），见表 9-2-6。

墙身水平筋锚固构造（拐角暗柱）　　　　表 9-2-6

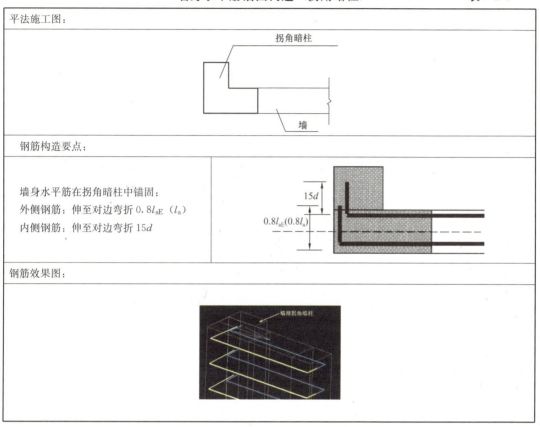

6. 墙身水平筋转角处构造（直角）（《11G101-1》第 68 页）

墙身水平筋转角处构造（直角），见表 9-2-7。

墙身水平筋转角处构造（直角）　　　　表 9-2-7

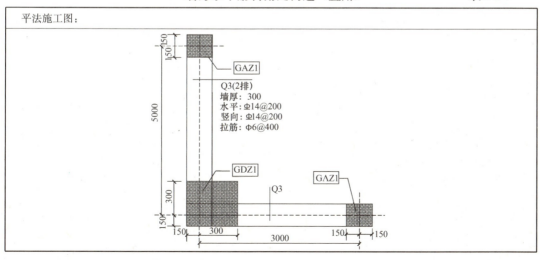

续表

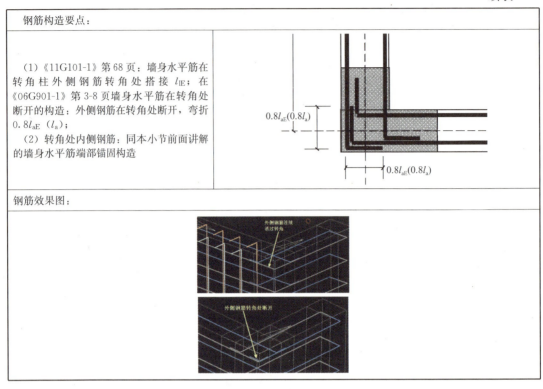

钢筋构造要点：
(1)《11G101-1》第68页：墙身水平筋在转角柱外侧钢筋转角处搭接 l_{lE}；在《06G901-1》第3-8页墙身水平筋在转角处断开的构造：外侧钢筋在转角处断开，弯折 $0.8l_{aE}$（l_a）； (2) 转角处内侧钢筋：同本小节前面讲解的墙身水平筋端部锚固构造
钢筋效果图：

7. 墙身水平筋转角处构造（斜交）

墙身水平筋转角处构造（斜交），见表9-2-8。

墙身水平筋转角处构造（斜交）　　　表9-2-8

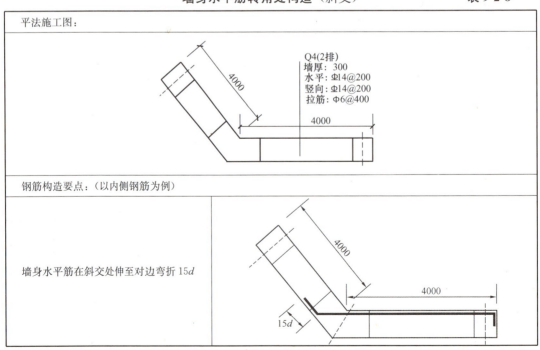

平法施工图：
Q4(2排) 墙厚：300 水平：Φ14@200 竖向：Φ14@200 拉筋：Φ6@400
钢筋构造要点：（以内侧钢筋为例）
墙身水平筋在斜交处伸至对边弯折 $15d$

钢筋效果图：
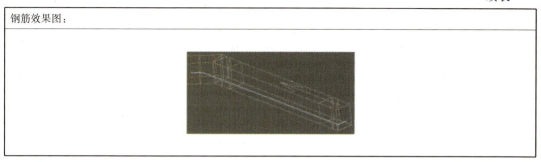

8. 墙身水平筋洞口处切断

墙身水平筋洞口处切断，见表 9-2-9。

墙身水平筋洞口处切断　　　　表 9-2-9

平法施工图：
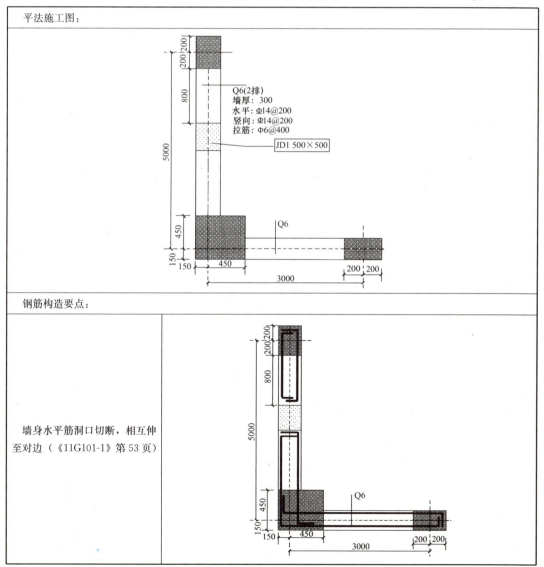

钢筋构造要点：	
墙身水平筋洞口切断，相互伸至对边（《11G101-1》第 53 页）	

续表

钢筋效果图：

9. 墙身水平筋根数构造

墙身水平筋根数构造，见表 9-2-10。

墙身水平筋根数构造　　　　表 9-2-10

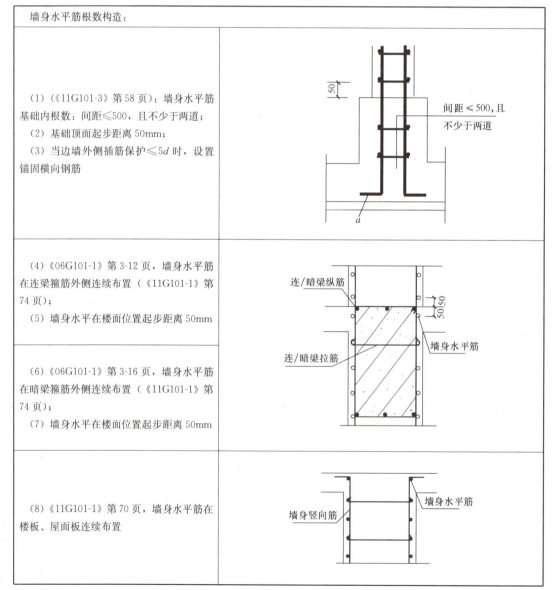

墙身水平筋根数构造：	
(1)《11G101-3》第 58 页：墙身水平筋基础内根数：间距≤500，且不少于两道； (2) 基础顶面起步距离 50mm； (3) 当边墙外侧插筋保护≤5d 时，设置锚固横向钢筋	
(4)《06G101-1》第 3-12 页，墙身水平筋在连梁箍筋外侧连续布置（《11G101-1》第 74 页）； (5) 墙身水平在楼面位置起步距离 50mm	
(6)《06G101-1》第 3-16 页，墙身水平筋在暗梁箍筋外侧连续布置（《11G101-1》第 74 页）； (7) 墙身水平在楼面位置起步距离 50mm	
(8)《11G101-1》第 70 页，墙身水平筋在楼板、屋面板连续布置	

(二)墙身竖向筋构造

1. 墙身竖向筋构造总述

墙身竖向筋构造总述,见表9-2-11。

墙身竖向筋构造总述　　表 9-2-11

墙身竖向筋构造总述			
基础内插筋	基础主梁内插筋	《11G101-3》第 58 页	
	筏形基础平板内插筋		
	条形基础、承台梁内插筋		
中间层	变截面	《11G101-1》第 70 页	
	无变截面		
顶层			
墙身竖向筋根数	约束形柱、构造形柱		
钢筋示意图			

2. 墙身竖向筋基础内插筋构造

墙身竖向筋基础内插筋构造,见表9-2-12。

墙身竖向筋基础内插筋构造　　表 9-2-12

平法施工图:

层号	顶标高	层高	顶梁高
...			
2	7.20	3.6	700
1	3.60	3.6	700
−1	±0.00	4.2	700
基础	−4.20	基础厚 800	—

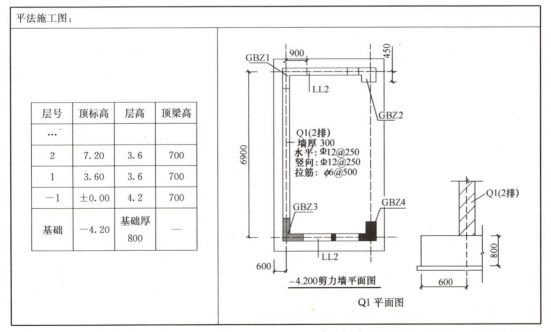

续表

钢筋构造要点：	
(1) 墙身竖向筋在筏基平板内插筋构造：伸至基础底部弯折 $a=6d$（《11G101-3》第58页）； (2) 墙竖向筋采用绑扎搭接，伸出基础的搭接长度 $=1.2l_{aE}$ （l_a）； (3) 一、二级抗震，竖筋错开500mm，三、四级抗震及非抗震可不错开； (4) 竖向钢筋一级钢筋端部需要加180°弯钩（6.25d）	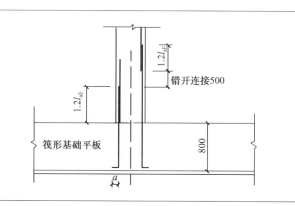
钢筋效果图：	
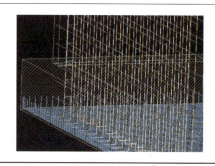	

3. 墙身竖向筋楼层中基本构造

墙身竖向筋楼层中基本构造，见表9-2-13。

墙身竖向筋楼层中基本构造　　　　表9-2-13

平法施工图：

层号	标高(m)	层高(m)
20	69.87	3.6
19	66.27	3.6
18	62.67	3.6
17	59.07	3.6
16	55.47	3.6
...		
4	12.27	3.6
3	8.67	3.6
2	4.47	4.2
1	−0.03	4.5

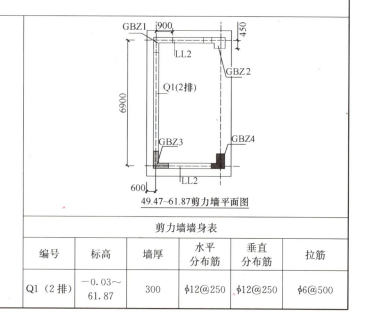

49.47~61.87剪力墙平面图

剪力墙墙身表

编号	标高	墙厚	水平分布筋	垂直分布筋	拉筋
Q1（2排）	−0.03~61.87	300	$\phi12@250$	$\phi12@250$	$\phi6@500$

续表

钢筋构造要点：（设抗震等级为二级，采用绑扎搭接）	
楼层中，墙身竖向筋构造： 低位：本层层高＋伸入上层 $1.2l_{aE}$（l_a） 高位：本层层高－$1.2l_{aE}$（l_a）－500＋伸入上层 $1.2l_{aE}$（l_a）＋500＋$1.2l_{aE}$（l_a）	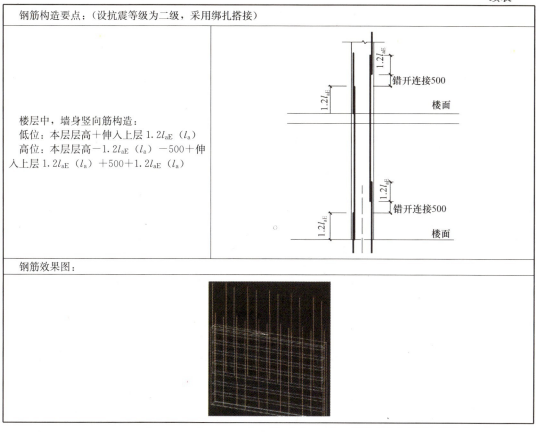
钢筋效果图：	

4. 墙身竖向筋楼层中构造（变截面）

墙身竖向筋楼层中构造，见表 9-2-14。

墙身竖向筋楼层中构造（变截面）　　　表 9-2-14

平法施工图：

层号	标高（m）	层高（m）
20	69.87	3.6
19	66.27	3.6
18	62.67	3.6
17	59.07	3.6
16	55.47	3.6
…		
4	12.27	3.6
3	8.67	3.6
2	4.47	4.2
1	−0.03	4.5

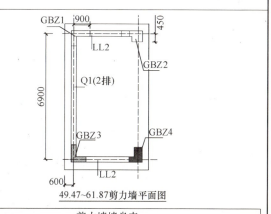

49.47～61.87 剪力墙平面图

剪力墙墙身表					
编号	标高	墙厚	水平分布筋	垂直分布筋	拉筋
Q1（2 排）	−0.03～15.87	300	φ12@250	φ12@250	φ6@500
	19.47～61.87	250	φ10@250	φ10@250	φ6@500

钢筋构造要点:	
《11G101-1》第70页，变截面处，下层墙竖向筋伸至本层顶，自板底起算加 l_{aE} (l_a)，并且平直段长度≥12d	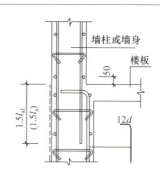
钢筋效果图:	

5. 墙身竖向筋顶层构造

墙身竖向筋顶层构造，见表9-2-15。

墙身竖向筋顶层构造　　　　　表 9-2-15

墙身竖向筋顶层构造:	
《11G101-1》第70页，墙身竖向筋自板底起算 l_{aE} (l_a)，并且平直段长度≥12d	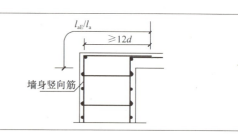
钢筋效果图:	
	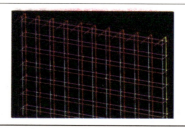

6. 墙身竖向筋根数构造

墙身竖向筋根数构造，见表9-2-16。

墙身竖向筋根数构造		表 9-2-16
墙身竖向筋根数构造：		
（1）墙端为构造性柱，墙身竖向筋在墙净长范围内布置，起步距离为一个钢筋间距（《06G901-1》第 3-2 页）	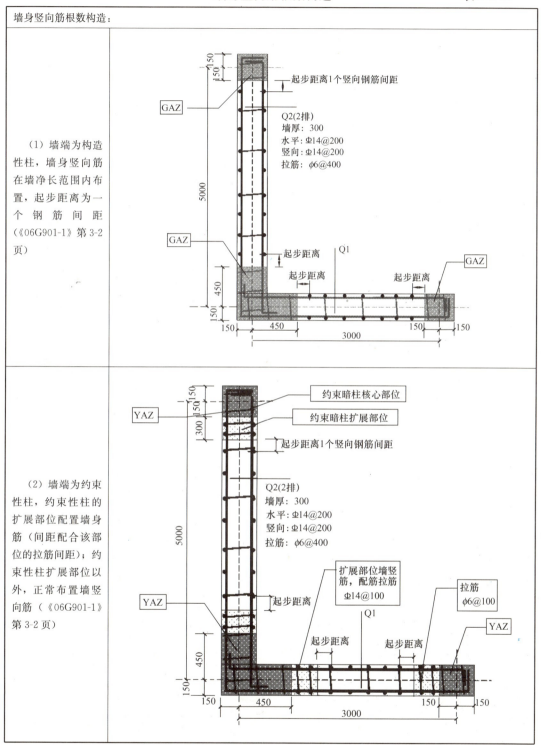	
（2）墙端为约束性柱，约束性柱的扩展部位配置墙身筋（间距配合该部位的拉筋间距）；约束性柱扩展部位以外，正常布置墙竖向筋（《06G901-1》第 3-2 页）		

（三）墙身拉筋构造（《06G101-6》第 3-22 页）

墙身拉筋根数构造，见表 9-2-17。

墙身拉筋构造 表 9-2-17

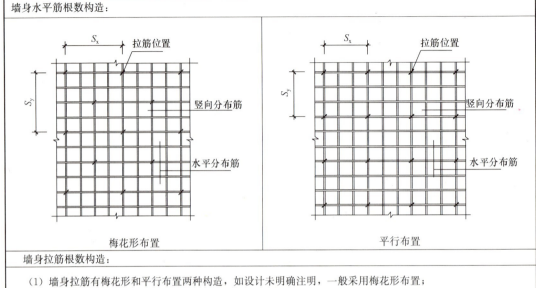

墙身水平筋根数构造:

梅花形布置　　　　　　　　　平行布置

墙身拉筋根数构造:
(1) 墙身拉筋有梅花形和平行布置两种构造,如设计未明确注明,一般采用梅花形布置;
(2) 墙身拉筋布置:
    在层高范围:从楼面往上第二排墙身水平筋,至顶板往下第一排墙身水平筋;
    在墙身宽度范围:从端部的墙柱边第一排墙身竖向钢筋开始布置;
    连梁范围内的墙水平筋,也要布置拉筋
(3) 一般情况,墙拉筋间距是墙水平筋或竖向筋间距的 2 倍

三、墙柱钢筋构造

1. 墙柱钢筋分类

《11G101-1》对剪力墙墙柱的分类,见表 9-2-18。

《11G101-1》墙柱分类　　　　　表 9-2-18

墙柱类型	代号	墙柱类型	代号
约束边缘构件	YBZ	构造边缘构件	GBE
非边缘暗柱	AZ	护壁柱	FBZ

从墙柱钢筋的计算,以及墙柱类型对墙身钢筋计算的影响方面,将《11G101-1》的墙柱分类,进一步归纳分类,见表 9-2-19。

墙柱的归纳分类　　　　　表 9-2-19

墙柱分类		对应代号
端柱	构造性端柱	GBZ
	约束性端柱	YBZ
暗柱	构造性暗柱	GBZ、AZ
	约束性暗柱	YBZ
墙柱分类对钢筋计算的影响:		
端柱与暗柱的划分,影响到墙身水平筋的锚固	构造性和约束性柱的划分,影响到墙身竖向筋的根数	—
认识约束性柱		

续表

墙柱分类	对应代号
示意图	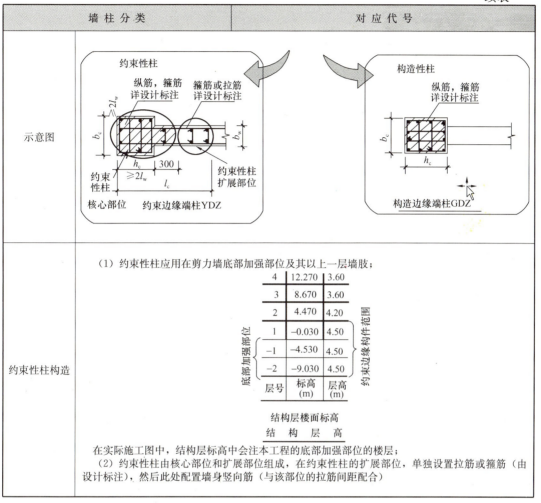
约束性柱构造	(1) 约束性柱应用在剪力墙底部加强部位及其以上一层墙肢； 在实际施工图中，结构层标高中会注本工程的底部加强部位的楼层； (2) 约束性柱由核心部位和扩展部位组成，在约束性柱的扩展部位，单独设置拉筋或箍筋（由设计标注），然后此处配置墙身竖向筋（与该部位的拉筋间距配合）

2. 墙柱的钢筋构造

墙柱的钢筋构造，见表9-2-20。

墙柱的钢筋构造 表9-2-20

墙柱钢筋构造	出 处
端柱钢筋构造： 端柱的纵筋与箍筋构造，与框架柱相同	《11G101-1》第70页，文字说明第1条
暗柱钢筋构造： 暗柱纵筋同墙身竖向筋，顶层自板底起算 l_{aE}（l_a），并平直段长度≥12d	《11G101-1》第70页 《06G901-1》第3-15页

四、墙梁钢筋构造

1. 墙梁钢筋构造知识体系

墙梁钢筋构造知识体系，见表9-2-21。

墙梁构件钢筋构造知识体系　　表 9-2-21

连梁 LL	纵筋	中间层	端部洞口
		顶层	中间洞口
	箍筋	中间层	
		顶层	
暗梁 AL	纵筋	中间层	
		顶层	
		与连梁重叠	
	箍筋		
边框梁 BKL	纵筋	中间层	
		顶层	
		与连梁重叠	
	箍筋		

2. 连梁 LL 钢筋构造（《11G101-1》第 51 页）

连梁 LL 钢筋构造，见表 9-2-22。

连梁 LL 钢筋构造　　表 9-2-22

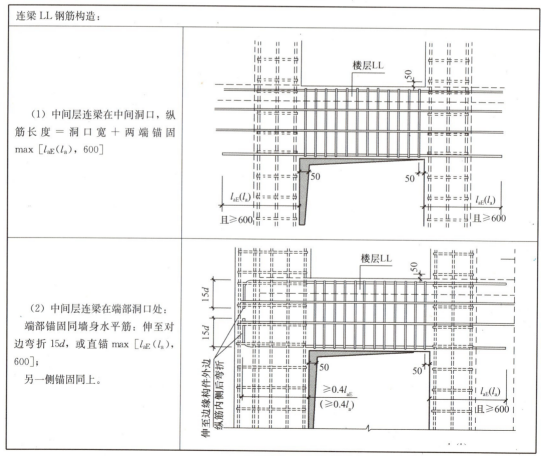

连梁 LL 钢筋构造：

（1）中间层连梁在中间洞口，纵筋长度 = 洞口宽 + 两端锚固 max [$l_{aE}(l_a)$, 600]

（2）中间层连梁在端部洞口处：
端部锚固同墙身水平筋：伸至对边弯折 15d，或直锚 max [$l_{aE}(l_a)$, 600]；
另一侧锚固同上。

续表

连梁 LL 钢筋构造：	
（3）顶层连梁端部锚固： 顶部钢筋伸至端部弯折 l_{lE}，底部钢筋同墙身水平筋伸至对边弯折 15d	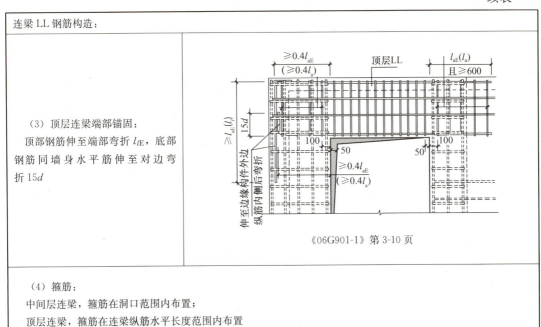 《06G901-1》第 3-10 页
（4）箍筋： 中间层连梁，箍筋在洞口范围内布置； 顶层连梁，箍筋在连梁纵筋水平长度范围内布置	

3. 暗梁 AL 钢筋构造（《06G901-1》第 3-15 页）

暗梁 AL 钢筋构造，见表 9-2-23。

暗梁 AL 钢筋构造　　　　　　　　　　表 9-2-23

暗梁 AL 钢筋构造：	
（1）中间层暗梁：端部锚固同墙身水平筋：伸至对边弯折 15d	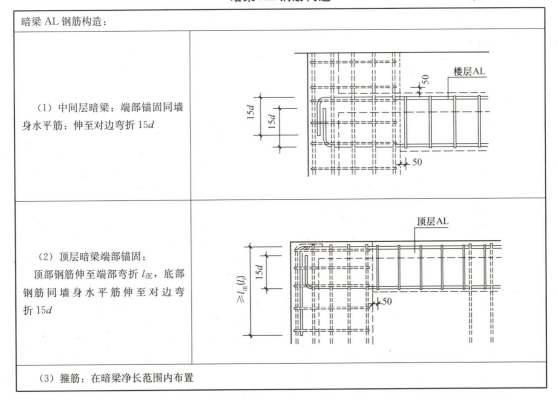
（2）顶层暗梁端部锚固： 顶部钢筋伸至端部弯折 l_{lE}，底部钢筋同墙身水平筋伸至对边弯折 15d	
（3）箍筋：在暗梁净长范围内布置	

暗梁 AL 钢筋构造：	
（4）与连梁重叠时： 暗梁纵筋与箍筋算到连梁边，暗梁纵筋与连梁纵筋若位置与规格相同的，则可贯通，规格不同的则相互搭接	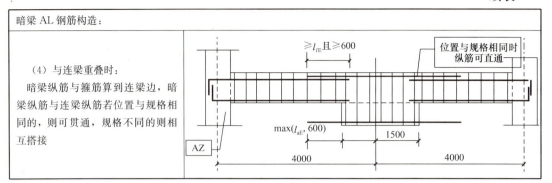

4. 边框梁 BKL 钢筋构造（《06G901-1》第 3-18 页）

边框梁 BKL 钢筋构造，见表 9-2-24。

边框梁 BKL 钢筋构造　　　　　　　　　　　表 9-2-24

边框梁 BKL 钢筋构造：	
（1）中间层边框梁：端部锚固同墙身水平筋：伸至对边弯折 $15d$	
（2）顶层边框梁端部锚固： 顶部钢筋伸至端部弯折 l_{lE}，底部钢筋同墙身水平筋伸至对边弯折 $15d$	
（3）箍筋：在边框梁净长范围内布置	
（4）与连梁重叠时： 边框梁与连梁的箍筋及纵筋各自计算，规格和位置相同的可直通	

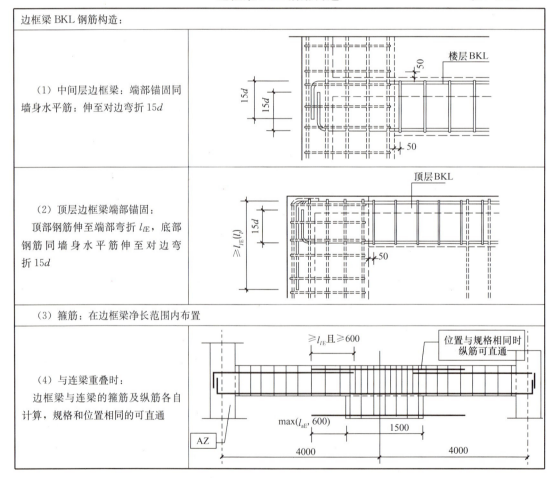

思 考 与 练 习

1. 在图 9-2-1 中描述 Q1 水平钢筋在 GBZ2 中的锚固长度。

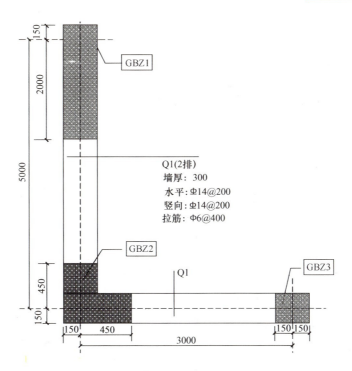

图 9-2-1 练习 1

2. 在图 9-2-2 中描述 Q3 水平筋在 GDZ1 中的锚固长度。

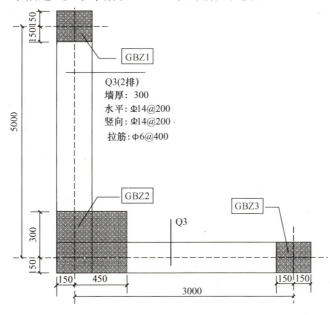

图 9-2-2 练习 2

第三节 剪力墙构件钢筋实例计算

上一节讲解了剪力墙的平法钢筋构造，本节就这些钢筋构造情况举实例计算。

本小节所有构件的计算条件，见表9-3-1。

钢 筋 计 算 条 件　　　　　　　　表 9-3-1

计 算 条 件	值
抗震等级	一级抗震
混凝土强度	C30
纵筋连接方式	墙身、墙梁、墙柱：绑扎搭接 （本书中，墙身钢筋连接按定尺长度计算，不考虑钢筋的实际连接位置；墙柱钢筋楼层进行连接）
钢筋定尺长度	9000mm

一、实例施工图

本实例为采用列表注写方式表达的一套完整剪力墙施工图，由以下几部分组成。

1. 层高标高表、各层暗梁平面布置图、墙基础示意图

层高标高表、各层暗梁平面布置图、墙基础示意图，见表9-3-2。

层高标高表、各层暗梁平面布置图、墙基础示意图　　　表 9-3-2

屋面	10.75		
3	7.15	3.6	120
2	3.55	3.6	120
1	−0.05	3.6	120
层号	底标高 (mm)	层高（m）	板厚 (mm)

层高标高表

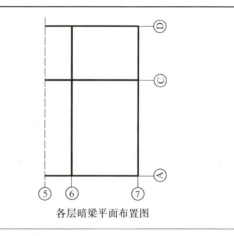

各层暗梁平面布置图

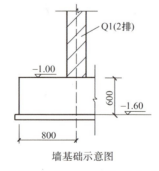

墙基础示意图

2. 各层剪力墙平面图

各层剪力墙平面图，见图9-3-1。

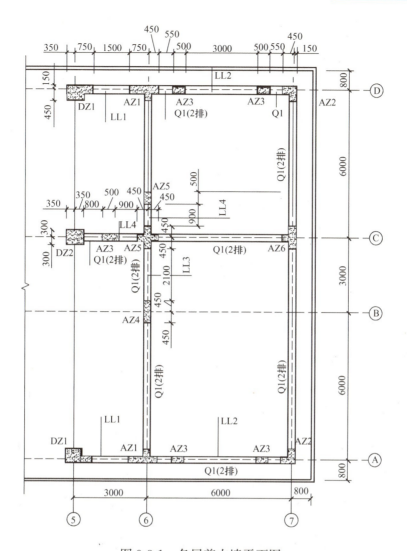

图 9-3-1 各层剪力墙平面图

3. 墙梁表

墙梁(连梁、暗梁)表见表 9-3-3。

墙 梁 表　　　　　　　　　　　表 9-3-3

编号	层号	墙梁顶相对于本层顶标高的高差 (m)	梁截面 b×h (mm)	上部纵筋	下部纵筋	箍筋
LL1	1	0.9	300×1600	4Φ22	4Φ22	φ10@100 (2)
	2	0.9	300×1600	4Φ22	4Φ22	φ10@100 (2)
	3	0	300×700	4Φ22	4Φ22	φ10@100 (2)
LL2	1	0.9	300×1600	4Φ22	4Φ22	φ10@100 (2)
	2	0.9	300×1600	4Φ22	4Φ22	φ10@100 (2)
	3	0	300×700	4Φ22	4Φ22	φ10@100 (2)

续表

编号	层号	墙梁顶相对于本层顶标高的高差（m）	梁截面 $b \times h$（mm）	上部纵筋	下部纵筋	箍筋
LL3	1	0	300×900	4Φ22	4Φ22	φ10@100（2）
	2	0	300×900	4Φ22	4Φ22	φ10@100（2）
	3	0	300×900	4Φ22	4Φ22	φ10@100（2）
LL4	1	0	300×1200	4Φ22	4Φ22	φ10@100（2）
	2	0	300×1200	4Φ22	4Φ22	φ10@100（2）
	3	0	300×1200	4Φ22	4Φ22	φ10@100（2）
AL1	1	0	300×500	4Φ20	4Φ20	φ10@150（2）
	2	0	300×500	4Φ20	4Φ20	φ10@150（2）
	3	0	300×500	4Φ20	4Φ20	φ10@150（2）

4. 墙身表

剪力墙身表见表 9-3-4。

剪 力 墙 身 表　　　　　　　　　　　　　表 9-3-4

编　号	标高（m）	墙厚（mm）	水平分布筋	竖向分布筋	拉筋
Q1	−1.00～10.75	300	Φ12@200	Φ12@200	Φ6@400×400

5. 墙柱表

剪力墙柱表见表 9-3-5。

剪 力 墙 柱 表　　　　　　　　　　　　　表 9-3-5

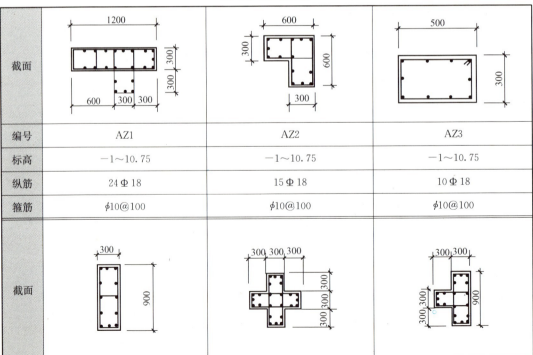

续表

编号	AZ4	AZ5	AZ6
标高	-1.00~10.75	-1.00~10.75	-1.00~10.75
纵筋	12Φ18	24Φ18	19Φ18
箍筋	φ10@100	φ10@100	φ10@100
截面	(L形截面 350/750/150/450/150/350/350)	(方形截面 350/350/300/300)	
编号	DZ1	DZ2	
标高	-1.00~10.75	-1.00~10.75	
纵筋	24Φ22	18Φ25	
箍筋	φ10@100/200	φ10@100/200	

二、实例算量

（一）墙身（Q1）钢筋计算

本书中，计算Ⓐ、Ⓓ、⑦轴的Q1钢筋工程量，剩余的Ⓒ、⑥轴的Q1钢筋工程量由读者练习。

1. Ⓐ、Ⓓ、⑦轴 Q1 水平筋计算

因为Ⓐ、Ⓓ、⑦轴的Q1形成一圈外墙，所以外侧钢筋贯通（转角外采用连续贯通的构造）。

（1）计算参数

钢筋计算参数见表9-3-6。

Q1 水平筋计算参数　　　　表 9-3-6

参　数	值	出　处
墙保护层厚度 c	15mm	《11G101-1》第54页
l_{aE}	$l_{aE}=1.15 \times l_a=1.15 \times 30d=35d$	《11G101-1》第53、54页
l_{lE}	$1.2 l_{aE}$	
墙身水平筋起步距离	基础顶面起步距离：50mm	《11G101-3》第58页
	楼面起步距离：50mm	《06G901-1》第3-12页

（2）图纸分析

剪力墙构件的钢筋计算较为复杂，因为它由墙身、墙柱、墙梁及洞口等组成，所以要有较强的空间理解力，将墙身在空间上与墙柱、墙梁的关系理清。

Ⓐ、Ⓓ轴线墙身水平钢筋分析图（Ⓐ、Ⓓ轴钢筋相同），见表9-3-7。

⑦轴墙身水平筋分析图，见图9-3-3。

（3）Ⓐ、Ⓓ轴1号钢筋计算

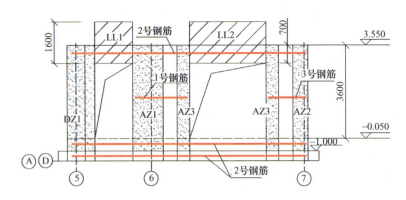

图 9-3-2　Ⓐ、Ⓓ轴墙身水平筋分析图

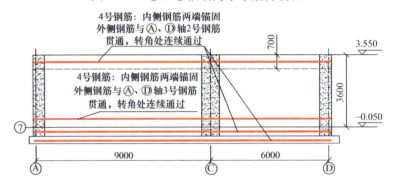

图 9-3-3　⑦轴线墙身水平筋分析图

Ⓐ、Ⓓ轴 1 号钢筋计算过程，见表 9-3-7。

Ⓐ、Ⓓ轴 1 号钢筋计算过程　　　　　　　表 9-3-7

钢　筋	计　算　过　程	说　明
1号钢筋	墙身水平筋在暗柱内锚固： 伸至对边弯折15d 1号钢筋长度（内侧和外侧相同）： ＝750＋450＋550＋500－2×15＋2×15d＋ 　2×6.25d ＝750＋450＋550＋500－2×15＋2×15× 　12＋2×6.25×12 ＝2730mm	《11G101-1》第68页 钢筋计算示意图：
	1号钢筋根数： ＝（3600－700－50）/200 ＝13根 （注：内、外侧各13根）	墙身水平筋以层计算，楼面起步距离50mm，本例中，连梁以下和连梁范围水平筋分开计算，计算根数时，连梁以下的1号钢筋未加1，以后面我们计算连梁范围内的2号筋根数时加1

续表

钢　筋	计　算　过　程	说　明
1号钢筋	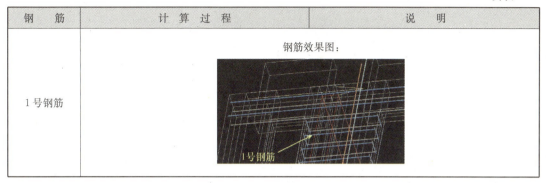钢筋效果图：	

（4）Ⓐ、Ⓓ轴3号钢筋接⑦轴4号钢筋计算

Ⓐ、Ⓓ轴3号钢筋接⑦轴4号钢筋计算过程，见表9-3-8。

Ⓐ、Ⓓ轴3号钢筋接⑦轴4号钢筋计算过程　　　　表9-3-8

钢　筋	计　算　过　程	说　明
3号钢筋外侧钢筋接4号钢筋外侧钢筋	墙身水平筋在暗柱内锚固： 伸至对边弯折$15d$ Ⓐ、Ⓓ轴3号钢筋外侧钢筋接4号钢筋外侧钢筋长度 $=2\times(500+550+450+150-2\times15+2\times15d)$ $+6000\times2+3000+2\times150-2\times15+2$ $\times6.25d$ $=2\times(500+550+450+150-2\times15+2\times15$ $\times12)+6000\times2+3000+2\times150-2\times15$ $+2\times6.25\times12$ $=19020\text{mm}$ 搭接数量：$=19020/9000-1=2$ Ⓐ、Ⓓ轴3号钢筋外侧钢筋接4号钢筋外侧钢筋长度： $=19020+2\times(1.2\times27\times12+6.25\times12)$ $=20098\text{mm}$	《11G101-1》第68页 钢筋计算示意图：
	Ⓐ、Ⓓ轴3号钢筋外侧钢筋接4号钢筋外侧钢筋根数（同1号钢筋根数）： $=（3600-700-50）/200=13$根	
	钢筋效果图：	

续表

钢 筋	计 算 过 程	说 明
3号筋内侧钢筋	Ⓐ、Ⓓ轴3号钢筋内侧钢筋长度： $=500+550+450+150-2\times15+2\times15d+2\times6.25d$ $=(500+550+450+150-2\times15+2\times15\times12+2\times6.25\times12)$ $=4260mm$ 根数$=13$根（Ⓐ、Ⓓ轴各13根） 钢筋效果图：	右端在暗柱内锚固：伸至对边弯折$15d$
⑦轴内侧钢筋	⑦轴内侧钢筋长度： $=6000\times2+3000+2\times150-2\times15+2\times15d+2\times6.25d$ $=6000\times2+3000+2\times150-2\times15+2\times15\times12+2\times6.25\times12$ $=15780mm$ 接头数量$=15780/9000-1=1$ ⑦轴内侧钢筋总长度： $=15780+1.2\times27\times12+2\times6.25d$ $=16319mm$ 根数$=13$根（同3号钢筋） 钢筋效果图：	

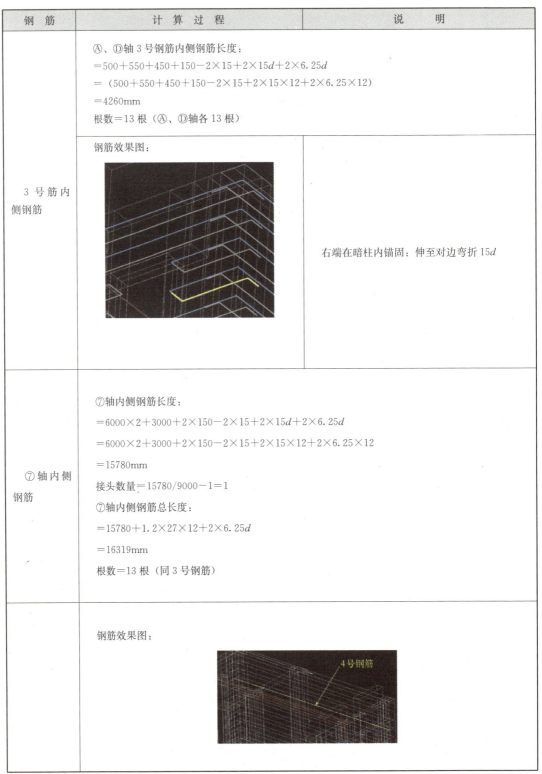

（5）Ⓐ、Ⓓ轴2号筋外侧钢筋接⑦轴外侧水平筋计算过程，见表9-3-9。

Ⓐ、Ⓓ轴2号筋外侧钢筋接⑦轴外侧水平筋计算过程　　　　　表9-3-9

钢　筋	计　算　过　程	说　明
Ⓐ、Ⓓ、⑦轴外侧水平筋	墙身水平筋在端柱内锚固： 直锚：伸至对边　弯锚：伸至对边弯折15d 钢筋计算示意图： DZ1内锚固长度计算： 第一步：判断弯/直锚 DZ1截度宽度1100，墙身水平筋锚固长度$l_{aE}=27d=27×12=324$ DZ1截面宽度＞墙身水平筋锚固长度，因此采用直锚 第二步：锚固长度为伸至对边 钢筋长度 ＝2×（6000+3000+150+350-2×15）+6000×2+3000+2×150-2×15+2×6.25×12 ＝34360mm 搭接数量＝34360/9000-1＝3根 搭接长度＝3×（1.2×l_{aE}+2×6.25d）＝3×（1.2×35×12）+2×6.25d＝1662mm 墙身外侧钢筋总长度＝34360+1662＝36022mm 钢筋效果图： 钢筋根数＝（700-50）/200+1＝5根	《11G101-1》第69页 计算要点为： （1）端柱内锚固； （2）转角处连续通过

（6）Ⓐ、Ⓓ轴2号筋内侧钢筋、⑦轴内侧水平筋长度计算过程，见表9-3-10。

Ⓐ、Ⓓ轴2号筋内侧钢筋、⑦轴内侧水平筋长度计算过程 表 9-3-10

钢 筋	计 算 过 程	说 明
Ⓐ、Ⓓ、⑦轴内侧水平筋	墙身水平筋在端柱内锚固： 直锚：伸至对边；弯锚：伸至对边弯折 $15d$ 墙身内侧水平筋在转角处暗柱内锚固： 伸至对边弯折 $15d$	《11G101-1》第 69 页
	钢筋计算示意图：	计算要点为： (1) 端柱内锚固； (2) 转角处暗柱内锚固；
	DZ1 内锚固长度计算： 第一步：判断弯/直锚 DZ1 截度宽度 1100，墙身水平筋锚固长度 l_{aE} $=27d=27×12=324mm$ DZ1 截面宽度＞墙身水平筋锚固长度，因此采用直锚 第二步：锚固长度为伸至对边	
	钢筋长度： Ⓐ轴 Q1 内侧钢筋长度： $=3000+6000+150+350-2×15+15d+2×6.25d$ $=3000+6000+150+350-2×15+15×12+2×6.25×12$ $=9800mm$ 钢筋根数＝(700－50)/200＋1＝5 根	
	Ⓓ轴 Q1 内侧钢筋长度同Ⓐ轴	
	⑦轴 Q1 内侧钢筋长度 $=6000×2+3000+2×150-2×15+2×15d+2×6.25d$ $=6000×2+3000+2×150-2×15+2×15×12+2×6.25×12$ $=15780mm$ 搭接数量＝15780/9000－1＝1 ⑦轴 Q1 内侧钢筋总长度＝15780＋1.2×27×12＋2×6.25×12＝16319mm	
	钢筋效果图：(1 号筋) 钢筋根数＝(700－50)/200＋1＝5 根	

(7) Ⓐ、Ⓓ轴墙身水平筋根数

前面,以一个楼层为例讲解了Ⓐ、Ⓓ轴墙身水平筋的计算,此处,讲解从基础到屋顶的墙身水平筋布置,以便帮助读者更好理解,见表9-3-11。⑦轴墙身水平筋请读者此处讲解自行整理。

Ⓐ、Ⓓ轴墙身水平筋根数   表9-3-11

位　　置	钢筋编号及根数	说　　明
位置5	1号、3号筋:(3600−1600)/200=10根	2、3层门洞高度范围内水平筋根数
位置4	2号筋:(900−50)/200=5根	2、3层底部梁高度范围内水平筋根数
位置3	2号筋:700/200+1=5根	各层顶部连梁高度范围内水平筋根数
位置2	1号、3号筋:(3600−700−50)/200=13根	3号筋外侧钢筋接⑦轴外侧筋
位置1	2号筋:(1000−50−100)/200=5根	基础顶面起步距离1/2水平筋间距
位置0	2号筋:2根	基础内布置2道水平筋

2. Ⓐ、Ⓓ、⑦轴 Q1 竖向筋计算

(1) 计算参数

钢筋计算参数,见表9-3-12。

Q1 竖向筋计算参数   表9-3-12

参　　数	值	出　　处
墙保护层厚度 c	15mm	《11G101-1》第55页
l_{aE}	$l_{aE}=1.15\times l_a=1.15\times 30d=35d$	《11G101-1》第54页
l_{lE}	$1.2l_{aE}$	
钢筋错开连接距离	500	《11G101-1》第70页
墙身竖向筋起步距离	1个竖向筋间距	《06G101-6》第3-2页
基础底部保护层	40mm	《11G101-3》第55页

(2) Ⓐ、Ⓓ、⑦轴 Q1 竖向筋长度计算过程

见表 9-3-13。

Ⓐ、Ⓓ、⑦轴 Q1 竖向筋长度计算过程　　　　　表 9-3-13

钢　筋	计　算　过　程	说　明
Ⓐ、Ⓓ、⑦轴竖向筋	基础内插筋长度：(伸至基础底弯折 a)	
	底部弯折长度 $a=6d=6\times12=72$	
	基础内插筋长度（低位）： $=72+800-40+1.2l_{aE}+6.25d\times2$ $=72+800-40+1.2\times324+6.25\times12\times2$ $=1371$mm	$1.2l_{aE}$ 为伸出基础的非连接区 墙身竖向钢筋为 HPB235 级，一级抗震时，端部加 180°弯钩
	基础内插筋长度（高位）： $=1371+500+1.2l_{aE}$ $=1371+500+1.2\times35\times12=2375$mm	"500"为错开连接的高度
	一层、二层竖向筋长度（低位）： $=3600+1.2l_{aE}+2\times6.25d$ $=3600+1.2\times35\times12+2\times6.25\times12$ $=4254$mm	
	一层、二层竖向筋长度（高位）： $=3600-1.2l_{aE}-500+1.2l_{aE}+500+1.2l_{aE}$ 　$+2\times6.25\times12$ $=4254$mm	

续表

钢 筋	计 算 过 程	说 明
Ⓐ、Ⓓ、⑦轴竖向筋	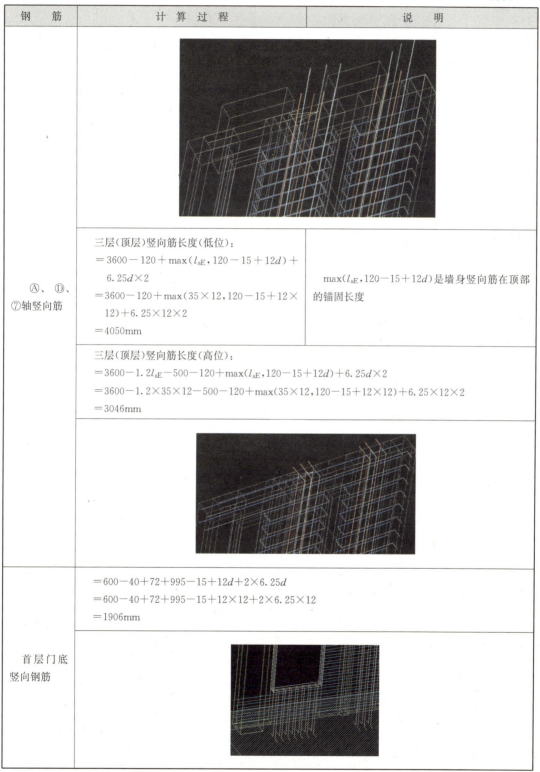 三层(顶层)竖向筋长度(低位)： $= 3600 - 120 + \max(l_{aE}, 120 - 15 + 12d) + 6.25d \times 2$ $= 3600 - 120 + \max(35 \times 12, 120 - 15 + 12 \times 12) + 6.25 \times 12 \times 2$ $= 4050 \text{mm}$	$\max(l_{aE}, 120 - 15 + 12d)$ 是墙身竖向筋在顶部的锚固长度
	三层(顶层)竖向筋长度(高位)： $= 3600 - 1.2l_{aE} - 500 - 120 + \max(l_{aE}, 120 - 15 + 12d) + 6.25d \times 2$ $= 3600 - 1.2 \times 35 \times 12 - 500 - 120 + \max(35 \times 12, 120 - 15 + 12 \times 12) + 6.25 \times 12 \times 2$ $= 3046 \text{mm}$	
首层门底竖向钢筋	$= 600 - 40 + 72 + 995 - 15 + 12d + 2 \times 6.25d$ $= 600 - 40 + 72 + 995 - 15 + 12 \times 12 + 2 \times 6.25 \times 12$ $= 1906 \text{mm}$	

(3) Ⓐ、Ⓓ、⑦轴 Q1 竖向筋根数，见表 9-3-14。

Ⓐ、Ⓓ、⑦轴 Q1 竖向筋根数　　　　　表 9-3-14

位　置	示　意　图
Ⓐ、Ⓓ轴	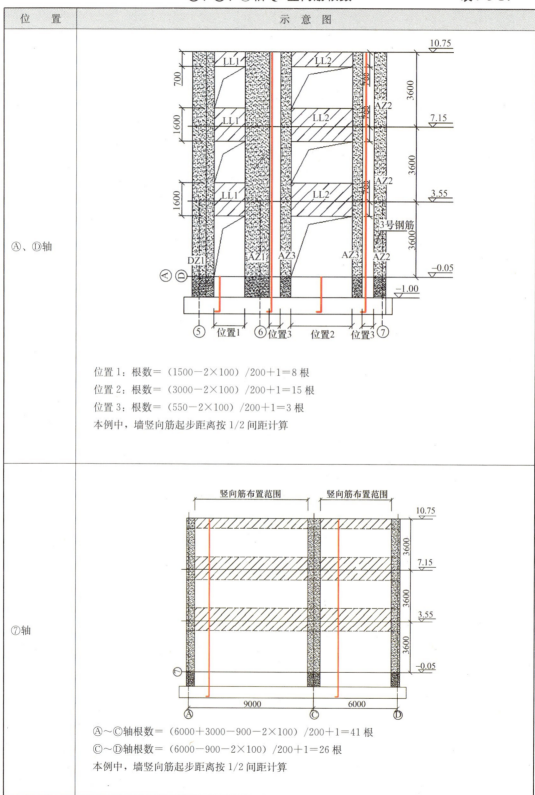

位置 1：根数＝（1500－2×100）/200＋1＝8 根
位置 2：根数＝（3000－2×100）/200＋1＝15 根
位置 3：根数＝（550－2×100）/200＋1＝3 根
本例中，墙竖向筋起步距离按 1/2 间距计算 |
| ⑦轴 | Ⓐ～Ⓒ轴根数＝（6000＋3000－900－2×100）/200＋1＝41 根
Ⓒ～Ⓓ轴根数＝（6000－900－2×100）/200＋1＝26 根
本例中，墙竖向筋起步距离按 1/2 间距计算 |

3. 拉筋计算（按平行布置）

Ⓐ、Ⓓ、⑦轴墙身拉筋计算，拉筋有梅花形布置和平行布置两种方式，本例按平行布置，见表9-3-15。

Ⓐ、Ⓓ、⑦轴墙身拉筋计算　　　　　　　　　表9-3-15

位置	墙身水平筋根数	墙身竖向筋根数	拉 筋 根 数
Ⓐ、Ⓓ轴拉筋根数：			
位置5	墙身水平筋＝10根 拉筋竖向根数＝10/2＝5根	同位置3	拉筋根数＝5×4＝20根
位置4	墙身水平筋＝5根 拉筋竖向根数＝5/2＝3根	同位置3	墙内拉筋根数＝3×4＝12根 连梁LL1和LL2内的墙身水平筋要设置拉筋： LL1内拉筋水平方向根数＝（1500－200）/200＋1＝8根 LL1内拉筋总根数＝3×8＝24根 LL2内拉筋水平方向根数＝（3000－200）/200＋1＝15根 LL2内拉筋总根数＝3×15＝45根 位置4拉筋总根数＝12＋24＋45＝81根
位置3	墙身水平筋＝5根 拉筋竖向根数＝5/2＝3根	墙身竖向根数＝3根（两处共6根） 拉筋横向根数＝3/2＝2根（两处共4根）	墙内拉筋根数＝3×4＝12根 连梁LL1和LL2内的墙身水平筋要设置拉筋： LL1内拉筋水平方向根数＝（1500－200）/200＋1＝8根 LL1内拉筋总根数＝3×8＝24根 LL2内拉筋水平方向根数＝（3000－200）/200＋1＝15根 （注：连梁内拉筋水平间距为连梁箍筋间距的2倍） LL2内拉筋总根数＝3×15＝45根 位置3拉筋总根数＝12＋24＋45＝81根
位置2	墙身水平筋＝13根 拉筋竖向根数＝13/2＝7根	墙身竖向根数＝3根（两处6根） 拉筋横向根数＝3/2＝2根（两处共4根）	拉筋根数＝7×4＝28根
位置1	墙身水平筋根数＝5根 拉筋竖向根数＝5/2＝3根	墙身竖向筋根数＝29根 拉筋横向根数＝29/2＝15根	拉筋根数＝3×15＝45根
位置0	墙身水平筋根数＝2根 拉筋竖向根数＝2根	墙身竖向筋根数＝29根 拉筋横向根数＝29/2＝15根	拉筋根数＝2×15＝30根

续表

位 置	墙身水平筋根数	墙身竖向筋根数	拉 筋 根 数
示意图			连梁侧面的水平筋应布置拉筋，拉筋按平行布置
⑦轴拉筋根数：			
1层拉筋根数		墙身水平筋根数=25根，拉筋竖向根数=25/2=13根 墙身竖向筋根数=67根，拉筋水平根数=67/2=34根 拉筋总根数=13×34=442根	
2、3层拉筋根数		墙身水平筋根数=20根，拉筋竖向根数=20/2=10根 墙身竖向筋根数=67根，拉筋水平根数=67/2=34根 拉筋总根数=10×34=340根	
拉筋长度：			
拉筋长度		=300−2×15+6+2×11.9×6 =419mm	

（二）墙柱钢筋计算

墙柱钢筋计算，见表9-3-16。

墙柱钢筋计算 表 9-3-16

柱类型	计算方法	说明
端柱	纵筋：同框架柱	详见本书第七章柱构件相关内容
	箍筋：同框架柱	
暗柱	纵筋：同墙身竖向筋	详见本小节墙身竖向筋有关内容
	箍筋长度	详见本书第七章柱构件相关内容
	箍筋根数：2＋46＋2×37＝122 根 基础内根数＝2 根 基础顶至首层根数＝（4500－50）/100＋1＝46 根 二、三层根数＝（3600－50）/100＋1＝37 根	

（三）墙梁钢筋计算

1. 连梁钢筋计算

钢筋计算过程，见表 9-3-17。

LL1 钢筋计算过程 表 9-3-17

钢筋	计算过程	说明
顶部和底部纵筋	LL1 为端部洞口连梁： 端部墙柱内锚固：伸至对边弯折 15d 洞口一侧墙内：max（l_{aE}，600）	《11G101-1》第 74 页
	(图示)	中间层 LL1 顶部及底部纵筋长度 ＝1500＋1100－30＋15d＋max（l_{aE}，600） ＝1500＋1100－30＋15×22＋max（34×22，600） ＝3648mm
	(图示)	顶层 LL1 顶部纵筋长度： ＝1500＋1100－15＋l_{lE}＋max（l_{aE}，600） ＝1500＋1100－15＋1.2×34×22＋max（34×22，600）＝4231mm 顶层 LL1 底部纵筋长度： ＝1500＋1100－15＋15×22＋max（34×22，600）＝3663mm
	LL2 为中间洞口连梁：两端锚固 max（l_{aE}，600）	《11G101-1》第 74 页
	(图示)	中间洞口连梁，顶层和中间层相同 LL2 顶部纵筋长度： ＝3000＋2×max（l_{aE}，600） ＝3000＋2×max（34×22，600）＝4496mm

续表

钢 筋	计 算 过 程	说 明
箍筋	箍筋长度： 中间层 LL1、LL2 箍筋长度 ＝2×［(300－2×25＋10)＋(1600－2×25＋10)］＋2×11.9×10＝3878mm 顶层 LL1、LL2 箍筋长度 ＝2×［(300－2×25＋10)＋(700－2×25＋10)］＋2×11.9×10＝2078mm	
	中间层： LL1 箍筋根数： ＝(1500－2×50)/100＋1＝15 根 LL2 箍筋根数： ＝(3000－2×50)/100＋1＝30 根	
	顶层： LL1 箍筋根数： ＝15＋［(1100－2×100)/150＋1］＋［max(34×22,600)－2×100］/150＋1 ＝27 根 LL2 箍筋根数： ＝30＋2×［(max(34×22,600)－2×100)/150＋1］＝40 根	顶层连梁伸入墙内的纵筋设构造箍筋，间距150mm

2. 暗梁 AL 钢筋计算

暗梁纵筋端部构造同连梁，当暗梁与连梁重叠时，暗梁算至连梁边。AL1 钢筋计算过程，见表 9-3-18。

AL1 钢筋计算过程　　　　　　　　　　　　　　　　　　　　　表 9-3-18

钢 筋	计 算 过 程	说 明
（1）	Ⓐ、Ⓓ轴暗梁：与连梁重叠	
顶部和底部纵筋	纵筋与连梁纵搭接 l_{lE}	《06G901-1》第 3-15 页
	（图示：LL1、AZ1、AZ3、LL2，max(l_{aE},600)）	暗梁纵筋与连梁纵筋搭接
	AL1 在Ⓐ、Ⓓ轴顶部及底部纵筋长度 ＝750＋450＋550＋500－2×max(l_{aE},600)＋2×l_{lE} ＝750＋450＋550＋500－2×max(34×22,600)＋2×1.2×34×22 ＝2550mm	
箍筋	箍筋长度 ＝2×［(300－2×25＋10)＋(500－2×25＋10)］＋2×11.9×10＝1678mm	
	箍筋根数： 中间层：(750＋450＋550＋500－2×50)/150＋1＝16 根（布置到连梁箍筋边） 顶层：[750＋450＋550＋500－2×max(34×22,600)－2×50]/150＋1＝6 根	
（2）	⑦轴暗梁：	

续表

钢 筋	计 算 过 程	说 明
纵筋	（1）转角处及端部锚固同墙身水平筋（《06G901-1》第 3-15 页）； （2）与 LL 连接处构造同上	转角处构造同墙身水平筋
箍筋	箍筋根数： 中间层：2×［（500+550-100）/150+1］＋（6000×2+3000-4×450）/150+1=104 根 顶层：2×{[500+550-max(34×22,600)-100]/150+1}+(6000×2+3000-4×450)/150+1=94 根 （注：AL 与 LL 重叠处，AL 箍筋布置至连梁箍筋旁边；其余位置，AL 箍筋在 AL 净长范围内布置）	

思 考 与 练 习

1. 计算图 9-3-4 中，ⓒ、⑥轴的墙身、墙柱和墙梁钢筋量。

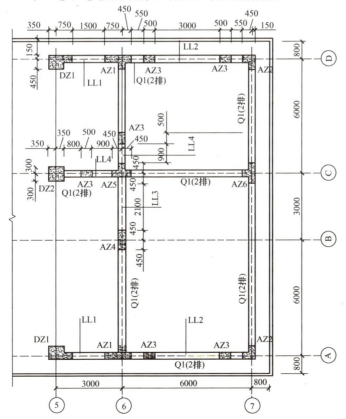

图 9-3-4　练习 1

附录 关于11G101新平法图集的相关变化

1 11G101新图集总体变化

1.1 混凝土保护层变化

11G101新平法图集中,构件的混凝土保护层在"具体数值"和"度量位置"两个方面发生了变化,这也是此次新平法图集变化比较大的内容之一,见附表1。

混凝土保护层变化   附表1

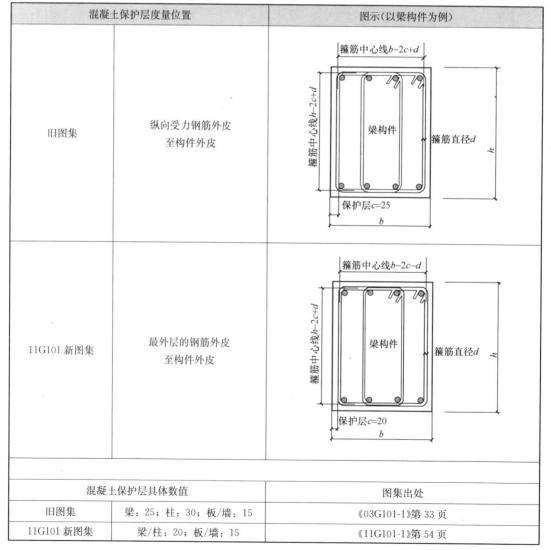

混凝土保护层具体数值		图集出处
旧图集	梁:25;柱:30;板/墙:15	《03G101-1》第33页
11G101新图集	梁/柱:20;板/墙:15	《11G101-1》第54页

以框架梁构件为例，采用新旧图集，箍筋计算的差异，见附表2。

新旧图集中箍筋计算的差异 附表2

图集	某300×700的框架梁箍筋计算过程（中心线）	图集出处
旧图集	$= [(b-2c+d)+(h-2c+d)] \times 2 + 2 \times 11.9d$ $= [(300-50+8)+(700-50+8)] \times 2 + 2 \times 11.9 \times 8$ $= 2023mm$	参见本书前面的章节，以及《03G101-1》第33页
11G101新图集	$= [(b-2\times c-d)+(h-2\times c-d)] \times 2 + 2 \times 11.9d$ $= [(300-40-8)+(700-40-8)] \times 2 + 2 \times 11.9 \times 8$ $= 1999mm$	《11G101-1》第54页
结论	11G101新平法图集对构件的混凝土保护层厚度略有增加	

1.2 钢筋基本锚固长度的变化

钢筋基本锚固长度 l_{aE} 和 l_a 在11G101新平法图集中，其计算方式略有变化，见附表3。

钢筋基本锚固长度变化 附表3

图集	l_a 和 l_{aE} 的计算取值方式	图集出处
旧图集	根据抗震等级、混凝土强度等级、钢筋规格，直接查表。 比如：二级抗震，C30混凝土，钢筋直径为Φ22，查表得 $l_{aE}=34d$	《03G101-1》第33、34页
11G101新平法图集	条件：二级抗震，C30混凝土，钢筋直径为Φ22 第1步：根据抗震等级、混凝土强度等级、钢筋规格，查表得到 $l_{ab}=29d$ 第2步：查表，$\zeta_a=1$ 第3步：计算 $l_a=\zeta_a l_{ab}=29d$ 第4步：查表，$\zeta_{aE}=1.15$ 第5步：计算 $l_{aE}=\zeta_{aE} l_a=1.15 \times 29d=33.35d \approx 34d$	《11G101-1》第53页
结论	通过上述实例计算，可以看出新旧平法图集，对钢筋基本锚固长度 l_a 和 l_{aE} 在具体数值上基本一致，只是取值方式发生了变化。旧图集是直接查表使用，11G101则是有个计算过程，相对来说，新平法图集更加灵活	

2 11G101新平法图集梁构件相关变化

11G101新平法图集梁构件相关变化，见附表4。

11G101新平法图集梁构件相关变化 附表4

序号	变化项目	内容		图集出处
		楼层框架梁KL		
1	KL端支座锚固方式	旧图集：弯锚/直锚		《03G101-1》第54页
		11G101新图集：弯锚/直锚/加锚头(板)锚固		《11G101-1》第79页

附录　关于11G101新平法图集的相关变化

续表

序号	变化项目	内　容	图集出处
2	KL下部钢筋中间支座外连接	03G101-1：未描述	—
		11G101新图集：下部钢筋可在中间支座以外连接	《11G101-1》第79页
3	KL梁水平加腋	03G101-1：未描述	—
		11G101新图集：增加水平加腋构造	《11G101-1》第83页
4	水平折梁、竖向折梁	旧图集：无	—
		11G101新图集：增加了水平折梁和竖向折梁构造	《11G101-1》第88页
5	上部通长筋与支座负筋规格不同	旧图集：描述不够清晰	《03G101-1》第54页
		11G101新图集：清晰描述了上部通长筋与支座负筋规格不同时，与支座负筋搭接ll_E	《11G101-1》第79页
非框架梁L			
6	L上部筋端支座锚固平直段长度	旧图集：$\geqslant 0.4l_a$	《03G101-1》第65页
		11G101新图集： 设计按铰接时：$\geqslant 0.35l_{ab}$ 设计充分利用钢筋的抗拉强度时：$\geqslant 0.6l_{ab}$	《11G101-1》第86页
7	L上部钢筋锚固方式	旧图集：伸至主梁外侧，弯折15d	《03G101-1》第65页
		11G101新图集： 弯锚——伸至主梁外侧，弯折15d 直锚——l_a	《11G101-1》第86页
8	L端支座负筋延伸长度	旧图集： 直梁：$l_{n1}/5$；弧形梁：$l_{n1}/3$	《03G101-1》第65页
		11G101新图集： 设计按铰接时：$\geqslant l_{n1}/5$ 设计充分利用钢筋的抗拉强度时：$\geqslant l_{n1}/3$	《11G101-1》第86页
9	L端支座是柱或剪力墙时	旧图集：无描述	—
		11G101新图集： 梁该端应箍筋加密	《11G101-1》第86页
10	梁顶有高差时，低标高段钢筋锚固	旧图集：$1.6l_a$	《03G101-1》第66页
		11G101新图集：l_a	《11G101-1》第88页
11	梁顶有高差时，高标高段钢筋锚固	旧图集：$15d+c$	《03G101-1》第66页
		11G101新图集：$l_a+\Delta h$	《11G101-1》第88页
悬　挑　梁			
12	外伸梁(悬挑梁)下部钢筋锚固长度	旧图集：12d	《03G101-1》第66页
		11G101新图集：15d	《11G101-1》第89页
屋面框架梁WKL			
13	WKL下部钢筋端支座锚固	旧图集：伸至端部弯折15d(无直锚构造)	《03G101-1》第55页
		11G101新图集： 弯锚/直锚/加锚头(锚板)锚固	《11G101-1》第80页

续表

序号	变化项目	内 容	图集出处
14	WKL上部钢筋端支座锚固	旧图集： (1) 柱顶外侧搭接方式：伸至端部下弯 $1.7l_{aE}(l_a)$； (2) 梁端顶部搭接方式：伸至端部下弯至梁底	《03G101-1》第55、56页
14	WKL上部钢筋端支座锚固	11G101新图集： (1) 柱顶外侧搭接方式：伸至端部下弯 $1.7l_{abE}(l_{ab})$； (2) 梁端顶部搭接方式：伸至端部下弯至梁底； (3) 柱外侧钢筋与梁上部钢筋连通设置	《11G101-1》第59页
15	屋面层外伸梁（悬挑梁）上部钢筋锚固	旧图集：无描述	《03G101-1》第66页
15	屋面层外伸梁（悬挑梁）上部钢筋锚固	11G101新图集： (1) $\Delta h/(h_c-50) \leq 1/6$：与里跨上部钢筋连通； (2) $\Delta h < h_b/3$，且外伸段顶标高高于里跨：上部钢筋伸至支座外侧弯折 $\max(l_a,$ 伸至梁底$)$； (3) $\Delta h < h_b/3$，且外伸段顶标高低于里跨：上部钢筋锚固 $\geq l_a$	《11G101-1》第89页
16	上部通长筋与支座负筋规格不同	旧图集：描述不够清晰	《03G101-1》第54页
16	上部通长筋与支座负筋规格不同	11G101新图集：清晰描述了上部通长筋与支座负筋规格不同时，与支座负筋搭接 l_{lE}	《11G101-1》第79页
17	梁顶有高差时，低标高段钢筋锚固	旧图集：$1.6l_{aE}$	《03G101-1》第61页
17	梁顶有高差时，低标高段钢筋锚固	11G101新图集：l_{aE}	《11G101-1》第84页
18	梁顶有高差时，高标高段钢筋锚固	旧图集：$15d+c$	《03G101-1》第61页
18	梁顶有高差时，高标高段钢筋锚固	11G101新图集：$l_a+\Delta h$	《11G101-1》第84页

3　11G101新平法图集柱构件相关变化

11G101新平法图集柱构件相关变化，见附表5。

11G101新平法图集柱构件相关变化　　　　　　　　　　　附表5

序号	变化项目	内 容	图集出处
1	基础插筋	旧图集：根据基础形式和基础高度，部分钢筋可不插至基础底	《04G101-3》第45页 《06G101-6》第67页
1	基础插筋	11G101新图集：取消了筏板基础高度>2000mm时钢筋插至基础中间层钢筋位置的构造	《04G101-3》第45页
2	基础插筋底部弯折长度	旧图集：根据插筋插入基础的竖直长度查表	《04G101-3》第45页 《06G101-6》第66页
2	基础插筋底部弯折长度	11G101新图集：统一为 $\max(6d,150)$	《11G101-3》第59页
3	锚固区横向箍筋	旧图集：无	—
3	锚固区横向箍筋	11G101新图集：当柱外侧纵筋保护层厚度≤$5d$时，在基础高度范围内，设置锚固区横向箍筋，其间距 $\min(10d,100)$	《11G101-3》第59页

续表

序号	变化项目	内　　容	图集出处
4	上部结构嵌固在基础顶面时，伸出地下室顶面非连接区高度	旧图集：$h_n/3$	《08G101-5》第54页
		11G101新图集：$\max(h_n/6, h_c, 500)$	《11G101-1》第57页
5	下柱比上柱钢筋直径大	旧图集：无	—
		11G101新图集，下柱大直径的钢筋正常伸入上层连接	《11G101-1》第57页
6	中间层变截面构造（当 $\Delta/h_b > 1/6$ 时）	旧图集： 下层柱断开钢筋伸至柱顶弯折 $\Delta - c + 200$ （上式中，c 是混凝土保护层厚度） 上层柱钢筋伸入下层 $1.5 l_{aE}(l_a)$	《03G101-1》第38页
		11G101新图集： 下层柱断开钢筋伸至柱顶弯折分两种情况： (1) 弯折 $12d$； (2) 当是边柱外侧钢筋时，弯折 $\Delta - c + l_{aE}(l_a)$ 上层柱钢筋伸入下层 $1.2 l_{aE}(l_a)$	《11G101-1》第60页
7	边柱变截面，里侧平齐	旧图集：没有这种构造	—
		11G101新图集：增加了边柱上下层变截面，里侧平齐的构造：下层柱外侧钢筋伸至柱顶弯折 $\Delta + l_{aE}(l_a)$	《11G101-1》第60页
8	中柱纵筋顶部构造	旧图集：直锚/弯锚	《03G101-1》第38页
		11G101新图集： 直锚/弯锚/伸至柱顶加锚头（锚板）	《11G101-1》第60页
9	中柱柱顶直锚构造	旧图集：$\geq l_{aE}(l_a)$	《03G101-1》第38页
		11G101新图集：伸至柱顶且 $\geq l_{aE}(l_a)$，明确了直锚时要伸至柱顶	《11G101-1》第60页
10	边角柱顶层外侧钢筋构造	旧图集： 1. 柱顶外侧搭接方式：同内侧钢筋 2. 梁端顶部搭接方式： (1) 全部外侧纵筋伸入梁内； (2) 65%的外侧纵筋伸入梁内	《03G101-1》第37页
		11G101新图集： 1. 柱顶外侧搭接方式：伸至柱顶 2. 梁端顶部搭接方式： (1) 柱外侧钢筋与梁上部钢筋连通设置； (2) 65%的外侧纵筋伸入梁内，伸入梁内的钢筋，分两种情况：一是自梁底起算 $1.5 l_{abE}(l_{ab})$ 能伸入梁内，二是伸不到梁内	《11G101-1》第59页

续表

序号	变化项目	内 容		图集出处
11	边角柱柱顶新增构造	旧图集：无		—
		11G101新图集：新增柱外侧钢筋弯入梁内作梁钢筋的构造		《11G101-1》第59页
12	边角柱外侧猾自梁底起算$1.5l_{abE}$伸不到梁内时的构造	旧图集：无		—
		11G101新图集：若边角柱外侧猾自梁底起算$1.5l_{abE}$伸不到梁内，也要伸至柱顶弯折$15d$		《11G101-1》第59页
13	地下一层比上层柱多出的钢筋	旧图集：无描述		—
		11G101新图集： 直锚：伸至柱顶； 弯锚：伸至柱顶弯折$12d$		《11G101-1》第58页

4　11G101新平法图集板构件相关变化

11G101新平法图集板构件相关变化，见附表6。

11G101新平法图集板构件相关变化　　　　　　附表6

序号	变化项目	内 容	图集出处
1	板内暗梁	旧图集：无描述	—
		11G101新图集： 暗梁纵筋构造同板通长筋	《11G101-1》第104页
2	板上部筋端支座锚固长度	旧图集：l_a	《04G101-4》第25页
		11G101新图集：伸至端部弯折$15d$	《11G101-1》第92页
3	板端支座为砌体时下部钢筋锚固长度	旧图集：$\max(120, h)$	《04G101-4》第25页
		11G101新图集： $\max(120, h, 墙厚/2)$	《11G101-1》第92页
4	支座负筋弯折长度	旧图集：$h-15$	《04G101-4》第25页
		11G101新图集： 板厚-上下混凝土保护层，即$h-30$	《11G101-1》第92页
5	折板处钢筋构造	旧图集：无描述	—
		新图集： 折板凸面钢筋连通，凹面钢筋自弯折点处锚固l_a	《11G101-1》第95页
6	无支撑板端部封边构造	旧图集：无	—
		11G101新图集：增加了无支撑板端部封边构造	《11G101-1》第95页
7	悬挑板	旧图集：分延伸悬挑板和纯悬挑板	《04G101-4》第28页
		11G101新图集：将延伸悬挑板和纯悬挑板统一为XB	《11G101-1》第95页
8	板挑檐	旧图集：有板挑檐构造	《04G101-4》第27页
		11G101新图集：取消了板挑檐构造	

续表

序号	变化项目	内 容	图集出处
9	板底钢筋中间支座锚固	旧图集：板底筋在中间支座各跨锚固	《04G101-4》第 25 页
		11G101 新图集：板底筋可以中间支座各跨锚固，也可以贯通布置	《11G101-1》第 92 页
10	板顶钢筋跨中连接区域	旧图集：跨中 $l_0/2$，l_0 是指轴线尺寸	《04G101-4》第 25 页
		11G101 新图集：跨中 $l_n/2$，l_n 是指跨净长	《11G101-1》第 92 页
11	悬挑板上部筋端部构造	旧图集：伸至悬挑板端部下弯至板底再回弯 $5d$	《04G101-4》第 28 页
		11G101 新图集：伸至悬挑板端部下弯至板底	《11G101-1》第 95 页
12	分布筋与受力筋搭接长度	旧图集：《04G101-4》无相关描述	—
		11G101 新图集：分布筋与受力筋搭接 150mm	《11G101-1》第 94 页
13	洞口加强筋	旧图集：没有沿洞口环向加强筋	《04G101-4》第 36 页
		11G101 新图集：洞口环向上下各配置 1 根直径不小于 10 的钢筋补强	《11G101-1》第 102 页
14	温度筋与受力筋搭接	旧图集：《04G101-4》无相关描述	—
		11G101 新图集：温度筋与受力筋搭接 l_l	《11G101-1》第 94 页

5 11G101 新平法图集剪力墙构件相关变化

11G101 新平法图集剪力墙构件相关变化，见附表 7。

11G101 新平法图集剪力墙构件相关变化　　　　附表 7

序号	变化项目	内 容	图集出处
1	小墙肢的定义	旧图集：墙肢长度不大于 3 倍墙厚的矩形截面独立墙肢	《03G101-1》第 38 页
		11G101 新图集：墙肢长度不大于 4 倍墙厚的矩形截面独立墙肢	《11G101-1》第 70 页
2	端部无暗柱时水平筋端部弯折	旧图集：$15d$	《03G101-1》第 47 页
		11G101 新图集：$10d$	《11G101-1》第 68 页
3	变截面时下层钢筋插入下层长度	旧图集：$1.5l_{aE}(l_a)$	《03G101-1》第 48 页
		11G101 新图集：$1.2l_{aE}(l_a)$	《11G101-1》第 70 页
4	水平筋转角处构造	旧图集：连续通过	《03G101-1》第 47 页
		11G101 新图集：连续通过；转角处外侧钢筋搭接 $l_{lE}(l_l)$	《11G101-1》第 68 页
5	竖向钢筋在顶板内锚固构造	旧图集：自板底起锚固 $l_{aE}(l_a)$	《03G101-1》第 48 页
		11G101 新图集：伸至板顶弯折 $12d$	《11G101-1》第 70 页
6	墙身顶部有边框梁时竖向钢筋构造	旧图集：无描述	—
		11G101 新图集：在边框梁内锚固 $l_{aE}(l_a)$	《11G101-1》第 70 页
7	上层竖向钢筋插入下层连梁内锚固长度	旧图集：无描述	—
		11G101 新图集：锚入下层连梁内 $l_{aE}(l_a)$	《11G101-1》第 70 页

附录 关于11G101新平法图集的相关变化

续表

序号	变化项目	内　容	图集出处
8	变截面时下层断开的竖向钢筋弯折长度	旧图集：无描述	—
		11G101新图集：弯折 $12d$	《11G101-1》第70页
9	剪力墙竖向钢筋搭接位置	旧图集：一、二级抗震要错开搭接；三、四级及不抗震时不用错开搭接	《03G101-1》第48页
		11G101新图集：一、二级抗震在底部加强区要错开搭接；一、二级抗震非底部加强区、三、四级及不抗震时不用错开搭接	《11G101-1》第70页
10	边缘构件竖向钢筋连接构造	旧图集：搭接长度为 $1.2l_{aE}$	《03G101-1》第48页
		11G101新图集：不区分直径，均可选用绑扎搭接和焊接或机械连接；绑扎搭接时，搭接长度为 $l_{lE}(l_l)$	《11G101-1》第73页
11	剪力墙上起边缘构件，边缘构件钢筋锚固	旧图集：无描述	—
		11G101新图集：边缘构件纵筋入下层墙内 $1.2l_{aE}$	《11G101-1》第73页
12	双洞口边梁中间支座内箍筋构造	旧图集：不用设置箍筋	《03G101-1》第51页
		11G101新图集：需要设置箍筋	《11G101-1》第74页
13	连梁或边框梁端支座为边框柱时纵筋锚固	旧图集：无描述	—
		11G101新图集：同框架结构	《11G101-1》第75页
14	边框梁与连梁重叠	旧图集：无描述	—
		11G101新图集：重叠位置连梁纵筋根据设计要求布置	《11G101-1》第75页
15	剪力墙竖筋在框支梁内锚固	旧图集：伸至框支梁底	《03G101-1》第67页
		11G101新图集：剪力墙竖筋锚入边框梁内 $l_{aE}(l_a)$；边缘构件纵筋锚入边框梁内 $1.2l_{aE}(1.2l_a)$	《11G101-1》第90页
16	地下室外墙	旧图集：《03G101-1》没有地下室外墙构件，《08G101-5》有地下室外墙WQ	《08G101-5》第25页
		11G101新图集：增加地下室外墙DWQ构件	《11G101-1》第19页
17	斜交墙内侧钢筋	旧图集：自斜交转折处锚固 $l_{aE}(l_a)$	《03G101-1》第47页
		11G101新图集：伸至对边弯 $15d$	《11G101-1》第68页
18	水平竖向筋在洞口处构造	旧图集：无	—
		11G101新图集：在洞口相互伸至对边	《11G101-1》第78页
19	锚固区横向钢筋	旧图集：无	—
		11G101新图集：当边墙外侧插筋保护层厚度≤5d 时，设置锚固区横向钢筋	《11G101-3》第58页
20	墙插筋底部弯折长度	旧图集：根据墙筋在基础内的竖直长度，查表确定底部弯折长度	《04G101-3》第32页《06G101-6》第66页
		11G101新图集：统一为边墙外侧钢筋 $15d$，其他位置 $6d$	《11G101-3》第58页

6　11G101新平法图集独立基础构件相关变化

11G101新平法图集剪力墙构件相关变化，见附表8。

11G101新平法图集独立基础构件相关变化　　　　　附表8

序号	变化项目	内　　容	图集出处
1	圆形独立基础	旧图集：有圆形独立基础的配筋表达方式	《06G101-6》第9页
		11G101新图集：无圆形独立基础的配筋表达方式	《11G101-3》第9页
2	短向两种配筋	旧图集：有短向采用两种配筋的表达方式	《06G101-6》第10页
		11G101新图集：无	—
3	基础短柱	旧图集：无	—
		11G101新图集：增加了基础短柱的表达方式	《11G101-3》第11页
4	双柱及多柱独立基础顶面配筋	旧图集：柱间纵向配筋分两种长度	《06G101-6》第45页
		11G101新图集：柱间纵筋配筋只有一种长度	《11G101-3》第61页
5	普通独立深基础短柱	旧图集：无	—
		11G101新图集：增加了普通独立深基础短柱	《11G101-3》第67页

7　11G101新平法图集条形基础构件相关变化

11G101新平法图集条形构件相关变化，见附表9。

11G101新平法图集条形基础构件相关变化　　　　　附表9

序号	变化项目	内　　容	图集出处
基础梁JL			
1	基础圈梁	旧图集：将条形基础基础梁分为基础梁和基础圈梁	《06G101-6》第21页
		11G101新图集：取消了基础圈梁，都统称为基础梁	《11G101-3》第21页
2	基础梁底部非贯通纵筋延伸长度	旧图集：是指从支座中心线向跨内的延伸长度 $l_0/3$	《06G101-6》第51页
		11G101新图集：是指从柱边向跨内的延伸长度 $l_n/3$	《11G101-3》第24、71页
3	基础梁外伸形式	旧图集：变截面外伸时分梁顶一平和梁底一平两种	《06G101-6》第52页
		11G101新图集：变截面外伸，只有梁底一平的构造	《11G101-3》第73页
4	基础梁无外伸时，顶部钢筋弯折长度	旧图集：$12d$	《06G101-6》第52页
		11G101新图集：$15d$	《11G101-3》第73页
5	底部非贯通筋端支座延伸长度	旧图集：端支座取本跨的 l_n	《06G101-6》第51页
		11G101新图集：各支座均取相邻跨 l_n 的较大值	《11G101-3》第71页
6	有外伸时底部非贯通筋端支座延伸长度	旧图集：$l_0/3$	《06G101-6》第52页
		11G101新图集：$\max(l_n/3, l'_n)$	《11G101-3》第73页
7	底部有高差时，高标高段底部钢筋在高差处锚固的起算位置	旧图集：从柱边起算锚固 l_a	《06G101-6》第55页
		11G101新图集：从高差转折处起锚固 l_a	《11G101-3》第74页

续表

序号	变化项目	内　容	图集出处
8	顶部有高差时,高标高段顶部第二排纵筋在有高差端锚固	旧图集:锚固 l_a	《06G101-6》第 55 页
		11G101 新图集: 弯锚:伸至对边弯折 $15d$ 直锚:l_a	《11G101-3》第 74 页
9	梁底有高差时,底部非贯通筋在有高差处锚固起算位置	旧图集:从柱边起算	《04G101-3》第 30 页
		11G101 新图集:从高差弯折点处起算	《11G101-3》第 74 页
10	有外伸时顶部第二排纵筋构造	旧图集:不伸至外伸段,在里跨支座内锚固,锚固长度为伸至支座对边弯折 $12d$	《04G101-3》第 29 页
		11G101 新图集:不伸至外伸段,在里跨支座内锚固,锚固长度 l_a	《11G101-3》第 73 页
条形基础底板			
11	条形基础底板丁字交叉处横向底板的分布筋构造	旧图集:无描述	《06G101-6》第 58 页
		11G101 新图集:在纵向底板的受力筋入横向底板的 $b/4$ 范围内,横向底板的分布筋不贯通,与横向底板的受力筋搭接 150mm	《11G101-3》第 69 页
12	条形基础底板有高差时,低标高段转换钢筋截断位置	旧图集:l_a	《06G101-6》第 59 页
		11G101 新图集:1000	《11G101-3》第 70 页

8　11G101 新平法图集筏形基础构件相关变化

11G101 新平法图集剪力墙构件相关变化,见附表 10。

11G101 新平法图集筏形基础构件相关变化　　　　附表 10

序号	变化项目	内　容	图集出处
1	基础主梁	旧图集:条形基础基梁 JL、筏形基础主梁 JZL、筏基基础次梁 JCL 是分开的	《06G101-6》第 21 页 《04G101-3》第 6 页
		11G101 新图集:将条形基础基梁和筏形基础主梁统一为 JL	《11G101-3》第 30 页
2	筏板基础相关构造	旧图集:没有窗井墙	《04G101-3》第 22 页
		11G101 新图集:取消了柱脚构造,新增了窗井墙 CJQ 构造	《11G101-3》第 50 页
基础次梁 JCL			
3	变截面外伸构造	旧图集:分梁顶一平和梁底一平两种	《04G101-3》第 36 页
		11G101 新图集:变截面外伸只有梁底一平的构造,取消了梁顶一平的构造	《11G101-3》第 78 页

315

续表

序号	变化项目	内 容	图集出处
4	底部纵筋无外伸时端支座锚固	旧图集：锚固 l_a	《04G101-3》第36页
		11G101新图集：伸至端部弯折 $15d$	《11G101-3》第76页
5	支座两边宽度不同时，宽出部位的底部纵筋	旧图集：锚固 l_a	《04G101-3》第37页
		11G101新图集：直锚 l_a；伸至端部弯折 $15d$	《11G101-3》第78页
6	支座两边宽度不同时，宽出部位的顶部纵筋	旧图集：$\max(12d, b_b)$	《04G101-3》第37页
		11G101新图集：直锚 l_a；伸至端部弯折 $15d$	《11G101-3》第78页
7	梁顶有高差时低标高段顶部钢筋	旧图集：$\max(12d, b_b/2)$	《04G101-3》第37页
		11G101新图集：$\max(l_a, b_b/2)$	《11G101-3》第78页
8	梁顶有高差时高标高段顶部钢筋	旧图集：$\max(12d, b_b/2)$	《04G101-3》第37页
		11G101新图集：伸至尽端弯折 $15d$	《11G101-3》第78页
9	底部非贯通筋延伸长度起算位置	旧图集：自支座中心线起算	《04G101-3》第36页
		11G101新图集：自支座边起算	《11G101-3》第76页
10	底部非贯通筋延伸长度	旧图集：$\max(l_0/3, a)$	《04G101-3》第36页
		11G101新图集：$l_n/3$	《11G101-3》第76页
梁板式筏形基础平板LPB			
11	钢筋起步距离	旧图集：$s/2$	《04G101-3》第39页
		11G101新图集：$\max(s/2, 75)$	《11G101-3》第79页
12	LPB与基础梁钢筋之间的位置关系	旧图集：底部钢筋中，最下层钢筋满铺，上层的另向钢筋遇梁扣梁	《04G101-3》第38页
		11G101新图集：无描述	—
13	中层钢筋	旧图集：梁板式和平板式筏形基础均有中层钢筋构造	《04G101-3》第41页
		11G101新图集：梁板式筏基取消了中层钢筋构造	《11G101-3》第80页
14	板顶有高差时，低标高段顶部纵筋	旧图集：$\max(12d, b_b/2)$	《04G101-3》第41页
		11G101新图集：l_a	《11G101-3》第80页
15	板顶有高差时，高标高段顶部纵筋	旧图集：$\max(12d, b_b/2)$	《04G101-3》第41页
		11G101新图集：直锚 l_a；伸至端部弯折 $15d$	《11G101-3》第80页
16	底部非贯通纵筋构造	旧图集：隔一布一、隔一布二	《04G101-3》第13页
		11G101新图集：隔一布一	《11G101-3》第35页
17	U形封边筋底部与顶部弯折长度	旧图集：$12d$	《04G101-3》第43页
		11G101新图集：$\max(15d, 200)$	《11G101-3》第84页